Abgründe der Informatik

Alois Potton

Abgründe der Informatik

Geheimnisse und Gemeinheiten

 Springer

Alois Potton
c/o Prof. Otto Spaniol
RWTH Aachen
Informatik 4
52056 Aachen
Deutschland
spaniol@informatik.rwth-aachen.de

oder mit einer der welweit kürzesten Adressen: S@i4.de

ISBN 978-3-642-22974-9   e-ISBN 978-3-642-22975-6
DOI 10.1007/978-3-642-22975-6
Springer Heidelberg Dordrecht London New York

Die Deutsche Nationalbibliothek verzeichnet diese Publikation in der Deutschen Nationalbibliografie; detaillierte bibliografische Daten sind im Internet über http://dnb.d-nb.de abrufbar.

Einbandentwurf: KünkelLopka GmbH, Heidelberg

Gedruckt auf säurefreiem Papier

Springer ist Teil der Fachverlagsgruppe Springer Science+Business Media (www.springer.com)

Wenn man ein Buch schreibt,
muss man zusehen, dass,
obschon der Verlage wegen,
die Käufer, nicht aber die
Leser überhand nehmen.

Thomas Kapielski; Weltgunst

Inhalt

**Teil VII   Indian Summer: Noshownen und
andere Ind(ian)er**

Teil VIII   Novemberstürme: Mittelmäßige Hirsche

Teil IX   Götterdämmerung: Was hat uns Alois Potton gebracht?

Teil I
Vormärz: Wie alles anfing

Vormärz heißt eine kurze Episode der deutschen Geschichte im Vorfeld der letztlich gescheiterten Märzrevolution des Jahres 1848. Und in einem Vormärz (des Jahres 1990) begann auch die Geschichte von „Alois Potton". Das Leitungsgremium der Fachgruppe Rechnernetze, wie sie damals noch hieß, traf sich nämlich im Februar 1990 in München zur Formulierung des Call for Papers für die Tagung „Kommunikation in Verteilten Systemen (KiVS)" 1991. Anlässlich der Abendveranstaltung klönte ich wie auch sonst häufiger mit Hans Meuer, der damals Rechenzentrumsleiter der Uni Mannheim war, über die Zeitschrift PIK (Praxis der Informations- und Kommunikationssysteme). Dabei kamen wir wieder einmal ans Lästern über die Betulichkeit der Beiträge, insbesondere derer aus dem Rechenzentrumslager. Diese Manuskripte hatten Bestandsschutz, weil der Verband der wissenschaftlichen Rechenzentren massenhaft Abos geordert hatte und weil dafür als Gegengabe diverse Seiten jeder Ausgabe für Rechenzentrumsmitteilungen zur Verfügung gestellt werden mussten. Diese meist ganz entsetzlich drögen und stocksteifen Beiträge waren häufig unter jeder Menschenwürde und Hans meinte, dass auf diese Weise über kurz oder lang auch noch der letzte reguläre Abonnent der PIK vergrault würde. Was also tun? Hans sagte, man müsse die Zeitschrift, deren Titelbild bereits trostlos langweilig war, einmal so richtig aufpeppen, vielleicht durch Cartoons oder durch Satiren oder durch etwas Ähnliches. So wie es zum Beispiel der Trautwein Woche für Woche in der Computerwoche mache, wo dieses zu den mit Abstand am meisten gelesenen Beiträgen gehöre.

„Trautwein", das sagte mir nichts, weil ich schon damals diese Computerblättchen höchstens flüchtig zur Kenntnis nahm. Zum Lesen dieser Traktätchen war ich nicht in der Lage – allein schon wegen des irrwitzigen (aber peinlich genau eingehaltenen) wöchentlichen Wechsels zwischen Histogramm und Kuchendiagramm auf der Titelseite oben rechts. Außerdem konnte ich das fachchinesische und -idiotische Geschnaufel bezüglich der Leistungsdaten von neuen Rechner- oder Netzkomponenten nicht ausstehen. Ich war nämlich nie der Praktiker als den ich mich nur allzu gern bezeichnen ließ, sondern bestenfalls ein mäßig begabter Theoretiker; eigentlich gehörte ich keiner der beiden Fraktionen an. Das wiederum war ganz angenehm, weil ich bei Bedarf leicht auf die andere Seite der Front wechseln und Ahnungslosigkeit vorschützen konnte.

Der Trautwein, so klärte Hans mich auf, heiße natürlich nicht wirklich so. Das sei vielmehr ein Pseudonym, welches er vielleicht deshalb nutze, um nicht die Rache von eventuell beleidigten Experten fürchten zu müssen. Außerdem mache er sich dadurch das Leben leichter, weil die Kolumne abwechselnd von mehreren Autoren verfasst werden könne, sofern diese einen ähnlichen Schreibstil hätten. Was ja in der Tat ein starker Vorteil von Pseudonymen ist, den man in zwei diametralen Richtungen ausnutzen kann. Kurt Tucholsky publizierte gleich unter vier verschiedenen Künstlernamen, nämlich Theobald Tiger, Peter Panter, Ignaz Wrobel und Kaspar Hauser, während umgekehrt eine Gruppe höchstkompetenter französischer Mathematiker die Wissenschaft unter dem gemeinsamen Pseudonym „Bourbaki" signifikant bereichert hat.

Es müsse also, meinte Hans, zunächst einmal ein prägendes Pseudonym her. Das nun wiederum sei kein Problem, sagte ich, denn ich hätte schon eines und sogar ein Anagramm. Was denn das nun wieder sei, fragte Hans verständnislos. Worauf ich ihm erklärte, dass ein Anagramm durch Umstellung der Buchstaben des Namens entsteht und einen neuen Namen ergibt. In meinem Fall sei das „Alois Potton". Die Entdeckung dieses Anagramms habe viel Zeit gebraucht wegen des völligen Fehlens der für Anagramme besonders geeigneten Buchstaben E und R in meinem Vor- bzw. Nachnamen. Selbst in meinem zweiten Vornamen, den ich aus historischen Gründen sooft ich kann ignoriere, kommt weder ein E noch ein R vor. Mit diesem zweiten Vornamen zusammen kommt man allenfalls auf „Flodoalt Paniotos", was meines Erachtens zwar ein schönes – aber leider zu spät entdecktes - Anagramm ist. Denn Flodoalt (eigentlich: Flodoald) nennt sich der ziemlich bestusste männliche Held aus „einem grausam alten Adelsgeschlechte" in der wunderbar schlüpfrigen Kurzgeschichte „die Haare der heiligen Fringilla" von Otto Julius Bierbaum. Und aus „Flodoalt Paniotos" können Sie, lieber Leser, unschwer den von mir unterdrückten zweiten Vornamen „berechnen". Auf der Anagrammsuche ohne Einbezug meines zweien Vornamens bin ich nur noch auf eine zweite halbwegs passable Alternative gestoßen, nämlich „Toni Apostol". Unter diesem Namen habe ich einmal in Aachen an Weiberfastnacht im Kardinalskostüm eine Karnevalsvorlesung zum Thema „Informatik und Religion" gehalten.

An einem passenden Pseudonym sollte die Sache also nicht scheitern. Und weil ich auch sonst immer sehr schnell zu großen Versprechungen bereit war, fügte ich noch hinzu, ich könne mir eine regelmäßige Glosse in der PIK sehr gut vorstellen. Schließlich hatte ich mich schon an Büttenreden in saarländischem Dialekt sowie an Filserbriefen (diese natürlich in pseudobayrischer Sprache) halbwegs erfolgreich versucht. Hans war sofort Feuer und Flamme und rief unter homerischem Gelächter in seinem Kraichgau-Dialekt: „Das mache mer! Nur muschd Du das auch durchhalde, lieber Otto. Aber wenn Dir mal die Munition ausgehen sollte, dann springe ich für Dich ein". Dazu ist es dann im Laufe von mehr als zwanzig Jahren aber nur ein einziges Mal gekommen.

Hans machte sich noch in der nämlichen Nacht auf die Jagd nach einem eigenen Anagramm und kam am nächsten Tag mit „Ahn Eremus", was mich wegen seiner ehrwürdigen Vornehmheit echt neidisch machte, aber er hat ja auch sowohl die Buchstaben E als auch R im Namen, wenngleich die Kürze seines Namens wiederum anagrammerschwerend ist. Jahre später kam er dann noch mit „Samenhure", aber dieses Anagramm hat er meines Wissens nie offiziell eingesetzt.

Damit war dann die Idee zu einer regelmäßigen PIK-Kolumne „Alois Potton hat das Wort" geboren. Die erste Nummer, deren Thematik schon lange in mir brodelte, ist dann auch im letzten PIK-Heft des Jahres 1990 erschienen. Wegen des damals noch notwendigen Setzens des Manuskripts und der Korrektur der Fahnenabzüge dauerte das vergleichsweise lang. Und ich konnte die Wartezeit bis zur Veröffentlichung beinahe nicht ertragen.

Kapitel 1
Abkürzungsfimmel

Ist es Ihnen nicht auch schon so ergangen? Sie sitzen nichts ahnend in der Kaffeepause, und Ihr Kollege, ein ekelhafter Kerl, labert irgendetwas von einer neuen Sache – gespickt mit unverständlichen Abkürzungen. Das brauchte Sie ja nicht weiter zu stören, wenn Sie nicht merken würden, dass er auf Ihren Chef heftigen Eindruck macht. Gerade murmelt er etwas von **ATM**. Was ist das nun schon wieder? **A**ustausch**m**otor? **A**ntriebs**m**odul? **A**lles **t**otaler **M**urks? Hoffnungslos, Sie kommen nicht drauf! Irgendwie haben Sie das Gefühl, dass es dieses blöde ATM wirklich geben könnte, vielleicht nicht als Realität, aber möglicherweise als Traum. Besonders unangenehm ist, dass Sie niemand fragen können, ohne Ihre Unkenntnis preiszugeben. In Zeitschriften oder Büchern zu suchen ist auch zwecklos, denn wenn Sie den Begriff wirklich finden, wird er sicher als bekannt vorausgesetzt und mit zusätzlichen Abkürzungen noch diffuser. Ergebnis ist eine zunehmende Depression und die konkrete Gefahr, in der innerbetrieblichen Hackordnung auf ewig und eindeutig hinter Ihren ekelhaften Opponenten zurückzufallen – mit allen gehaltlichen Konsequenzen.

Aber gemach, gemach! Das muss nicht sein. Sie können Ihren Widersacher durch Anwendung einfachster Verfahren zur Strecke bringen. Das glauben Sie nicht? Dann werde ich es Ihnen beweisen, indem ich Ihnen ein paar der wirksamsten Strategien vorstelle:

Strategie 1: Konterkarieren Sie den Abkürzungsfimmel (Aküfi)! Das geht ganz einfach. Nehmen Sie irgendeine Kombination aus drei oder (besser) vier Zeichen und lassen Sie diese auf Ihren Gegner los. Zu besagtem ATM könnten Sie etwa MTBF oder THTR oder irgendetwas anderes verwenden. Keine Angst, die Abkürzung wird's schon in irgendeiner ausgeschriebenen Version oder zumindest mit einem kleinen Dreher (siehe dazu Strategie 3) geben. Möglich ist jetzt folgendes:

- Ihr Gegner gibt sich sofort geschlagen. Na prima!
- Oder Ihr Gegner fragt verblüfft, was denn dies nun mit ATM zu tun hätte. Und in der Tat, es könnte ja sein, dass Sie sich wirklich „vergriffen" hätten. Sind Sie nun in ernsten Schwierigkeiten? Aber nicht doch, denn:
  - Sie schmeißen gleich eine zweite Abkürzung hinterher und konstruieren einen Zusammenhang zwischen allen Dreien unter Hinzunahme von Floskeln wie „Management", „Interoperabilität" (eine ebenso mystische wie schlauheits-

A. Potton, *Abgründe der Informatik,*
DOI 10.1007/978-3-642-22975-6_1, © Springer-Verlag Berlin Heidelberg 2012

vorspiegelnde Floskel), „Kostendruck", „Anwenderinteresse" etc. und setzen das Spielchen solange fort bis der Gegner entnervt aufgibt. Das ist übrigens die übliche Strategie von Unternehmensberatern.

– Oder Sie verkünden bedeutungsschwer, das Problem sei ja gerade, dass niemand diesen Zusammenhang bisher bemerkt habe, und wegen dieses Mangels sei Firma XXX in ernste Schwierigkeiten geraten und bei YYY stehe dies kurz bevor. Behaupten Sie kühn, dass Sie interne Informationen von Insidern hätten, die Ihren Standpunkt bestätigten, allerdings leider vertraulich seien. Betätigen Sie sich als Rufer in der Wüste, beklagen Sie das allgemeine Unverständnis, rufen Sie bedeutungsvoll aus, dass man es in sechs Monaten ja sehen werde. Keine Bange, in sechs Monaten ist alles längst vergessen. Auch diese Strategie wird von Unternehmensberatern gern und erfolgreich genutzt.

Strategie 2: Reden Sie amerikanisch!! Lernen Sie z. B. den Buchstaben R so gurrend auszusprechen wie eine Taube. Das geht nicht ganz einfach und erfordert tagelanges häusliches Training, üben Sie mal mit BELLCORE. Na, hat's geklappt? Außerdem müssen Sie Vokale und Konsonanten, insbesondere das A oder natürlich das R, so richtig lang gezogen, gemein und dreckig bringen wie es nur ein hinterwäldlerischer amerikanischer Holzfäller kann. Am Beispiel „Backtracking" kann man sowohl das rollende R als auch das zweimalige geradezu elend hundsgemeine A besonders perfekt einstudieren.

Strategie 3: Reden Sie flockig! Das ist noch wirksamer als amerikanisch zu reden und kann ggf. sogar mit Amerikanismen verbunden werden.

Einige Beispiele: Sie sagen natürlich nicht treudeutsch Peh-Zeh für PC, sondern Pie-Sie. Und TCP/IP sprechen Sie nicht normal aus, sondern natürlich wie „Tehzehpipp". Als letztes Beispiel, damit soll es genug sein, sagen Sie nicht UNIX, sondern „Eh-nix". Durch diese Maßnahmen wird Ihre intime Kennerschaft, ja Ihre geradezu kumpelhafte Vertrautheit mit dem betreffenden Gegenstand offenbar. Ihnen macht niemand was vor. Und schon gar nicht wird sich jemand trauen, einen derartigen Insider mit Detailfragen zu belästigen.

Strategie 4: Lernen Sie Pärchen auswendig und verwenden Sie diese! Diese Strategie ist leider mit etwas Arbeit verbunden, aber ich habe Ihnen nie einen Rosengarten versprochen. Die Pärchenstrategie besteht darin, mit dem zweiten Mitglied eines Pärchens zurückzuschlagen, sobald Ihr Widersacher unvorsichtig genug ist, die erste Komponente zu nutzen. Es gibt überabzählbar viele Pärchen, weshalb leider ein wenig Lernen erforderlich ist. Ein Beispiel: Murmelt Ihr Gegner z. B. etwas von ESTELLE, dann schleudern Sie ihm ein fröhliches LOTOS entgegen (oder meinetwegen umgekehrt). Keine Angst: auch wenn Sie keinerlei Ahnung davon haben, was sich hinter diesem Schotter verbirgt, Ihrem Opponenten geht es genau so, und Sie werden die „Nacht- und Nebelschlacht" glor- und siegreich überstehen.

Strategie 5: Schimpfen Sie über die Post! Das ist zwar schon etwas abgenutzt, weil es zu häufig verwandt wird, aber immer noch recht wirksam. Also: Beklagen Sie sich lautstark über diese Monopolisten, Innovationsverhinderer, Beamtenheinis usw. Wenn Sie wollen, können Sie sich auch gönnerhaft etwas gnädiger zeigen und milde zugestehen, dass sich ja immerhin in den letzten Jahren kleinere Fortschritte gezeigt hätten, aber es sei halt immer noch viel zu wenig.

Mit einem kleinen Schlenker können Sie Ihre eigene Untätigkeit auf die starre Haltung der Post zurückführen – und schon sind Sie fein heraus.

Die Anwendung dieser Strategie ist fast immer möglich. Gewisse Schwierigkeiten könnten auftreten, wenn Sie selbst dem kritisierten Unternehmen angehören. Aber auch dann können Sie auf einzelne Abteilungen schimpfen oder behaupten, man kämpfe ja Inhouse (nicht etwa „hausintern" sagen!) gegen Windmühlen, an Ihnen liege es jedenfalls nicht usw.

Man kann sich noch viele weitere Strategien ausdenken, z. B. die Klage über fehlende Standards oder über das wirkliche Problem, nämlich die Integration der bereits getätigten Investitionen („und davon haben Sie, geehrter Kollege, ja nun offenbar wirklich keinen Schimmer!"). Die Liste kann beliebig verlängert werden.

Daher will ich es bei der gezeigten Strategiemenge bewenden lassen. Verwenden Sie diese Strategien ausgiebig, am besten gut miteinander vermischt und Sie werden sehen: In kürzester Zeit gelten Sie als derjenige in Ihrer Abteilung, der über alles Bescheid weiß, ohne von irgendetwas Ahnung zu haben – aber das wird niemand merken!

12/1990

Kapitel 2
Modernismen

Deutschland ist ein geradezu grausam fortschrittliches Land, besonders was neue Medien und neue Dienste angeht. Diese Neuerungen sollen das Leben für den Großteil der Bevölkerung vereinfachen, weil: durch andere Begleiterscheinungen werden die Lebensumstände eh' schon verkompliziert. Also erwarten wir durch die neuen Dienste mindestens ein Nullsummenspiel bzgl. der Lebensqualität.

Aber: Einige Zweifel überkommen mich doch, ob diese Vorrede so stimmt. Einige Beispiele:

- Also ich habe eine Kreditkarte. Ich weiß, dass Sie mich dafür tadeln werden, denn ich muss mich auch zuhause permanent dafür entschuldigen. Mein Tankwart schaut wie ein Ochs vorm Berg und nimmt sie inzwischen nicht mehr. Als er sie noch akzeptierte, hatte ich bei drei Tankvorgängen in insgesamt vier Wochen drei aufeinander folgende Belegnummern! Neulich kaufte ich ein Rundfunkgerät bei einem der größten deutschen Händler, dessen Name zufällig einem Planeten mit Ring entspricht. Kreditkarten? „Nein, so modern sind wir noch nicht!" Dasselbe passiert mir auch sonst recht oft, und wenn ‚Cards accepted' dasteht, dann bestimmt für eine andere Sorte. Meine gilt allerdings als die am weitesten verbreitete. Aber ein „Gateway" zwischen allen Kartentypen oder eine problemlose Nutzung aller Arten, das scheint's nur im Ausland zu geben, etwa in Frankreich, wo ich das Baguette beim Bäcker damit bezahlen kann, ohne dumm angeglotzt zu werden.
- Bildschirmtext! Ich weiß, es ist natürlich ein allzu simples Beispiel, denn diesen Flop zu erwähnen ist geradezu abgeschmackt. Aber wissen tät ich halt schon gern, warum das System so quälend langsam sein und bleiben (!) muss. Ich meine, technisch verstehe ich es ja wegen der schäbig niedrigen Datenrate und den hohen mir aufgebrummten Fremdanschaltungskosten für den Komfort einer etwas schnelleren Bedienung, aber begreifen kann ich es irgendwie nicht. So als ob ein Sportwagenhersteller zusammen mit dem Fahrzeug gleich eine Sperre mit einbauen würde, die das Hochschalten in den zweiten Gang unmöglich macht. Ob der Benutzer daran viel Freude haben bzw. einen solchen Sportwagen kaufen würde? Die Post scheint es beim BTX-Dienst zu glauben! Und wofür kann ich BTX nutzen (wenn man vom doofen Kalauer „für gar nix" einmal absieht)? Beispielsweise könnte ich theoretisch herausfinden, wann denn

A. Potton, *Abgründe der Informatik*,
DOI 10.1007/978-3-642-22975-6_2, © Springer-Verlag Berlin Heidelberg 2012

die Lufthansa einen Flug von X nach Y anbietet, sofern sie die Verbindung nicht gestrichen hat. In der Praxis dauert das Herausfinden aber deutlich länger ein Anruf beim Reisebüro.

Außerdem nimmt mir das blöde System auch den kleinsten Schreibfehler übel. Es zeigt sich zum Beispiel hilflos, wenn ich etwa „Dusseldorf" oder „Cöln" oder „Nürberg" schreibe. Ich glaube, solche tumben Fehler kann man irgendwie durch (kostenpflichtige?) Komfortsuche korrigieren, aber insgesamt gesehen dauert das noch viel länger. Außerdem gibt es da so eine geheimnisvolle Benutzerführung, welche z. B. im Falle von „Nürberg" nach mehreren komplexen Operationen als einzige Alternative tatsächlich „Nürnberg" anbietet – aber er kommt nicht auf die Idee, dies selbsttätig zu versuchen. Ich muss also lernen, Tasten zu drücken wie ein Hamster, der im Rad laufen lernen muss.

Selbst wenn ich auf diese Weise einen Flug mühsam gefunden habe, kann ich ihn nicht direkt buchen, soll heißen inklusive allem Pipapo (d. h. mit Ticketausstellung). Für einen derartigen Komfort würde ich die Anschaffung eines BTX-Spezialdruckers in Erwägung ziehen. Warum geht das eigentlich nicht? Man könnte doch am Flughafen gegen Vorlage des BTX-Ausdrucks und des Personalausweises das Ticket entgegennehmen, und gegen Missbrauch könnte ich mich durch diverse Passworte usw. schützen . . . Aber jetzt werden mir die Datenschützer sagen, das sei nicht sicher genug, und die Post wird sagen, dass sie mit den neuen Ländern schon genug Probleme hat, so dass sie sich nicht mehr um die alten kümmern kann.

- Geldwechsel ist auch so ein Thema. Immer wenn ich zur Bank komme, ist sie zu. Die Automaten sind kaputt oder umlagert oder bedienungsunfreundlich. Fremde Währungen automatisch umwechseln? Wüsste nicht, wo das in Deutschland ginge. Aber in der italienischen Provinz habe ich's gesehen. Ein wundervolles System der Firma, deren Name sich so anhört wie eine ziemlich ekelhaft schmeckende Südfrucht gefolgt von drei Buchstaben (nein, nicht Zitronetti, sondern ein bisschen anders). Also dieser Apparat akzeptierte alle Geldscheinsorten – übrigens gebührenfrei, und man konnte den Dialog auch gefahrlos abbrechen kurz bevor es ernst wurde (ätsch, Du blöder Automat!). Der Dialog wurde sogar in der jeweiligen Landessprache geführt. Leider hatte ich ausnahmsweise kein belgisches Geld dabei, um zu testen, in welcher der drei Landessprachen er denn reagieren würde: in französischer, in flämischer oder gar in deutscher Sprache (???). Die Tatsache, dass der Automat noch unzerstört war, beweist, dass noch kein Belgier eines ‚falschen' Bevölkerungsteils bisher seine Nutzung versucht hatte. Auch der Wechsel von japanischem oder finnischem Geld hätte mich interessiert, leider war ich auch keiner dieser beiden Währungen mächtig.

Nachträglich bedauere ich sehr, dass ich den Automat zwar mehrfach ausprobiert und gemein ausgenutzt habe, allein die Stromrechnung muss beachtlich gewesen sein. Aber ich brauchte gerade kein Geld – und außerdem konnte ich in Italien (siehe oben) die Kreditkarte fast immer und einfach benutzen. Jetzt wird das System vielleicht wegen Nutzlosigkeit oder fehlendem Return on Investment eingestellt.

An jedem Biertresen finden sich Leute, die behaupten, Italien und besonders die Italiener seien irgendwie rückständig; dasselbe wird bzgl. Deutschlands meines Wissens (noch) kaum irgendwo behauptet, schon gar nicht in Italien – und dort hätte man allen Grund zu solcher Rache. Nach der geschilderten Erfahrung bin ich mir unsicherer denn je, ob man diese Meinung nicht einmal vorbringen müsste.

- In der Stadt, wo ich wohne und arbeite, brauchte ich neulich eine Briefmarke, auch das soll noch vorkommen, selbst wenn man kaum noch Briefe schreibt, sondern besser telefoniert oder telefaxt (damit man es nachher nicht mehr lesen kann). Die Poststelle war wie üblich geschlossen. Aber siehe da: Ich entdeckte einen schönen mechanischen Automaten, der die Kaufbarkeit von Briefmarkenheftchen versprach, die schön gestückelt insgesamt DM 2,– ergeben. Genau diesen Betrag erheischte der Automat (wieso er dann Geld verdienen bzw. „sich rechnen" kann, wenn man genau so viel einzahlt wie man rauskriegt, verstehe ich zwar nicht, aber die Post ist sowieso recht irrational in ihren Argumenten). Das entscheidende Problem lag allerdings darin, dass der Automat diesen Betrag am Stück verlangte und keine Alternative zuließ. Jetzt sehen Sie einmal in Ihrem Portemonnaie nach, ob Sie gerade jetzt einen Heiermann von DM 2,– finden können. Möglich ist natürlich alles. Aber ich besaß damals keine solche Münze und fand auch niemand, der mir eine solche gegen Scheine oder kleinere Münzen hätte eintauschen können, ohne dass auf einer der beiden Seiten ein Geldverlust entstanden wäre. Die Transaktion wurde dann erfolglos aufgegeben („UNDO"). Vielleicht ließ auch nur der alte Murphy grüßen – aber das wäre ihm weniger leicht gefallen, wenn es Alternativen gegeben hätte, etwa andere Münzsorten oder gar eine Herausgabe von Wechselgeld bei Überzahlung. In Zürich gibt es solche Automaten, und man darf dort sogar freiwillig auf die Auszahlung des Rückgelds verzichten. Kein Wunder, warum es der Schweiz so gut geht: Man will die Ostschweizer, also die Österreicher, nicht zu neuen Kantonen machen, und man hat dort das Geld nicht vom Ausgeben, sondern vom Behalten oder vielmehr vom Nichtzurückgeben.

3/1991

Kapitel 3
Fuzzy

Bisher kamen Neuentwicklungen und Trends auf dem Computersektor so gut wie immer von jenseits des großen Teichs zu uns, also vom fernen Westen her. Dies gilt für alle die wohlbekannten zeitlich aufeinander folgenden Systemphasen als da sind: ‚Vision‘, ‚freudige Erwartung‘, ‚Hysterie‘, ‚Mühsal des täglichen Umgangs‘ und ‚Verzweiflung‘. Selbstredend alles mit dem gebührenden zeitlichen Abstand (neudeutsch: Time-Lag). In Deutschland kommt häufig noch die Phase ‚Kassandrarufe der Kostenrechner‘ dazu.

Aber wie gesagt: Das galt bisher und man hatte sich daran gewöhnt. Jetzt aber beginnt dieser Trend umzukippen, was ziemlich beunruhigend ist. Paradebeispiel dafür ist die neue Zauberformel aus Fernost und die heißt Fuzzy. Eigentlich ist dieses Mysterium schon recht alt und im Westen geboren worden (na klar: die Japaner sind bekannt dafür, dass sie abkupfern und verbessern, aber nichts selbst erfinden), aber so richtig populär geworden ist die Sache in Japan – und jetzt schlägt sie machtvoll zurück.

Fuzzy-Systeme sollte man übrigens ausnahmsweise nicht amerikanisch – also ‚Fassieh‘ – aussprechen, sondern besser in exakt deutscher Diktion, also in der Sprechweise ‚Futzie‘. Das passt viel besser, und deshalb wird diese Schreibweise von mir auch hinfort beibehalten.

Wie gesagt: Futzie kannte man schon lange – wie überhaupt ja alles schon mal dagewesen ist. Um Irrtümern vorzubeugen: gemeint ist nicht etwa ‚Futzie der Banditenkiller‘, also jener liebenswert vertrottelte Westernheld, auf dessen Schwarzweißfilme wir als Kinder so erpicht waren, dass wir uns älter zu stellen versuchten, um vor den Augen der gestrengen Kinoeinlasszerberusdame wie Vierzehnjährige auszusehen, denn so hoch lag die Altersgrenze (heute laufen die Filme höchstens noch im Programm für Vorschulkinder, aber das nur nebenbei).

Also dieser leibhaftige Futzie ist keineswegs gemeint, sondern ... ja was eigentlich? Schwer zu sagen, denn wie bei allen wirklich erfolgreichen neuen Trends (vergleiche ‚Künstliche Intelligenz‘) gehört zum Erfolg auch ein gerüttelt Maß an Mysterium. Auch eine schwere Überprüfbarkeit erweist sich als ebenso günstig wie eine komfortable Spendierhose (bayrisch: eine Spendierhosen) verschiedenster Gremien.

A. Potton, *Abgründe der Informatik,*
DOI 10.1007/978-3-642-22975-6_3, © Springer-Verlag Berlin Heidelberg 2012

Futzie zeigt alle Merkmale einer allgemeinen Hysterie – besonders in Japan, wo ohne Futzie rein gar nichts mehr läuft: Es gibt Futzie-Autos, Futzie-Waschmaschinen, Futzie-Fahrstühle, Futzie-Kameras. Reinweg jedes Produkt muss Futzie sein, sonst lässt es sich nicht verkaufen!

Was hat es mit Futzie nun auf sich? Soweit ich aus einigen (absichtlich?) dubiosen Manuskripten schlau werden konnte (aber möglicherweise bin ich dadurch nur noch dümmer geworden), ist Futzie die Umkehrung des Bibelspruchs „Deine Rede sei ja, ja, nein, nein!". Futzie ist die Neuerfindung des Begriffs „vielleicht" mit all seinen Schattierungen, also von „so gut wie aussichtslos" bis hin zu „ungefähr", von „möglicherweise" bis hin zu „nix Genaues weiß man nicht". Und in der Tat kommen solche Begriffe im realen Leben vor, daher die ungeheure grundsätzliche Anwendbarkeit von Futzie. Zwischenformen wie die genannten sind klareren Äußerungen „Ja" (entsprechend logisch „Eins") bzw. „Nein" (entsprechend logisch „Null") entschieden vorzuziehen, denn jede solche binäre Aussage kann ins Auge oder in die Hose gehen, auch wenn man sich noch so sicher ist. Man hat schließlich schon Pferde kotzen sehen – und das vor Apotheken! Der moderne Computerist ist also gut beraten, wenn er sich vorsichtig verhält, d. h. wenn er eindeutige Aussagen verweigert.

Unglücklicherweise ist der Digitalrechner selbst von seinen Gründungsvätern zunächst einmal auf diese ebenso starre wie dumme binäre Welt von Nullen und Einsen festgelegt worden, aber die Futziefreaks (und auch andere) haben bemerkt, dass dem nur scheinbar so ist. Mit recht einfachen Maßnahmen kann man alle Eingaben, Rechnungen, Ergebnisse so verunschärfen (Fachausdruck „futzifizieren"), dass eine mögliche Unsicherheit bzgl. des Ergebnisses bleibt – und damit immer auch eine Rückzugsposition (wie clever!). In jedem Fall ist der Futziefreak fein heraus, denn wie's auch kommt, man kann ihm nichts anlasten, weil er sich ja nie eindeutig festlegt.

Die einschlägigen wissenschaftlichen Artikel zum Thema sind ebenfalls im besten Sinne ‚futziehaft': Man kann unmöglich dahinter kommen, was das Zeug soll. Wie kann man nun feststellen, ob der Kram vielleicht nicht doch etwas taugt? Am einfachsten ginge dies durch Ansehen und mit einem Test auf Brauchbarkeit. Selbiges ist zwar theoretisch möglich, aber der Schreiber dieser Zeilen hat (vielleicht aufgrund eines Murphy-Effekts) permanente Schwierigkeiten damit, denn:

- auf Kameras steht „Futzie" zwar drauf, aber das ist zunächst einmal nicht mehr als ein wenig rote Farbe für den Schriftzug; außerdem hat mein Nachbar damit ausschließlich Filme produziert, die beliebig verwackelt und unscharf sind
- eine Dienstreise nach Japan zwecks Erprobung eines Futziefahrstuhls bezahlt mir niemand
- bei jedem Versuch, mir Futzie-Systeme hierzulande anzusehen, habe ich ein direkt unfutziehaft deterministisches Pech, denn das klappt nie, weil entweder gerade eine neue verbesserte Systemversion erstellt wird oder weil die alte noch kleinere Macken hat oder weil die Systeme zwar angeschaut, aber aus vertragsrechtlichen Gründen nicht im Betrieb vorgeführt werden dürfen (und was man sich sonst noch an dergleichen Ausreden einfallen lassen kann).

Wie dem auch sei: Futzie ist und bleibt für mich ein schönes Geheimnis und ein noch ärgerer Voodoo-Zauber als die künstliche Intelligenz – und gerade das macht Futzie so reizvoll! Nur über eins bin ich mir sicher: Hauptintentionen von Futzie ist das Zulassen eines Widerspruchs an sich (damit man auf keinen Fall mit Logik darangehen bzw. dagegen angehen kann).

Solche Widersprüche sind geradezu ideal für den, der sie konstruiert. Das für mich bisher schönste Beispiel dafür ist der zwar unfutziehaft gemeinte, aber (eben deshalb?) real existierende Werbespruch für eine bekannte Automarke: „Der ist so exklusiv, weil bei ihm alles inklusiv ist".

6/1991

Kapitel 4
Zum Beratungsgeschäft

Warum halten sich Unternehmen eigentlich Berater??? Ich habe geahnt, dass diese Frage Sie überraschen wird, denn natürlich wissen Sie über die Tatsache an sich Bescheid, aber wozu man das Instrumentarium der Beratung eigentlich braucht, wird Ihnen möglicherweise unklar sein. Die folgenden Ausführungen sollen (und werden hoffentlich) Aufschluss über Sinn bzw. Unsinn des Beratungswesens schaffen.

Wir müssen dabei davon ausgehen, dass sich in jeder Firma ab und zu neue Probleme stellen. Die Technik schreitet voran, der Japaner schläft nicht, der Konkurrent hat wieder einmal mit einer Neuerung zugeschlagen! Welche Gegenmaßnahmen sollen, können, müssen ... jetzt ergriffen werden und wie ist dabei vorzugehen, damit Marktanteile zurückgewonnen werden? Für die Firma stellt sich also ein schwieriges Problem. Es gibt zwei Möglichkeiten, wie sie sich dieser Herausforderung stellen kann: Sie kann es selbst tun oder ein Beratungsunternehmen engagieren. Welche Alternative gewählt wird, hängt vom internen Firmen-Knowhow ab, aber auch im ersten Fall wird man zusätzlich einen Berater bemühen. Die folgende Analyse soll schlüssig begründen, warum dies so sein *muss*:

- In der Firma gebe es niemand, der vom genannten Problem – erst recht aber von seiner Lösung – ausreichende Kenntnisse hat. Also bedient man sich eines Beraters, um den Kenntnisstand gegebenenfalls zu erhöhen. Diese Maßnahme kann zweierlei bewirken:

  Entweder es wird eine Aktion unter Federführung des Beraters gestartet, wofür der Berater die Verantwortung, aber kein Risiko trägt (die Begründung für die Risikofreiheit wird weiter unten geliefert).

  Oder aber der Berater empfiehlt, die Finger von allzu drastischen Neuerungen zu lassen, weil sich das Ganze nicht rechne. In diesem Fall ist die Sache ausgegangen wie das Hornberger Schießen. Außer den Kosten für den Berater ist kein größerer Schaden entstanden. Trotzdem wird jedermann zufrieden sein, denn man hat sein Gewissen beruhigt. Man hat sich gründlich informiert und eingesehen, dass man das Problem nicht konkret angehen muss oder soll.

- Es gebe im Unternehmen einen oder mehrere Beschäftigte (im Folgenden sollen sie ,Freaks' genannt werden), die in etwa zu wissen glauben, wie man das

A. Potton, *Abgründe der Informatik*,
DOI 10.1007/978-3-642-22975-6_4, © Springer-Verlag Berlin Heidelberg 2012

Problem angehen könnte. Tatsächlich soll es diese Spezies fähiger Mitarbeiter in Unternehmen geben – und zwar nicht einmal so selten. Trotzdem – und das setzt uns zunächst in Verwunderung – werden gerade die sachverständigen Freaks bei der Geschäftsleitung die Einschaltung eines Beraters verlangen. Die Erklärung für dieses zunächst abwegig scheinende – weil wegen eigener Kompetenz überflüssige – Ansinnen ist zwar einfach, muss aber doch durch mehrere Fallunterscheidungen begründet werden:

Angenommen, der Freak führt Problemanalyse und -lösung allein durch, also *ohne Berater*. In diesem Fall hat er eine Menge zusätzlicher Arbeit zu leisten. Es ist unklar, ob er die dafür erforderliche Zeit aufbringen kann. Noch unklarer ist, ob sein freiwilliger Einsatz ihm jemals gedankt werden wird. Es ist möglich, dass er die Zusatzarbeit vergebens, in jedem Fall aber umsonst getan hat (man beachte den feinen Unterschied zwischen „vergebens" und „umsonst"). Jetzt können zwei Fälle eintreten:

– Die Sache geht gut.
   Alles läuft prima – natürlich nach Beseitigung von vielen Anlaufschwierigkeiten. Niemand wird das Engagement des Freaks angemessen würdigen. Allenfalls wird man ihm jovial auf die Schulter klopfen und andeuten, dass der Erfolg ja wohl vorhersehbar war. Man hätte es selbst genauso gemacht.
   Nichtsdestoweniger wird das nicht ohne ein gewisses Gemeckere abgehen, weil die neue Sache zunächst ungewohnt und/oder benutzerunfreundlich ist, weil sie in der Anfangsphase zeitweise nicht funktionierte usw. Nur diese Störfälle werden negativ herausgestellt, reibungsloses Arbeiten wird als selbstverständlich angenommen und nicht weiter erwähnt.
   Der Schreiber dieser Zeilen hat kürzlich die Umstellung einer veralteten analogen auf eine ‚moderne' digitale Telefonanlage mitverantwortet mit einigen Erfahrungen, d. h. Kommentare von Betroffenen: „Die neue Anlage funktioniert nicht", „die Stimme klingt blechern", „früher wusste ich, wie man telefoniert, aber heute kommt man nicht mehr damit zurecht", „wo bleibt der Datenschutz?", „rechnet sich das?" usw. usw.
   Man geht solchen unangenehmen Fragen besser aus dem Weg.
– Erheblich gefährlicher aber ist folgende Situation:
   Es misslingt:
   Die vom Freak vorgeschlagene Lösung bzw. das neu installierte System funktioniert nicht oder wird von der Benutzerschaft nicht angenommen oder oder oder.... Die Wahrscheinlichkeit für das Eintreten eines solchen Flops mag zwar beliebig gering sein, aber völlig ausschließen kann man ihn nie. Wenn eine Katastrophe eintritt, dann sind die Konsequenzen für den Freak in ihrer Schwere überhaupt nicht mehr einschätzbar. Möglicherweise sind seine Tage bei besagtem Unternehmen gezählt. Der Ruf als Versager wird ihm anhaften, sein Aufstieg ist so gut wie ausgeschlossen.

Wir kommen nun zurück zum eigentlichen Regelfall (denn der Freak wird die angedeuteten Gefahren rechtzeitig erkennen und die Finger von allzu riskanten Aktionen lassen, *es wird also ein Berater engagiert*), obwohl der Freak auf die vom Berater vermittelten Informationen nicht allzu viel geben wird, aber es gibt ja wie vorhin zwei Fälle:

– Die Sache geht gut.
  Dann können sich sowohl der Berater als auch Freak die Meriten einstecken: Der Freak, weil er den Berater angeheuert und auch in anderer Weise zum Erfolg beigetragen hat. Aber vor allem der Berater. Auch die zuvor genannten Startschwierigkeiten und Akzeptanzfragen sind jetzt viel einfacher zu lösen als im vorigen Fall. Der Grund dafür ist, dass für solche Probleme zwar der Berater verantwortlich ist, aber der konnte das ja nicht wissen. Die direkt Betroffenen werden sich nur in den wenigsten Fällen trauen, ihren Unmut ähnlich heftig dem Berater kundzutun wie sie es dem Freak gegenüber tun dürfen.
– Das Unternehmen geht schief.
  Dieser Misserfolg wird dann zwar zuerst dem Berater angekreidet werden. Aber: Gegen einen Außenstehenden lässt sich zwar stänkern, doch ohne wirklich ernstzunehmende Auswirkungen. Der Berater wird allenfalls für einige Zeit auf die ‚schwarze Liste‘ gesetzt. Schwerwiegende Folgen wird er jedenfalls nicht befürchten müssen, schon gar nicht braucht er mit finanziellen Konsequenzen zu rechnen.
  Aber auch der Freak ist fein heraus, denn er hat die Verantwortung für das Desaster an den Berater abgewälzt genauso wie man seine Sünden an den Beichtvater abwälzen kann.

Damit sollte die Funktion eines Beraters klar geworden sein. Mit seinem fundierten Halbwissen dient er als Blitzableiter. Er arbeitet passiv und ohne wirkliche Kenntnisse, aber er schützt die Anlage und übersteht auch den Einschlag von Blitzen relativ unbeschadet. Mit anderen Worten: Der Berater hat für die Firma eine ähnliche Funktion wie die Straßenlaterne für den Betrunkenen; sie/er dient mehr zur Stütze als zur Erleuchtung.

9/1991

Kapitel 5
Professionelle(?) Seminare

Wie ist das eigentlich mit so genannten Management- oder Fortbildungsseminaren? Haben Sie dort nicht auch schon ähnliche Beobachtungen wie die im Folgenden beschriebenen gemacht?

Der Seminarort Es ist irgendwie seltsam, dass – von Ausnahmen abgesehen – professionelle Seminare nur in sehr großen Städten stattzufinden pflegen: München, Köln, Hamburg, Berlin etc. Das erklärt sich aber schnell, wenn man sich die Teilnehmerliste bzw. genau genommen die Herkunft der Teilnehmer ansieht. Da gibt es zwar einzelne Firmen, die ihre Mitarbeiter aus der Nachbarschaft mit der Straßenbahn anreisen lassen, aber im Regelfall ist ein geradezu azyklisches bzw. distanzmaximierendes Verhalten zu beobachten. Also der Münchner nimmt in Köln teil, der Kölner meldet sich in Berlin an etc. Auch der Nicht-Psychologe kann die Motive dafür leicht feststellen: Ein bisschen Abwechslung, d. h. Sightseeing bzw. Nachtleben, gehört offenbar genauso zum Seminar wie der Overheadprojektor, daher die Unbeliebtheit von Orten wie Gelsenkirchen oder Kassel, Heilbronn oder Augsburg. Apropos Overheadprojektor: „You can teach people using your head, you can kill people using overhead, you can overkill people using two overheads"!! Die meisten Referenten arbeiten bezeichnenderweise mit zwei Projektoren.

Das Umfeld Ausgerichtet wird ein ‚anständiges' Fortbildungsseminar in einem sogenannten guten Hotel, d. h. nicht etwa im besten Haus am Platze, dafür aber im ungefähr fünftbesten Haus (vom Preis her gesehen) – in scheußlicher Lage, umgeben von trostlosen Bürohochhäusern, meist an einer Ausfallstraße zum Flughafen, ohne jede zu Fuß erreichbare Infrastruktur; d. h. ein Bier gibt's nur an der plastikoder plüschartigen Hotelbar – für einen zweistelligen DM-Betrag. Das Hotel muss zu einer größeren Kette gehören, deren Häuser sich wie ein Ei dem andern gleichen. Solches wird als ‚Corporate Identity' bezeichnet und soll wohl eine narrensichere Strategie dafür sein, dass man den Kunden auf keinen Fall wiedersehen will. Den vollständigen Verzicht auf Fenster im Souterrain, wo die hoteleigenen Seminarräume hühnerkäfiggleich liegen, hat der Innenarchitekt durch eine Vielzahl von kitschig verschnörkelten Spiegeln zu kompensieren versucht. Es ist unvermeidlich, dass Sie sich und Ihre Leidensgenossen in den Kaffeepausen ständig und immer mehrfach sehen müssen, ein schwer erträglicher Zustand. Bekanntlich wird das Abbild von

A. Potton, *Abgründe der Informatik*,
DOI 10.1007/978-3-642-22975-6_5, © Springer-Verlag Berlin Heidelberg 2012

Vampiren durch Spiegel nicht reflektiert, daher ertappen Sie sich automatisch beim sehnlichen Wunsch, zeitweise zum Vampir zu werden.

Die Klimaanlage funktioniert natürlich nur binär, d. h. es besteht entweder eine ernstzunehmende Überhitzungs- oder Erstickungsgefahr oder aber Sie ziehen sich wegen kalter Zugluft eine Lungenentzündung zu. Ein geradezu unerträglicher Psychoterror ist aber die kontinuierliche Berieselung mit einer stets gleichartig unwirklich klingenden (aber körperlich schmerzhaften) instrumentalen Sphärenmusik. Selbst auf der Toilette bleibt man davon nicht verschont, dort sind sogar besonders viele Lautsprecher angebracht. Man gewinnt zwangsläufig den Eindruck, dass diese Art von Musik eine Vorstufe des Harfenspiels ist, zu dem man im Himmel auf Ewigkeit verpflichtet sein wird – und man nimmt sich vor, von Stund an andauernd zu sündigen, um diesen himmlischen Freuden zu entgehen und stattdessen die vergleichsweise angenehme Wohltat der Hölle genießen zu dürfen.

Der Referent Der Referent ist leider fast immer männlichen Geschlechts. Jedenfalls gilt das für die unsereins angehenden Themen. Es zeigt sich wieder einmal, dass man den falschen Beruf gewählt hat. Zum Beweis genügt ein verstohlener Blick in eine parallel laufende Veranstaltung über Lifestyle oder Damenoberbekleidung.

Den Typ ‚Referent‘ gibt es in zwei sehr unterschiedlichen Varianten. Kompromisse zwischen den beiden Extremformen sind vergleichsweise selten:

• Typ 1 (Der schnoddrige amerikanische Typ):
  Charakteristisch für diesen Typ ist der unvermeidliche Pullover, am besten mit aufgenähten Ellbogenschonern. Altersbegrenzungen gibt es ebenfalls keine, entweder ist er wirklich jung oder berufsjugendlich – wie etwa Frank Laufenberg oder Thomas Gottschalk. Von der Redeweise her passt am besten ein texanischer Akzent (wenn englisch gesprochen wird), das deutsche Analogon zum texanischen Slang – nämlich das bayrische Idiom – stimmt dagegen überhaupt nicht. Warum das so ist, bedarf keiner Erklärung: Wenn Ihr's nicht fühlt, Ihr werdet's nicht erjagen!
  Der beschriebene Typ zeichnet sich außerdem durch große und wirklich vorhandene Detailkenntnis aus (das unterscheidet ihn signifikant von den obengenannten Berufsjugendlichen wie etwa Thomas Gottschalk), in vielen Fällen wird er Ihnen seine Erfahrungen direkt am Terminal via Großbildleinwand vermitteln.
  Der beschriebene Referententyp hat nur einen einzigen – aber ernstzunehmenden – Nachteil: Er kommt im Vergleich zu ‚Typ 2‘ viel zu selten vor.
• Typ 2 (Der bieder treudeutsche und hoffnungslos überforderte Typ):
  Charakteristisch für diesen Typ sind folgende Eigenschaften:

  – das Tragen eines knitterfreien Anzugs und einer angeblich modischen Krawatte
  – ein Hang zu starker Transpiration (nicht etwa zur Inspiration!)
  – gestelzte und wohlgesetzte Rede, meistens auswendig gelernt und abgelesen
  – der völlige Verzicht auf jegliche substanzielle Aussage.

Die Betonung beim letztgenannten Merkmal liegt auf ‚substanziell‘, denn natürlich labert der Kerl, was das Zeug hält, aber wenn Sie sich einmal die Mühe machen, einen beliebig herausgegriffenen Satz zu analysieren, werden Sie unvermeidlich Schiffbruch erleiden bzw. diesen Satz als puren Blödsinn oder als Trivialität bezeichnen müssen. Es gehört zu den Merkwürdigkeiten dieser Welt, dass dies im größeren Kontext zunächst einmal nicht auffällt, sondern erst bei genauem Hinsehen offenbar wird. Weil aber kaum jemand Zeit oder Lust zu solcher Detailprüfung hat, bleibt es fast immer unentdeckt und straflos.

Sie glauben das nicht? Dann bringe ich Ihnen ein einziges (wirklich echtes!) Beispiel aus einem kürzlich erhaltenen Seminarmanuskript. Dort werden unter anderem folgende ‚Weisheiten' zitiert: „Wie sieht die heutige Wirklichkeit an verteilten Anwendungen aus? Je nach zusätzlichen Anforderungen aus der Anwendungsumgebung geht das eine in das andere über. Dies ist kein Wunder, handelt es sich doch hierbei immer um einen Verbund untereinander kooperierender, aber grundsätzlich autonomer Verarbeitungskomponenten – mit sogenannter Ortstransparenz. Ist es nämlich ein entfernter Ort und absehbar, dass dort ein Terminal durch einen PC ersetzt wird, so spricht man von Remote Presentation, Remote Transaction Processing und so weiter". In diesem Stil geht es weiter, und das ist ein willkürlich herausgegriffenes (ich versichere: wirklich echtes!) Beispiel, auf Wunsch können beliebig viele ähnliche Kostbarkeiten zitiert werden.

Was kann man aus diesem Beispiel über die Strategie von Referententyp 2 lernen? Nun, wie bereits gesagt, macht das Pamphlet in seiner Gesamtheit einen durchaus geschäftsmäßigen Eindruck. Es enthält viele Schlagworte, die in irgendeiner Form miteinander zu tun haben oder zu tun haben sollten. Außerdem (besonders wichtig!) wird der Anwender – das unbekannte Wesen – in diffuser Form auf seine wirklichen Belange hingewiesen, was eine allgemeine Identifikation der schweigenden Mehrheit mit diesem Gebrabbel erleichtert. Der Text enthält außerdem hinreichend viele Fremdworte, allerdings – das ist nicht gerade typisch, sondern hier eher eine löbliche Ausnahme – keine Abkürzungen. Vor allem aber: Es gibt keine einzige Aussage, bzgl. deren Gültigkeit bzw. Falschheit der Autor unangenehm befragt werden könnte.

Die unendliche Geschichte Es besteht keinerlei Zweifel daran, dass Sie im Laufe eines mehrtägigen Seminars von Referenten des Typs 2 einer entsetzlichen Gehirnwäsche unterzogen werden. Voller Apathie (die noch durch die abendlichen Züge durch die Gemeinde gefördert wird) sehen Sie das Ende der Veranstaltung herbei – und Sie nehmen sich wieder einmal vor, im unvermeidlichen Beurteilungsbogen Ihrem aufgestauten Volkszorn Luft zu machen.

Aber Sie lassen sich dann doch zu einer gemäßigt positiven Beurteilung hinreißen – und ich sage Ihnen auch, warum:

- entweder Sie haben Mitleid mit dem armen so stark schwitzenden Referenten
- oder aber Sie fürchten, dass eine negative Beurteilung (erst recht wenn Sie eine solche zuhause abgeben) dazu führen könnte, dass firmenintern auf weitere offenbar nutzlose Seminarteilnahmen verzichtet wird.

Zur letzteren Alternative wollen Sie es aber auf keinen Fall entarten lassen, denn so unangenehm sind ja nun beispielsweise drei Tage Stuttgart auch wieder nicht. Wie sagte schon Sepp Herberger: „Nach dem Spiel ist vor dem Spiel", was auf unseren Fall übertragen heißt: „Auf jede Seminarteilnahme muss in nicht allzu großem Abstand eine neue folgen". Also dann: Bis die Tage und bis zum nächsten Seminar!

12/1991

Kapitel 6
Über Buchbesprechungen

Na sieh mal einer an. Sie haben die „Alois Potton"-Kolumne gefunden! Das ist eigentlich wenig wahrscheinlich – und deswegen ist diese Rubrik ja vielleicht für den Nichtleser geschrieben. Ernstzunehmende Untersuchungen behaupten nämlich, dass Beiträge in technisch-wissenschaftlichen Zeitschriften im Durchschnitt nicht mehr als eineinhalb Leser finden, den Autor eingeschlossen!! Und wegen der inflationsartig zunehmenden Zahl von Zeitschriften soll die Leserschaft bzw. -willigkeit sogar ständig sinken. Zum Glück ist aber unsere Rubrik weder technisch noch wissenschaftlich, daher könnte die Bereitschaft zum Lesen vielleicht etwas höher sein. Aber jetzt kommt das große Problem: Sie müssten sich ja normalerweise über die Buchbesprechungen hinweg vorgearbeitet haben. Oder sollten Sie etwa wie bei Tageszeitungen eher antizyklisch lesen, also von hinten nach vorn, beim Sport anfangend und vor der schwerverdaulichen Politik aufhörend?

Genug der Spekulation. Sie ahnen sicher, worauf ich hinaus will, auf die Buchbesprechungen nämlich. Es plagt mich der Verdacht, dass diese Besprechungen sozusagen auf Halde produziert werden, um als Füllmaterial (bei Ethernet nennt man es „padding bits") eingestreut zu werden, wenn Beiträge kürzer als erwartet ausfallen. Schließlich muss die Seitenzahl eines Heftes nicht nur durch die Zahl zwei ohne Rest teilbar sein (das würde man ja ohne weiteres einsehen), sondern sie muss aus unerfindlichen Gründen auch noch ein ganzzahliges Vielfaches der Zahl Acht sein. Da ist es also zweckmäßig, wenn man ein wenig „Saure-Gurken-Material" zum Jonglieren bereit hat.

Dabei habe oder hätte ich überhaupt nichts gegen Buchbesprechungen, wenn sie sich nur nicht so drastisch von Theaterkritiken unterscheiden würden. Während nämlich letztere praktisch immer in einem fürchterlichen Verriss enden, sind die Besprechungen – nicht zuletzt auch die in PIK – eher als „Friede, Freude, Eierkuchen" zu bezeichnen. Warum sind beide Fälle so unterschiedlich? Nun, der Theaterkritiker muss seine Existenz dadurch rechtfertigen, dass er alles grundsätzlich besser könnte. Daher ist er verpflichtet, die Inszenierung ebenso wie die Hauptdarsteller gründlich fertigzumachen. Damit er nicht als prinzipieller Querulant abgetan werden darf und auch um nachzuweisen, dass er der Aufführung intensiv gelauscht hat, wird er gnädigerweise die eine oder andere Nebenrolle als geglückt besetzt, als hoffnungsvolles Talent oder ähnlich bezeichnen. Das wird aber an der Sache selbst nichts ändern.

A. Potton, *Abgründe der Informatik*,
DOI 10.1007/978-3-642-22975-6_6, © Springer-Verlag Berlin Heidelberg 2012

Der Theaterkritiker ist wie ein Hühnerzüchter, der die Henne wegen des zu kleinen oder gar faulen Eis (oder heißt es Eies?) heftig kritisiert, aber selbst natürlich nicht in der Lage ist, auch nur das mickrigste Ei zu legen.

Wie angenehm sind die Verhältnisse dagegen offenbar für die Buchbesprecher und die besprochenen Autoren! Der Verriss eines Buches ist ungefähr so häufig wie eine himmelhoch jauchzende Theaterkritik. Woran mag das liegen? Vielleicht erhält der Rezensent ein Freiexemplar eines Buchs nur dann, wenn er eine passable Kritik schreibt. Eigentlich würde er ja die meisten von ihm besprochenen Bücher nicht brauchen, aber sie machen sich gut im Regal und der Sammler-und-Jäger-Trieb unserer Vorfahren feiert hier fröhliche Urständ'. Außerdem sähe es doch merkwürdig aus, wenn man ein derart vernichtetes oder besser zernichtetes Buch auch noch behalten würde. Da ist es schon besser, wenn man sich moderat positiv verhält, zumal das Schreiben eines Buchs – und sei es auch des dümmsten Plagiats – doch eine Knochenarbeit ist, die einem eine gewisse Hochachtung abverlangt.

Damit Sie sehen, dass meine Einschätzung über die Buchbesprechungen nicht ganz unberechtigt ist, möchte ich Ihnen das Ergebnis einer Recherche sowie einer diesbezüglichen Statistik der Besprechungen aus den letzten 6 Heften nicht vorenthalten: Dort fand ich – pro Heft gibt es ca. zwei bis drei Besprechungen – nur zwei (!) eindeutig negative Wertungen, aber mit Abmilderungen wie: „Zu hoher Preis", „stärkerer Praxisbezug wäre hilfreich", „Nachteile ließen sich leicht revidieren", „falsche Zielgruppe" etc. Zwei weitere Besprechungen kamen zu gemäßigt positiven Einschätzungen, die sich niederschlagen in Formulierungen wie „recht glücklicher Kompromiss", „solide und gründlich" usw.

Die überwiegende Mehrzahl von Referaten – nach meiner Zählung 11 von 15 – kann man nur als Hofberichterstattung bezeichnen. Sie sind ein devotes Sabbeln, das meist nur so vor Ehrfurcht trieft. Selbstredend wird auch in diesen Fällen stets ein kleiner Verbesserungsvorschlag gemacht. Der Rezensent muss schließlich nachweisen, dass er das Werk gelesen und vor allem verstanden hat und dass er auch einen sinnvollen Beitrag dazu leisten könnte, aber die positive Aussage wird sehr deutlich platziert: „Zu empfehlen", „für jeden ... eine sehr sinnvolle Investition", „um so erfreulicher ...", „weiterempfehlen", „außerordentlich lesenswert", „ungewöhnlich gründlich", „kann wärmstens empfohlen werden". Aber genug des grausamen Spiels, die Floskeln wiederholen sich ständig.

Nun werden Sie mit Recht fragen, warum ich mich über diese freundlichen Besprechungen so aufrege. Schließlich besteht doch die Freiheit, sie zu ignorieren (was übrigens wohl praktisch alle Leser tun, denn: haben Sie schon jemals eine gelesen?). Aber ich bleibe dabei, dass es mich trotzdem ärgern darf – und zwar aus mehreren Gründen:

- Es ist Umweltverschmutzung bzw. -zerstörung. Und wenn man schon den freien Raum wegen der Teilbarkeitsbedingung durch Acht (siehe oben) füllen muss, dann wäre ein lustiger Cartoon mir irgendwie lieber.
- Ich kann nicht glauben, dass ein so hoher Prozentsatz von Büchern wirklich gut ist. Erfahrungsgemäß ist doch viel Schrott dabei. Einige Werke sind mit einer ungeheuer flinken und keineswegs recherchierenden Feder hingeworfen. Der Wert

solcher Werke wird manchmal daran ersichtlich, dass sie schon nach einem Jahr für ein Zehntel ihres ehemaligen Kaufpreises verramscht werden (das habe ich vor kurzem wirklich gesehen, der neue Preis war kaum höher als der Wert der beigelegten Diskette!).

- Die Rezensenten könnte zwar sagen, dass eine Vorabfilterung erfolge, d. h. dass schlechte Werke zwar geprüft, aber schnell verworfen werden und dass man den Autor mit einer negativen Besprechung nicht blamieren möchte. Wenn das so ist, dann missfällt es mir aber sehr, denn ich möchte doch wissen, warum denn das eine oder andere Buch so schlecht ist und ich möchte vielleicht hieraus auch Rückschlüsse auf die Autoren ziehen. Ich nehme es übel, dass mir die Rezensenten diese Information verweigern.

- Überhaupt zum Informationsbegriff an sich: Aufgrund der Informationstheorie ist eine Nachricht umso wertvoller, je mehr Unsicherheit sie beseitigt – und das passiert, wenn der Ausgang des Experiments zufällig ist, wenn bei binären Entscheidungen ebenso oft mit „Ja" wie mit „Nein" geantwortet wird, wenn also die Buchbesprechung für den Autor riskant ist. Vorbildcharakter in dieser Beziehung haben die inzwischen leider meist vergriffenen „Rabe-Taschenbücher" aus dem Haffmans-Verlag mit ihren Rubriken „der Rabe rät" bzw. „der Rabe rät ab". Ich gestehe, dass ich die zweite Rubrik meist lieber lese, weil sie irgendwie überraschender ist, aber das ist Geschmackssache. Sie dürfen mir das gern als niederen Trieb auslegen. Um Sie vielleicht dennoch von meiner Vorliebe zu überzeugen, bitte ich Sie zu beachten, dass „Hund beißt Kind" keine Nachricht ist, „Kind beißt Hund" aber sehr wohl. In diesem Sinne ist eine positive Buchbesprechung eigentlich überhaupt keine Besprechung, sondern nicht viel mehr als ein mehr oder weniger originelles Nachbeten des Inhaltsverzeichnisses. Die Besprechung entfernt keine Unsicherheit, trägt also auch nichts zu meiner Information bei, weil ich schon vorher weiß, dass der gnädige Referent zu einem positiven Urteil kommen wird.

Wo bleiben also die „überzeugenden" Besprechungen? Es wäre doch zu schön, wenn man Referate fände, die sinngemäß folgendermaßen enden: „Dieses Buch kann man nicht mit leichter Hand zur Seite legen; nein, man muss es mit aller Kraft in die Ecke feuern"! Ich bin überzeugt, dass sich das Leserinteresse dadurch dramatisch erhöhen ließe.

3/1992

Kapitel 7
Großrechner und die Zipfsche Regel

In PIK stehen manchmal schon sehr interessante Artikel (das finden Sie doch auch – oder nicht?). In Heft 2/92 war zum Beispiel einer über die Zipf'sche Regel. Eine Frage vorweg: Was ist beim Apostroph im Wort „Zipf'sche" eigentlich weggelassen worden, auf dass dieses Sonderzeichen seine Berechtigung verdiene? Wahrscheinlich überhaupt nichts – und deshalb ist dieser Apostroph wie viele andere seiner Art nichts als eine lästige Unsitte. Dieser angelsächsische Apostroph greift aber immer weiter um sich: In Eichstätt hat es nahe beim Dom ein Bierstüber'l, und in Nürnberg wirbt eine Gaststätte gar mit dem Slogan „Hier kannst Du futtern wie bei Mutter'n".

Aber kommen wir zum Thema: Die Zipfsche Regel (ohne Apostroph!) war mir bisher nur aus der Sprachwissenschaft bekannt, wo durch umfangreiche Untersuchungen festgestellt wurde, dass wenige – dafür umso häufiger gebrauchte – Wörter bereits einen erstaunlich hohen Anteil am täglichen Sprachgebrauch ausmachen. Die Bildzeitung lässt grüßen! Unverständlich bleibt nur, dass Schüler auch nach sagen wir sechs Jahren immer noch keinen Schimmer von einer Fremdsprache haben, wo doch ziemlich jede Konversation mit den 300 häufigsten Worten bestritten werden kann.

Aus dem PIK-Beitrag habe ich gelernt, dass die Zipfsche Regel in ähnlicher Form auch für Großrechner zutrifft – und zwar in sich ständig verschärfender Form: Immer weniger Benutzer „fressen" immer mehr von der Gesamtrechenkapazität. Wahrscheinlich machen diese unverschämten „Riesenbenutzer" den Zugang zum Rechner für alle anderen so unattraktiv, dass sie entmutigt aufgeben und sich mit einem PC bzw. einer Workstation begnügen, wobei ihnen ein Vielfaches an Leistung zu einem Bruchteil des Preises angeboten wird.

Am ärgsten ist die Situation bei den sogenannten Supercomputern. In der Tat sind diese für sehr wenige Anwender gedacht. Die zugehörigen Programme werden als steinalte FORTRAN-Pakete vorzugsweise aus den USA teuer eingekauft und dann eingeflogen, worauf denn der Supercomputer Stunden, Tage und Jahre ziemlich sinnlos herumrödelt. Bei freundlicher Interpretation könnte man diese Hobel vielleicht mit Braunkohlebaggern vergleichen, die eminent teuer und ebenso schwerfällig sind, aber durchaus etwas Sinnvolles produzieren. Auch diese Bagger sind nicht dazu gedacht, vom „Mann auf der Straße" bedient zu werden.

A. Potton, *Abgründe der Informatik,*
DOI 10.1007/978-3-642-22975-6_7, © Springer-Verlag Berlin Heidelberg 2012

Allerdings scheint mir der Vergleich mit dem Braunkohlebagger doch gar allzu freundlich, denn der Nutzen von Supercomputern ist längst nicht so evident. Man mag ihnen zugute halten, dass sie vordergründig betrachtet keine Vernichtung fossiler Energie verursachen (obwohl: ihr Stromverbrauch??), dass sie nicht zur Absenkung des Grundwasserspiegels beitragen und den Kohlendioxydgehalt der Atmosphäre nur unwesentlich erhöhen. Das ist aber ein sehr schwacher Trost.

Irgendwie ist der Supercomputer ein Mysterium, dessen wirkliches Wesen sich nur wenigen Spezialisten offenbart. Der unbefangene Beobachter kann bzw. muss sich über Sinn bzw. Unsinn aufgrund der vom Computer erbrachten Leistungen ein Bild machen. Bringen wir ein Beispiel: Eine der bekanntesten Anwendungen von Supercomputern ist die Wettervorhersage. Mehrere Exemplare dieser Gattung werden zu nichts anderem verwendet als den hoffnungslosen Versuch zu einer halbwegs brauchbaren Vorhersage zu machen. Am vorigen Wochenende (welches allerdings jetzt schon sehr lange zurückliegt) hatte ich Karten für eine Freilichtbühnenaufführung eines bekannten Kabarettisten ergattert. Am Morgen des Aufführungstages regnete es ebenso wie bereits seit den beiden vorigen Tagen allerdings intensiv und dauerhaft. Der vom Supercomputer erzeugte Wetterbericht meldete „weiterhin heiter und trocken", die Veranstalter glaubten dieser Aussage und bestanden auf der Aufführung unter freiem Himmel. Der Regen wurde allerdings – immer im Widerspruch zur Wettervorhersage(!) – derart stark, dass nach ca. zehn Minuten doch abgebrochen werden musste. Die Veranstaltung wurde für den nächsten Abend neu angesetzt – wieder im Vertrauen auf den Wetterbericht, der jetzt Regen ankündigte. Folgerichtig wurde die Aufführung in eine trostlose Schulaula verlegt. Selbstverständlich war aber der Himmel an diesem ganzen Tag geradezu unverschämt strahlend blau!

Jeder Leser wird selbst schon entsprechende Erfahrungen gemacht haben. Die Vorhersagegenauigkeit wird offenbar immer schlechter. Ein alter rheumaleidender Schäfer wäre millionenfach zuverlässiger, aber der verfügt ja auch über ein funktionierendes neuronales Netz, während der Supercomputer blödsinnige Vektoren durch seine zahlreichen Register schiebt, um nachher da zu stehen wie der sprichwörtliche Ochs vorm Berg.

Der Verteidiger von Supercomputern zur Wettervorhersage wird möglicherweise argumentieren, dass mein Wohnort möglicherweise zu einem der zahlreichen Mikroklimas (oder sagt man „Klimata" oder gar „Klimaxe"?) gehöre – und dass man nicht jedes solche Kleinklima berücksichtigen könne. Meine Gegenfrage dazu ist allerdings, ob er mir denn nicht ein paar Deziflops von seinen Giga-, Tera-, Peta- oder Exa-Flops abtreten könnte. Solange er das nicht tut, werde ich mir erlauben, seinen Superhobel als einzigen gigantischen Flop zu bezeichnen.

Das Problem scheint mir darin zu liegen, dass zunächst auf die reine Rechenleistung geachtet wird. Die Frage, ob denn ein sinnvoller oder gar effizienter Algorithmus eingesetzt wird, ist demgegenüber völlig zweitrangig. Die meisten Rechenzentrumsbetreiber geraten geradezu in Verzückung, wenn alle von ihnen verwalteten Prozessoren zu 100 % ausgelastet sind. Es gibt Managementkonsolen bekannter Firmen, die solche Auslastungen beinahe durchgängig anzeigen. Böse Zungen behaupten, dies erfolge mit einer auf das Terminal aufgeklebten Folie, aber das mag vielleicht doch etwas übertrieben sein. Tatsache ist, dass über den Sinn(!)

des Ablaufs eines Programms wenig oder gar nicht nachgedacht wird. Im Gegenteil: Derjenige Kunde, welcher sich um geeignetere Verfahren bemüht, wird in doppelter Hinsicht dafür bestraft: Erstens muss er natürlich viel Zusatzarbeit für das unkonventionelle Nachdenken verrichten, und zweitens wird sein Rechenkontingent für den nächsten Bewilligungszeitraum gefährdet, weil neue und bessere Methoden ja zu einer deutlichen Laufzeitverkürzung führen könnten. Daher ist jeder Anwender eines Supercomputers sehr gut beraten, wenn er sich an der üblichen Giga-, Tera-, Peta-, Exa-Manie beteiligt und möglichst noch aufwendigere Programme mit noch dümmeren Methoden abspulen lässt. Als Ergänzung zur Zipfschen Regel stelle ich deshalb die „Pottonsche Regel" zur Diskussion, welche lautet: „Der Sinn bzw. Nutzen einer auf einem Supercomputer ausgeführten Operation ist umgekehrt proportional zur Megaflopzahl des Computers".

Aber es besteht ja noch Hoffnung – und die ergibt sich aus der im anfangs zitierten Manuskript genannten Tendenz: Wenn vor wenigen Jahren 20 % der Nutzer „nur" 80 % der Rechenleistung verbrauchten und wenn heute 5 % der Nutzer sich schon 95 % der Kapazität unter den Nagel reißen, dann besteht berechtigte Hoffnung, dass in wenigen Jahren die Gesamtkapazität durch Null Prozent der Nutzer in Anspruch genommen wird. Zu diesem Zeitpunkt wird das Problem gelöst sein: Dann sind wir diese Hobel nämlich los.

6/1992

Kapitel 8
Theorie und Praxis

Historische Entwicklungen verlaufen wellenförmig. Damit hängt zusammen, dass gleiches Verhalten abhängig vom Zeitpunkt unterschiedlich bewertet wird – es kann Vorbildfunktion haben oder aber total abgelehnt werden. Einige Beispiele:

- Im Mittelalter gab es Bilder- bzw. Technikstürmer. Die Zeit von James Watt und die Folgejahre bis ca. 1970 waren dagegen geradezu von einer Technikeuphorie gekennzeichnet. Heute gehört es wieder zum guten Ton, Technik zu verteufeln oder zumindest zu ‚hinterfragen' (was meist auf dasselbe hinausläuft).
- Schönheitsideal unserer Großmütter war eine kalkweiß-kränkliche Hautfarbe, wodurch unter anderem auch ein gewisser Wohlstand demonstriert wurde, denn Sonnenbräune war ein sichtbarer Makel armer Feldarbeiterinnen. Seit ca. 30 Jahren ist dagegen knackige Piz-Buin-Farbe angesagt, was wiederum kennzeichnet, dass man/frau sich Tennisspielen, Skifahren, Segeln etc. leisten kann. Dieser Trend scheint sich aber schon wieder umzukehren – wegen Ozonloch, Hautkrebs, Emanzipation, Querdenken und dergleichen.
- Unterschiedliche Interpretationen gibt es sowohl zeitlich wie geographisch: Caesar, Rubens und arabische Emire bevorzugten bzw. bevorzugen eher wohlgestaltete Formen an Männern bzw. Frauen. Hollywoodregisseure und Modeschöpfer dagegen können es nicht dünn genug kriegen.

Warum diese Vorrede? Ich möchte zeigen, dass es sich mit „Theorie und Praxis" ähnlich verhält. Es gibt Epochen, wo einer dieser beiden Begriffe als Vorbild und der andere als Unsinn bezeichnet wird. Dabei ist eine eindeutige Abgrenzung zwischen Theorie und Praxis völlig unmöglich. Aber das kann auch positive Konsequenzen haben, weil man sich von Fall zu Fall auf die „richtige", d. h. auf die als modern oder vorbildlich geltende Seite stellen kann.

Im Bereich „Informations- und Kommunikationstechnik" galten die Theoretiker zunächst als unangreifbare Gurus oder als überlegene Geister. Sie bestimmten die Konzepte, welche von den Rechenknechten in mühsamer Knochenarbeit und ohne rechtes Verständnis Bit für Bit in den Rechner eingefrickelt wurden. Wer in Assembler programmieren musste, galt als armer Hund, der sein Schicksal aber verdiente, weil er offenbar zu nichts anderem zu gebrauchen war.

A. Potton, *Abgründe der Informatik*,
DOI 10.1007/978-3-642-22975-6_8, © Springer-Verlag Berlin Heidelberg 2012

Das Prestigegefüge des Informationstechnikers kippte dann (es muss so zu Beginn der Siebziger Jahre gewesen sein) völlig um. Von Stund' an galt nur noch der Praktiker, der Anwender, der Benutzer (auf Schweizerdeutsch: der Benützer). Ab sofort war der Theoretiker ein Idiot, ein spinnerter Depp oder ein Korinthenkacker, der allenfalls in der Lage war, völlig uninteressante und nebensächliche Dreckeffekte in einer Weise zu optimieren, dass das gesamte System in Frage gestellt wurde – bzw. gestellt worden wäre, wenn man ihn hätte gewähren lassen. Zu letzterem kam es aber nie, weil sich größere Firmen zwar eine oder zwei Theoretiker als Orchideen leisteten, aber sie hinreichend sicher abschotteten, damit sie nur ja keinen Unsinn anrichten konnten. Es gehörte also zum guten Ton, Praktiker zu sein oder sich für einen solchen auszugeben.

Während ihrer Ausbildung sind angehende Informationstechniker meist eher theoretisch vorgeprägt – zum Leidwesen ihrer künftigen Arbeitskollegen. Das ist zwar vielleicht unbefriedigend, aber leider unvermeidlich, weil sie von ihren Hochschullehrern, die längst jeden Kontakt zur Praxis verloren haben, mit ziemlich weltfremden Aufgaben konfrontiert werden. Hat der Studierende aber seine höheren Weihen erhalten, dann ändert sich seine „religiöse Einstellung" sehr schnell. So schnell kann man gar nicht gucken, wie sich da ein Saulus zum Paulus wandelt (oder genauer: vom Paulus zum Saulus, denn Saulus war Praktiker, während Paulus eher Philosoph war). Beispielsweise wird jemand, der – sagen wir einmal – noch vor drei Monaten an einem Detail der Theorie endlicher Gruppen herumdokterte, unmittelbar nach seinem Wechsel in die Industrie feststellen, dieser und jener Zeitschriftartikel sei völlig unlesbar und wertlos – wenn er überhaupt noch Literatur zur Kenntnis nimmt! Es ist aber viel eher zu erwarten, dass er jede auch noch so schwach theoretisch angehauchte Fragestellung mit der süffisanten Bemerkung als Quatsch abtun wird, sie sei nur von rein akademischem Interesse usw.

Die nächste Wandlung – nämlich vom Praktiker zurück zum Theoretiker – kommt dann ebenso unvermeidlich, aber erst kurz vor Eintritt ins Pensionärsleben. Gemeint ist die Phase der Altersphilosophie. Jetzt werden „die Dinge miteinander in Zusammenhang gebracht", „von einer übergeordneten Warte aus betrachtet", „metaphorisch analysiert" usw. Dieser Lebensabschnitt wird unter anderem auch durch Vorliebe zu immer länger werdenden Fremdwörtern gekennzeichnet.

Aber wir sollten sie gewähren lassen: die reinen Theoretiker, die erdverbundenen Praktiker und vor allem die geschickten Taktierer zwischen den Fronten – nämlich die Grundlagenkenner, die von praktischen Anwendungen etwas verstehen. Wohl dem, der von der Fachwelt in die letzte Kategorie gesteckt wird. Ein Streit über die Frage, was nun Theorie bzw. was Praxis ist, macht ungefähr so viel Sinn wie der um des Kaisers Bart. Vielleicht kann man insgesamt gesehen Theorie und Praxis (bzw. die menschlichen Vertreter dieser Richtungen) durch einen Vergleich aus dem Tierreich sehr gut charakterisieren: Theoretiker sind wie Eunuchen; sie wissen, wie's geht, aber sie können es nicht. Praktiker dagegen sind eher wie Enten; sie können alles: laufen, schwimmen und fliegen – aber leider alles ziemlich schlecht.

9/1992

Kapitel 9
Über Übersetzungen

Warum muss eigentlich jedes popelige englische Fachbuch mit geziemender Verzögerung eine deutschsprachige Übersetzung erhalten? Na klar, wird die/der Verlagsbeauftragte sagen: Weil es sich eben rechnet! Aber ist es auch wirklich notwendig oder sinnvoll?

Viele Käufer solcher Übersetzungen werden argumentieren, dass sich die Bücher dann erheblich schneller und leichter lesen lassen. Aber muss man nicht irgendwann sowieso mit englischsprachiger Literatur zurechtkommen? Schließlich entstehen die meisten Systeme und Begriffe der Informationsverarbeitung im englischsprachigen Raum – und es wäre besser, sich rechtzeitig dieser Tatsache zu stellen. Das würde auch die Chancen deutscher Anträge bei europäischen Organisationen – etwa im Rahmen von ESPRIT oder RACE – deutlich verbessern, wird doch hier immer der Nachteil der Abfassung in der Nicht-Muttersprache als Alibi bei Ablehnungen zitiert.

Unerfreulich ist, dass die Werke nach Übersetzung vom Englischen ins Deutsche deutlich dicker geworden sind, i. a. etwa um 20 %, oft mehr. Im unten angeführten Beispiel eines Tanenbaum-Buchs hat die englische Fassung 658 Seiten, die deutsche dagegen 801. Das wirkt sich im Normalfall auch nachteilig auf die Preisgestaltung aus. Grund dafür ist neben teils mühsamen Umschreibungsversuchen des Übersetzers (der ja nicht der eigentliche Autor ist und daher seine Mühe mit dem Manuskript hat) vor allem die fehlende Prägnanz der deutschen Sprache. Nehmen Sie nur einmal irgendeine Gebrauchsanweisung, z. B. für einen Rasierapparat. Sie werden so gut wie immer feststellen, dass die deutsche Version deutlich länger ist als die entsprechende englischsprachige. Oder vergleichen Sie etwa die Haltbarkeitsangabe „best before end" mit der deutschen Fassung „mindestens haltbar bis einschließlich" – und Sie werden verstehen, was ich meine. Die deutsche Terminologie riskiert außerdem, dass sie zu bandwurmlangen Missbildungen entartet. Ein Beispiel dafür (wiederum aus dem unten genannten Buch) ist „Leitwegbestimmungsalgorithmus" statt „routing algorithm".

Ich habe privat Preise für das krasseste Missverhältnis zwischen beiden Sprachen im Bereich technischer Dokumentationen ausgesetzt. Der bisherige Rekord ist von der Telekom aufgestellt worden, die auch sonst für unfreiwillig komische Wörterungetüme gut ist – siehe etwa „Zeichengabe-Strecken-Zustandssteuerung"

A. Potton, *Abgründe der Informatik*,
DOI 10.1007/978-3-642-22975-6_9, © Springer-Verlag Berlin Heidelberg 2012

für „signalling system". Aber der Rekord (für aus mindestens drei Worten bestehende englische Originale) heißt „Anwenderteil für leitungsvermittelte Datendienste. Englisch: Data User Part" (Quelle: Unterrichtsblätter der DBP, Jg. 37/1984, Nr. 2., S. 34). Ist das nicht herrlich? Der Leser wird hiermit aufgefordert, diesen Rekord (dreieinhalb mal so viele Buchstaben incl. Zwischenräume in der deutschen Fassung im Vergleich zur englischen) ggf. zu verbessern.

Am ärgsten sind aber die Ungenauigkeiten bzw. sachlichen Fehler, die sich im Laufe der Übersetzung von Fachbüchern einschleichen. Das liegt oft daran, dass der Übersetzer in manchen Fällen kaum den Inhalt des Originals versteht und er dann krampfhaft versucht, sich nicht allzu weit von der Ausgangsfassung zu entfernen – ähnlich wie ein schlechter Bergsteiger, der nicht wagt, sich auch nur wenige Zentimeter von eingeschlagenen Haken zu entfernen. Nebeneffekt dieses Vorgehens ist, dass die Übersetzungen z. T. furchtbar banal oder unfreiwillig komisch wirken, weil der amerikanische Humor sich keinesfalls eins zu eins ins Deutsche übertragen lässt. Musterbeispiel für solche verfehlten Versuche sind etwa viele Übertragungen der populärwissenschaftlichen Werke von Martin Gardner. Aber auch bei weniger „locker" geschriebenen Manuskripten kann die Übersetzung gründlich ins Auge gehen. Im Standardwerk „Computer Networks" von Tanenbaum verwenden die Übersetzer z. B. für „slotted ALOHA" die deutsche Umschreibung „unterteiltes ALOHA" (da muss erst mal einer drauf kommen!); für „1-persistent" wird als deutsche Fassung „1-ständig" angeboten, was eine ebenso unelegante wie befremdliche Wortwahl ist. „Binary Exponential Backoff" wird schwülstig übersetzt mit „binäre exponentielle Unteraussteuerung", was ich ohne die englische Zusatzinformation nie und nimmer verstehen würde – aber wozu brauche ich dann noch die deutsche? Zwar glaube ich den Backoff-Algorithmus aus dem Eff-Eff zu kennen, aber was zum Teufel ist eine Unteraussteuerung? Völlig rätselhaft!

Das mögen alles Kleinigkeiten sein, die den mit der Thematik Vertrauten nicht unbedingt in Verzweiflung stürzen müssen, aber erstens gibt es eine entsetzlich große Anzahl solcher lästiger Kleinigkeiten, und zweitens sind gerade die deutschen Übersetzungen ja in erster Linie für blutrünstige Einsteiger gedacht. Dass der lernwillige Leser über solche Klippen hinwegkommt und dass er sich später als hinreichend Verdorbener mit englischer Originalliteratur wird sinnvoll beschäftigen können, ist schwer vorstellbar.

An solchen Beispielen zeigt sich auf's Neue die schon überwunden geglaubte Manie der krampfhaften Eindeutschung aller Fremdwörter, etwa „Gesichtserker" statt „Nase". Einige namhafte deutsche Computerfirmen propagierten bis vor wenigen Jahren die Begriffe „Teilnehmer-" bzw. „Teilhabersystem" für „Multiprogramming-" bzw. für „Time-Sharing-System" (oder umgekehrt, ich kriege das einfach nicht auf die Reihe). Bei dieser unerfreulichen Chauvinismus-Manie sind uns die Franzosen ausnahmsweise sogar voraus, denn dort werden nicht in französischer Sprache geschriebene Handbücher strikt ignoriert. Außerdem heißt in Frankreich FIFO (also „first in, first out") interessanterweise PAPS („premier arrivé, premier servi"). Die deutsche Entsprechung dafür wäre WZKMZ („wer zuerst kommt, mahlt zuerst"), aber soweit hat es nicht einmal der deutsche Gründlichkeitswahn bisher bringen können.

Das schönste Beispiel für misslungene (oder vielleicht sogar besonders gelungene) Zwangseindeutschung eines Fremdworts stammt nach meiner Kenntnis aber
immer noch von Karl Kraus, der für „Toilette" die deutsche Version „Stoffwech-
selstube" vorschlug. Das würde ich mir (im Gegensatz zu anderen chauvinistischen
Versuchen) ausnahmsweise gefallen lassen.

12/1992

Kapitel 10
Sprichwörtliche Kommunikation

Ein bulgarisches Sprichwort, das es möglicherweise auch bei anderen Nationen in ähnlicher Form gibt, heißt: „The shoemaker is always with the bad shoes". Der frühere IFIP-Präsident Blagoev Sendov pflegte diesen Spruch zu verwenden, wenn er auf die offensichtlichen Unzulänglichkeiten der Informatik hinweisen wollte. Es scheint, dass das Sprichwort gerade bei Kommunikationssystemen in besonderer Weise zutrifft (siehe unten). Übrigens im Gegensatz zu vielen anderen Sparten, denn betrachten Sie nur einmal die Titelbilder von Lukullus (das ist die Wochenzeitung der Fleischerinnung) oder meinetwegen diejenigen von der Bäckerblume. Dort sieht man Würste respektive Kuchen zuhauf, aber die Produkte der gegnerischen Partei werden völlig ignoriert. Wenn's hoch kommt, begeben sich beide quasi auf neutrales Terrain und zeigen einen norwegischen Räucherlachs – zusammen mit Roastbeef oder aber mit diversen Brötchensorten – je nachdem. Oder man lichtet z. B. in der Bäckerblume als Alibi eine Scheibe Schinken bzw. einen grünen Salat ab, eingerahmt von Toastscheiben, Laugenbrezeln etc. Das versteht sich von selbst und niemand kann etwas dagegen haben.

Bei Kommunikationssystemen und den zugehörigen Experten bzw. denen, die sich dafür halten, ist das anders. Die Fachgruppe „Kommunikation und verteilte Systeme (KuVS)" zum Beispiel hat als Verein natürlich eine Vereinsleitung, sogar ein „erweitertes Leitungsgremium". Ohne solche Organe sind Vereine sozusagen nicht lebensfähig – schon gar nicht in Deutschland. Eine der vornehmsten Aufgaben dieses Gremiums ist die Herausgabe der Adressliste seiner Mitglieder. Aus dieser Liste sollte hervorgehen, über welche Medien ihre Mitglieder kommunikationsmäßig ansprechbar sind bzw. sein wollen. Also gibt es Name, Postanschrift, Telefon und Fax. Letzteres hat sich in kürzester Zeit völlig durchgesetzt. Ob's die Mitglieder aber auch selbst bedienen können?? Noch vor drei Jahren wurde geglaubt, dass eine Universität mit ca. 40.000 Studierenden mit einem einzigen Faxgerät auskommen könnte. So ändern sich die Zeiten! Eine Rubrik für Electronic-Mail-Anschlüsse findet sich auf der besagten Mitgliederliste nicht. Es gab mal eine, doch wurde sie wegen offensichtlicher Nutzlosigkeit wieder eingestellt. Es scheint auch kein echter Bedarf dazu vorhanden zu sein. Das konnte ich kürzlich wieder einmal ebenso eindeutig wie schmerzlich in Erfahrung bringen; ich hätte nämlich eine entsprechende Liste gut gebrauchen können – Datenschutz hin oder her, aber das ist ein anderes Thema.

A. Potton, *Abgründe der Informatik*,
DOI 10.1007/978-3-642-22975-6_10, © Springer-Verlag Berlin Heidelberg 2012

Was tut man in so einem Fall? Erste Möglichkeit ist, einzelne Adressen aus der Menge der aufbewahrten Nachrichten (da häuft sich so manches an!) in Erfahrung zu bringen. Mit Ausnahme von einigen wenigen beachtlich aktiven Freaks glänzt das Leitungsgremium aber hier durch Enthaltsamkeit. Nächste Möglichkeit ist das Herumtelefonieren bei den einzelnen Sekretariaten – soweit vorhanden oder irgendwann einmal besetzt. Dieses ist eine sehr frustrierende Erfahrung, das kann ich Ihnen flüstern. Electronic Mail ist dort eine merkwürdig unbekannte Einrichtung. Originalton: „Au weh, da haben Sie mich auf dem falschen Fuß erwischt, das wird bei uns fast nie genutzt. Ist das so etwas mit ‚postmaster'?" Und so weiter und so fort.

Eine weitere Möglichkeit wäre noch, die Institutskurzbeschreibungen in unserer Zeitschrift zu durchforsten, wo sich manche Institute ein wenig beweihräuchern. Ist ja auch gar nichts gegen zu sagen. Aber seltsam: Von Kommunikation wird dort viel geredet, nicht aber davon, welche Medien dafür genutzt werden – eine Electronic-Mail-Adresse jedenfalls fehlt mit schöner Regelmäßigkeit. Beweis: Schauen Sie mal in die zurückliegenden Hefte!

Der nächste Lerneffekt tritt dann ein, wenn eine Adressliste mühsam erstellt und den Betreffenden eine Nachricht zugestellt wurde. Mal ehrlich: so rationell wie mit electronic mail geht das nirgends sonst, eine Nachricht an einen, zwei oder meinetwegen auch gleichzeitig an hundertfünfunddreißig Adressaten zu schicken: der Aufwand ist derselbe. Ein weiterer Vorteil ist dazu noch die Umweltfreundlichkeit, denn eine nicht interessierende oder veraltete Nachricht kann absolut umweltschonend entsorgt werden (vom Verbrauch einer minimalen Strommenge einmal abgesehen).

Was passiert aber mit den versandten Nachrichten? Sie gelangen zu sehr unterschiedlich reagierenden Empfängern. Nach subjektiven Schätzungen lassen sich diese zu etwa gleichen Teilen in folgende Klassen einteilen. Je nachdem, zu welcher er gehört, verhält sich der Adressat wie folgt:

• hat Electronic Mail, weiß aber nichts davon
• weiß von Electronic Mail, liest aber seine Post nie
• liest seine elektronische Post, beantwortet sie aber nie
• liest und beantwortet elektronische Nachrichten.

Nur die letztgenannte Klasse – also kaum mehr als ein Viertel aller Teilnehmer – sind für die genannte Kommunikationsform von Nutzen.

Eine Komplikation ergibt sich nicht zuletzt auch aus der Gestaltung von eigenem Namen bzw. von Rechnernamen bei Electronic Mail. Hier drängt sich die Vermutung auf, dass die Kommunikation absichtlich erschwert bzw. verhindert werden soll. Nehmen wir ein Beispiel: Angenommen Herr Emil Müller wohnt in der Waldstraße 12 in Freudenstadt und dieser Herr würde seine Postanschrift angeben mit „emu at one-two.forestway.lucky_town". Das wird den Briefträger ganz schön auf die Palme bringen, aber vielleicht schafft er's ja doch mit seiner nicht-künstlichen Intelligenz.

Noch schwieriger wird die Sache für den Absender, der im Falle der normalen Briefpost ja schon mit den um eine Stelle verlängerten Postleitzahlen so seine Probleme hat. Sein Merkbüchlein für Electronic-Mail-Adressen ist voll von Kuriositäten. Da heißt B. Pombortsis etwa „cadz04" und seine Anschrift ist „grtheuni" (nun raten Sie mal, wo das ist), da nennt sich ein Rechner an der Universität Freiburg seltsamerweise „dfrruf1", von benutzer-freundlicher Gestaltung kann keine Rede sein.

Zurück zum Ausgangspunkt, also zu „the shoemaker ...". Der Bäcker muss seine Produkte offensiv vermarkten, sonst geht sein Absatz zurück. Der Kommunikationsexperte muss seine eigenen Techniken nicht nutzen, im Gegenteil. Nicht zu kommunizieren bzw. dieses nicht selbst tun zu müssen, ist ein Statussymbol und zeugt von großer Berühmtheit. Der Kommunikationsexperte befindet sich hier in guter Gesellschaft: Kim Basinger wurde bekanntlich in allen halbwegs interessanten Szenen gedoubelt, Shakespeare hat seine Dramen wohl kaum selbst geschrieben – und ich habe das Gefühl, dass Elvis Presley nie echt gesungen bzw. dass Max Schmeling nicht wirklich geboxt hat.

3/1993

Teil II
Frühlingserwachen: Startschwierigkeiten

Die erste Glosse der „Alois Potton"-Kolumne war quasi im Nullkommanix geschrieben, weil der Abkürzungswahn mir schon seit Jahren mächtig auf den Keks gegangen war. Und auch heute noch muss ich mich im Kreise meiner Kollegen für die im Kommunikationsbereich besonders stark grassierende Kürzelwut entschuldigen. Deshalb versuche auch alles, um diese Unsitte meinen „Schülerinnen und Schülern" aufs Gründlichste auszutreiben. Anlässlich der Abschlussveranstaltung der KiVS 1985 in Karlsruhe hatte ich drei kreuz und quer handschriftlich vollgeschriebene Folien mit Abkürzungen aufgelegt, die damals brandneu und nicht selten für das betreffende Tagungsmanuskript eigens erzeugt (aber natürlich nach kürzester Zeit wieder vergessen) waren. Im vorigen Jahr habe ich als Korreferent einer Aachener Dissertation im Bereich der Elektrotechnik, die ein ganz besonders schwerer Fall von Kürzelwahn war, aus Trotz mein Gutachten ohne jegliche Abkürzung(!!) verfasst. Das war das mit Abstand Schwierigste am gesamten Gutachten, aber es stellte sich dann doch als möglich heraus.

Nach der schnell erzeugten ersten Glosse wurde die Sache deutlich schwieriger als gedacht. Ich wollte bereits aufgeben. Dann kam mir aber ein Zufall zu Hilfe. Mein Nachbar hatte sich nämlich eine Kamera gekauft, wo „fuzzy technology" draufstand und führte nach seinem Urlaub stolz die von ihm gedrehten Filmchen vor. Diese waren nun in der Tat sehr „fuzzy", nämlich völlig unscharf und ruckelnd. Das freute mich irgendwie (gemein wie ich bin) und ich hatte sofort einen „Kick" für eine neue Glosse, woraus dann die Nummer 3 wurde.

Und ab diesem Zeitpunkt hatte ich Blut geleckt und begann, die zahllosen im Alltag zu beobachtenden Unzulänglichkeiten in völlig bizarrer Form zu persiflieren. Zuerst kamen natürlich meine Intimfeinde dran, also die Unternehmensberater. Kurz darauf mussten die „professionellen" teuren Seminare aufs Korn genommen werden, die ja meist von stets eloquenten, aber nur selten kenntnisreichen Beratern abgehalten werden. Eine weitere Quelle für neue Ideen waren auch Beiträge in der Zeitschrift selbst, z. B. zum Thema Supercomputer und Zipfsche Regel. Überhaupt musste man sich nur ein paar Manuskripte ansehen, um auf neue Ideen zu kommen. Dabei eigneten sich, wie sich der Kundige wird denken können, besonders die missratenen und/oder unfreiwillig komischen Beiträge mit Abstand am Besten. Es musste auch ein zumindest unter den begrenzt vielen Informatikautoren unverwechselbarer Stil gefunden werden – und der bildete sich im Laufe der Jahre auch heraus. Alois Potton lieferte nämlich schonungslose Kommentare zu den Absurditäten des täglichen (Informatik)-Lebens, nichts und niemand wurde von seinen Gemeinheiten verschont. Damit wurde die Zielrichtung der pottonschen Gemeinheiten evident: Möglichst ebenso brutal und hundsgemein wie die Sketche meines großen – natürlich nie erreichten – Vorbilds Gerhard Polt, das wär's doch!

Und das funktionierte dauerhaft, weil diese hundsgemeine Art offenbar ein Wesenszug des Autors ist – und die Serie läuft ja auch immer noch weiter. Zu einem Austrocknen der „Potton-Tinte" ist es in den über zwei Jahrzehnten, seit es diese Kolumne gibt, jedenfalls nicht wirklich gekommen. Manchmal wurde es zwar ein wenig „eng", aber zu anderen Zeiten war die Pipeline übervoll, so dass der Autor selbst nur mit großer Ungeduld auf das schlussendliche Erscheinen der diversen Glossen warten konnte.

Kapitel 11
Fluch der Technik

Als Verkaufsargument für technologische Neuerungen dient häufig der Hinweis auf gesteigerte Annehmlichkeit bzw. auf höhere Lebensqualität. Und in der Tat gibt bzw. gab es Beispiele dafür, wo derartige Effekte eingetreten sind. Nehmen Sie als Beispiele etwa die Waschmaschine oder meinetwegen einen Flaschenzug. In letzter Zeit werden solche positiven Wirkungen allerdings zunehmend seltener – in nicht wenigen Fällen scheint eher eine Verschlechterung für den Kunden angestrebt worden zu sein. Benutzer von öffentlichen Verkehrsmitteln und von den dort installierten modernen Fahrscheinautomaten können ein Lied davon singen.

Eine ähnliche Verschlechterung durch erhöhten unsinnigen Aufwand beginnt sich jetzt auch im Bereich der Kommunikationstechnik durchzusetzen. Dort gibt es ja genau besehen im Verlauf der letzten zehn Jahre nur eine einzige Neuerung mit durchschlagendem Erfolg: den oder das Fax. Dieses Gerät kennt inzwischen wirklich jedes Kind, und jeder – tatsächlich jeder ohne Ausnahme – kann es bedienen. Genauso wie jeder Mensch bzw. sogar jedes zum Bereich der Primaten gehörenden Lebewesen telefonieren oder mit einem einfachen Radio (mit Ein-Aus-Schalter, Lautstärkeregler und fest eingestelltem Sender) umgehen kann. Infolgedessen war dieser bzw. dieses Fax eine echte Hilfe – nicht zuletzt für den Vorgesetzten, der beliebig hingewutzte Schriftstücke mit handschriftlichen Anmerkungen versehen und dem Untergebenen mit der Bitte übergeben konnte, es doch an einen oder meinetwegen auch an mehrere Kommunikationspartner zu versenden. Die Empfänger wiederum machten sich dann über die empfangenen Dokumente her, zerwutzelten sie noch stärker und ließen sie in dieser Form wieder zurücksenden. Dieser an Einfachheit nicht mehr zu überbietende Vorgang wurde solange fortgesetzt, bis entweder ein sinnvolles abschließendes Ergebnis erzielt war (sehr selten!) oder bis einer der Partner die Lust verlor (erheblich häufiger) oder aber bis die iterierten Faxe gänzlich unlesbar wurden (das war der mit Abstand häufigste Fall).

Das lief alles sehr gut, man kannte es nicht mehr anders. Nur: weil das so gut funktionierte, kam irgendein Sadist auf die Idee, die Abläufe zu verkomplizieren und dadurch die Freude am Faxen gründlich zu vermiesen: Er erfand den so genannten PC-Fax! Die besondere Gemeinheit dabei war, dass zunächst gegen die Neuerung nichts einzuwenden war, versprach sie doch eine deutlich bessere Übertragungsqualität und erheblich geringeren Aufwand.

A. Potton, *Abgründe der Informatik,*
DOI 10.1007/978-3-642-22975-6_11, © Springer-Verlag Berlin Heidelberg 2012

Aber von wegen: Die Bedienung des mysteriösen Werkzeugs erforderte eine Vielzahl ebenso umständlicher wie unsinniger und Zeit raubender Operationen, von denen ich einmal zur Abschreckung einige wenige (das Versenden eines Dokuments betreffende) stark verkürzt aus dem mehrere hundert Seiten starken Handbuch zitieren möchte:

- Unter <Auswahl> auf „NetFaxPrint" umstellen.
- Aus dem Anwendungsprogramm heraus „Drucken" anwählen.
- Zielanschlüsse auswählen und in die Liste der Zielgeräte hinüberziehen. Ggf. neue Nummern durch „New Individual" eingeben.
- Mit „Send" versenden, mit „Preview" vor dem Versenden ansehen.
- Das Programm „Fax-Manager" informiert über den Status der eigenen Fax-Warteschlange. In „Activity-Log" werden auch eventuelle Fehler beim Versenden angezeigt. (Kommentar eines Betroffenen: das Wort „eventuell" war eine arge Untertreibung).
- Schließlich Drucker wieder unter <Auswahl> umstellen.

Soviel zum Senden von Dokumenten, das Empfangen und insbesondere das Ansehen oder der Ausdruck einer Hard-Copy war genauso umständlich, d. h. für den Fall, dass überhaupt einmal ein Dokument empfangen wurde. Wie der Zufall es wollte, erhielten wir nämlich nach Inbetriebnahme des PC-Faxgeräts wochenlang so gut wie keine Faxe mehr. Unsere Kommunikationspartner wollten uns wohl schonen. Nachdem wir das Teufelsding entnervt außer Betrieb gestellt hatten, kamen Faxe wieder so häufig wie früher. Aber woher unsere Partner diese übersinnliche Wahrnehmung wohl hatten? Ein Fall für Rainer Holbe (wer kennt ihn noch?) und seine „ungelösten Geheimnisse"!

Die angepriesene Neuerung war also mit einem entsetzlichen Hantieren gepaart. Böse Zungen behaupteten, es handle sich um eine besonders gemeine Form von Intelligenz- bzw. Antiverkalkungstest. „Wir wollen doch einmal sehen, ob der alte Esel mit diesem Ding noch umgehen kann bzw. wie lange es wohl dauert, bis er es ansatzweise geschnallt hat". Zwei zusätzliche Gemeinheiten machten die Lage für den genannten alten Esel noch hoffnungsloser:

- Er konnte den Zwang zum Umgang mit dem Teufelsgerät nicht entrüstet von sich weisen, wollte er kein zusätzliches Argument für völlige Vergreisung liefern.
- Die Erstellung, Korrektur und Versendung (das ist im übrigen eines der vergleichsweise seltenen Worte der deutschen Sprache mit zwei unterschiedlichen Bedeutungen „Ver-Sendung" bzw. „Vers-Endung") konnte nicht mehr an einen Untergebenen abgedrückt werden, sondern musste von A bis Z durch den alten Esel selbst erledigt werden.

Konsequenz dieser und anderer so genannter Neuerungen ist also eine zusätzliche Belastung der so genannten Chefs und gleichzeitig eine Entlastung der diesen formal unterstehenden Sekretäre, Techniker usw. Noch vor gar nicht allzu langer Zeit wäre es keinem Chef und keinem Sachbearbeiter auch nur im Traum eingefallen, eine Tastatur zu bedienen oder einen Brief selbst zu schreiben. Inzwischen hat aber selbst der Vorstandsvorsitzende das Vier-Finger-Adler-Suchsystem intus und auch der Weg von und zur zentralen Poststelle ist ihm wohlbekannt.

Und woher ist all das gekommen? Einzig und allein von diesen scheinbar positiven Neuerungen, die einerseits überragend viel zusätzliche Qualität versprechen (und vielleicht auch in Einzelfällen wirklich liefern), die aber andererseits die Arbeitsvorgänge und vor allem -belastungen in geradezu dramatischer Weise ändern. Folge davon ist der unvermeidliche Wegfall vieler Berufsgruppen, die entbehrlich werden, weil der Anwender immer mehr Tätigkeiten selbst ausführen muss. Das multifunktionale Endgerät bedarf des multifunktionalen Bedieners – und da wird der obengenannte alte Esel gegen alle biologischen Erkenntnisse sehr schnell zur armen Sau.

6/1993

Kapitel 12
„Some Issues of . . . "

Lexika sind heutzutage viel zu unpräzise, der eigentliche Wortsinn wird nur selten getroffen. Ein Musterbeispiel dafür ist das Wort „Issue". Hier findet man als deutsche Entsprechung z. B. „Ausgabe", „Exemplar", „Streitfrage", „Erlass" und zehn weitere Angebote. Alles schön und gut, aber lasch und wenig zutreffend. Viel passender fände ich die Version „ebenso sinn- wie halt- und belangloses Gebrabbel". Besonders dann, wenn der Kontext lautet „some issues of . . .". So beginnen nämlich mit Vorliebe die Titel eingeladener Beiträge auf internationalen Konferenzen, und ihr Inhalt entspricht leider nur allzu oft der genannten Umschreibung.

Näher betrachtet ist es aber einleuchtend und fast entschuldbar, dass „some issues of . . ."-Beiträge so inhaltsleer sind bzw. sein müssen. Man betrachte dazu folgende Vorgeschichte solcher Referate: Wie aus heiterem Himmel erhält ein so genannter Experte einen freundlichen Anruf vom Vorsitzenden eines Programmkomitees, ob er denn nicht einen schönen Vortrag auf einer von ihm betreuten Konferenz halten könne, schließlich sei der Experte geradezu prädestiniert dazu – und es folgen zahlreiche lobende Erwähnungen, die dem Angerufenen runter gehen wie Honig. Sei es, dass er noch nicht ganz die Koryphäe ist und die unerwartete Ehre ihn hochgradig begeistert; sei es, dass er tatsächlich Experte ist und Bestätigungen dafür ebenso dringend und regelmäßig braucht wie der Schauspieler den Beifall.

Soweit ist die Sache auch ganz angenehm, aber nach weiteren höflichen Floskeln will der Anrufer ein Thema des Referats wissen („Titel bzw. Inhalt stellen wir Ihnen selbstverständlich frei, aber es sollte zum Generalthema der Veranstaltung passen, . . . "). Ab jetzt beginnt die Angelegenheit für den Angerufenen heikel zu werden, denn wirklich Neues – was auch noch zum Thema der Konferenz passt – ist nur in den seltensten Fällen zur Hand. Denn die neuen Ideen (so es denn welche gibt) sind entweder noch nicht so weit oder sind Auftragsarbeiten für andere Abnehmer oder passen zum Konferenzthema wie die Faust aufs Auge. Der seriöse Experte müsste jetzt zurückzucken und die Einladung zum Vortrag abzulehnen versuchen. Diese Absicht wird aber so gut wie nie gelingen, denn der Anrufer wird solange betteln bis der über den grünen Klee gelobte Experte schließlich klein beigibt. Die mit dem Vertrag verbundene Reise nach Las Palmas, Kuala Lumpur oder Kyoto ist ja auch nicht zu verachten. Also wird der Angerufene als Arbeitstitel für den Vortrag etwas murmeln wie: „Mein Vortrag könnte heißen . . . und jetzt folgt etwa ,Parallel

A. Potton, *Abgründe der Informatik,*
DOI 10.1007/978-3-642-22975-6_12, © Springer-Verlag Berlin Heidelberg 2012

Processing' oder ‚Operating Systems' oder meinetwegen irgendetwas anderes, auf jeden Fall aber „some issues of . . .", also ‚dieses und jenes', ‚spezielle Kapitel', ‚egal was auch immer'. Der Anrufer wird sich entzückt zeigen und zur Äußerung versteigen, dass die gesamte internationale Community bereits heute auf diesen Vortrag hochgradig gespannt sei.

Nach diesem ebenso erfreulichen wie folgenschweren Anruf wird der potentielle Referent die Sache zunächst verdrängen, aber kurz vor der Konferenz unangenehm daran erinnert werden. Ähnlich wie es anderen Leuten nach einer total versumpften Nacht geht: „Wie konnte ich nur . . .?!". Aber genau wie im Versumpfungsfall ist es auch hier zu spät, die Geschichte muss mit Anstand durchgezogen werden. Die Verpflichtung zur schriftlichen Ausarbeitung kann vielleicht noch umgangen werden, notfalls wird via Textsystem irgendetwas aus ollen Kamellen zusammengeschnippelt. Der Vortrag selbst aber muss leider gehalten werden, und nun wird es ernst! Wenn Sie, geneigter Leser, einen Rat von mir annehmen wollen, dann meiden Sie Präsentationen von „Some Issues of . . ."-Beiträgen! Meiden Sie sie wie die Pest! Diese Referate werden nämlich folgendermaßen ablaufen:

Der prominente Vortragende – dem man unglücklicherweise auch noch besonders viel Redezeit eingeräumt hat – wird notgedrungen versuchen, möglichst viele Minuten gefahrlos zu überbrücken. Er tut dies zum Beispiel dadurch, dass der gaaaanz weit ausholt und die Thematik in schöner Allgemeinheit mit allen möglichen anderen Fragestellungen zu verbinden sucht. Ein paar Scherze – zwar mit Bart, aber trotzdem immer wieder gern gehört – und die erste Viertelstunde ist schon überstanden. Außerdem kann man einige Zitate mit hohem Wiedererkennungswert verwenden, etwa: „Nur ein Management, das die *echten* Kosten kennt und berücksichtigt, ist ein gutes Management!". Das bringt die Zuhörer auf die Seite des Referenten und veranlasst sie, auch bei kritischeren Passagen auf Nachdenken zu verzichten.

Nach etwa 50 % der vorgesehenen Redezeit wird der Referent dann verkünden, er komme jetzt zur Sache – und in der Tat ist das dritte Viertel des Vortrags besonders schwierig, denn hier hat der Redner über Dinge zu berichten, die er nicht selbst gemacht, sondern von Mitarbeitern seiner Arbeitsgruppe geklaut hat. Ist ja auch gar nichts gegen zu sagen, nur hat man die Einzelheiten dem Referenten entweder nicht vermittelt oder er hat sie nicht verstanden oder er hat sie wieder vergessen oder alles zusammen. Jedenfalls quält er sich irgendwie über dieses ominöse dritte Viertel hinweg. Besonders fragwürdige Passagen macht er – wenn er englisch spricht – dadurch unfreiwillig kenntlich, dass er im Anschluss an solche Behauptungen ein unmissverständlich markantes „right"! verkündet, was jeden Zweifel von vornherein in Keim ersticken soll.

Das letzte Viertel des Vortrags ist wieder sehr einfach für den Referenten. Es wird verkündet, leider laufe die Zeit davon, es könne leider nicht mehr alles seiner Bedeutung gemäß gesagt werden. Zum Beleg dieser These beginnt der Referent in einem Stapel von Folien zu wühlen (es dürfen ruhig auch unbeschriebene Folien sein, wenn das keiner merkt!). Der Zeitaufwand für Hin-und-Her-Kramen und das letztendliche Zeigen eines belanglosen Sachverhalts rettet den Vortragenden bis fast ins Ziel. Und alle Beteiligten atmen erleichtert auf, wenn bei Ankündigung gewisser „conclusions" die Zielgerade erreicht ist.

So oder ähnlich laufen die „some issues of . . ."-Vorträge immer ab. Für alle Beteiligten reinweg zum Verzweifeln. Jeder fragt nach dem „Warum", keiner erhält eine
akzeptable Antwort. Eine kölsche Version von „some issues of" wäre „Verzällches";
aber nein: „dat Verzäll" ist ganz ungleich viel interessanter!

9/1993

Kapitel 13
Konzeptlose Konzepte

Die Welt der Informatik ist übervoll mit Konzepten. Nehmen Sie nur einmal den Datenbankbereich: Kein Monat, nicht einmal eine Woche vergeht ohne ein neues Datenbankkonzept oder meinetwegen ein neues Datenbankschema. Würde auch nur jedes tausendste neue Konzept realisiert, die Welt könnte sich nicht mehr retten vor Datenbanken – mit allen nur denkbaren Inkompatibilitäten. Es ist also direkt ein Segen, dass die praktische Umsetzung eines neuen Konzepts weniger wahrscheinlich ist als ein Hauptgewinn im Lotto beim Ausfüllen des ersten Lottoscheins.

Die fehlende Bereitschaft zur Verwirklichung neuer Konzepte hat eine ganze Reihe von Ursachen. Die Mehrzahl davon lässt sich aus der Psyche des Konzepterfinders herleiten. Betrachten wir einige davon:

Bequemlichkeit Das ist der einfachste und häufig auch der wichtigste Grund. Auf glatter Strecke kommt man nun einmal besser voran als in schwierigem Geläuf, außerdem macht man sich dabei weniger schmutzig. Soll heißen: Das Erfinden eines neuen Konzepts ist angenehmer als das harte Brot des Umsetzung einer bereits weiter ausgearbeiteten Idee.

Eitelkeit Ein neues Konzept lässt sich – zumal im wissenschaftlichen Umfeld – viel besser verkaufen als die Realisierung eines bekannten Schemas, mit der so gut wie keine Meriten zu verdienen sind, ganz abgesehen vom Aufwand und vom Risiko des Scheiterns.

Angst Die meisten Konzepterfinder ahnen oder wissen, dass sie bei der Erstellung ihres vorigen Konzepts einige wichtige Parameter vergessen oder absichtlich unterschlagen haben, weil sich vielleicht nur auf diese Weise eine komplexitätstheoretische Optimalitätsaussage nachweisen ließ. Der Erfinder vermutet, dass sich bei angemessener Berücksichtigung dieser Parameter entweder gar keine oder aber eine völlig andersgeartete (ggfls. sogar konträre) Eigenschaften herausgestellt hätten. Das würde sich bei Realisierung des Konzepts in durchaus unerwünschter Weise zeigen – und es gäbe keine Möglichkeit, dies zu verbergen; denn wie soll man zum Beispiel die Auswirkungen einer vernachlässigten Signallaufzeit oder die Annahme von zufälligen und stark streuenden Abständen zwischen fahrenden Autos auf hoch belasteten Autobahnen kaschieren? Da ist es nachgerade besser, stattdessen eine

A. Potton, *Abgründe der Informatik,*
DOI 10.1007/978-3-642-22975-6_13, © Springer-Verlag Berlin Heidelberg 2012

neue Idee zu entwickeln, welche einige der bisher nicht einbezogenen Parameter ein bisschen beim Namen nennt – und im Gegenzug dafür ein paar andere Parameter noch ungenauer als bisher modelliert.

Scham Dieses Motiv hängt mit dem vorigen eng zusammen: Viele Konzepte sind genau besehen aus einer Art Spieltrieb entstanden. Sie eignen sich daher höchstens für sogenannte Spielsysteme, also etwa für „Datenbanken" mit weniger als zehn Einträgen. Sie würden sogar dafür bereits kaum realisierbar sein, obwohl sie „natürlich" in anderer Hinsicht geradezu phantastische Eigenschaften haben sollten (zumindest nach der in der Praxis leider nicht überprüfbaren Aussage des Konzept-‚Erzeugers').

Einzelkämpfertum In vielen Fällen fehlt dem Konzept jeglicher Bezug zur realen Welt, zu irgendeiner Art von Anwendung. Wegen vielerlei Schwierigkeiten hat der Konzepterfinder die Mühen des interdisziplinären Arbeitens von vornherein nicht auf sich genommen. Stattdessen wurde er freiwillig zum Einzelkämpfer – und er braucht sich daher nicht zu wundern, wenn seine fachidiotischen Vorstellungen nicht zur Kenntnis genommen werden. Allerdings: Viele Einzelkämpfer sind bereits derart weltfremd, dass sie sich über fehlende Akzeptanz wundern; das sollte nun doch nachdenklich stimmen!

Soweit zu den leicht nachvollziehbaren Motiven für die Unwilligkeit zur Umsetzung theoretischer Konzepte in die Praxis. Ursache dafür oder meinetwegen auch Konsequenz daraus ist eine Verhaltensform vieler Informatiker, die „top-down-artig" genannt werden kann: Man erklärt alles Bestehende, selbstverständlich inklusive der eigenen bisherigen Ansätze, als unzureichend und definiert eine neue Architektur oder ein neues generisches Paradigma (vielleicht kann mir mal einer erklären, was diese vornehmen Worte bedeuten außer dass sie eben Vornehmheit vorgaukeln sollen – oder wenigstens, ob man das Wort ‚Paradigma' besser auf seiner ersten, zweiten oder dritten Silbe betont; ich ziehe mal aus Protest die Betonung auf der letzten Silbe vor, also: Paradigmà). Die Beiträge solcher Informatiker auf Tagungen, Seminaren etc. haben eine fatale Ähnlichkeit mit fehlerhaft aufgebauten arithmetischen Ausdrücken: Fünfmal nacheinander „Klammer auf" und höchstens eine einzige „Klammer zu". Die Situation des Zuhörers bei solchen Referaten ist mit der eines Compilers vergleichbar, der sich mit solchen arithmetischen Ausdrücken konfrontiert sieht: Er steigt hilflos aus mit „syntax error" bzw. – in den Klartext des Zuhörers übersetzt – mit „irrelevanter abstrakter Unsinn".

Wo bleibt eigentlich – rekursiv gesprochen – das Konzept zur erfolgreichen Umsetzung eines Konzepts? Frei nach Wilhelm Busch: „Konzepterstellung fällt nicht schwer, es umzusetzen aber sehr". Vielleicht liegt der Grund dafür einfach darin, dass ein *Kon*-Zept noch lange kein *Re*-Zept ist.

12/1993

Kapitel 14
Mögen Manager Messen?

„Was denn, Sie waren nicht auf der ... Systems, CeBIT, Online, ...“? (oder wie diese Computerfachmessen alle heißen mögen). Diese Frage stellt Ihnen Ihr werter Kollege mit einem Blick, der etwa zu gleichen Teilen Verblüffung, Unverständnis, Missachtung und Mitleid verrät. Anscheinend fürchtet oder (vielleicht eher!) hofft er, dass Sie mit der rasanten Entwicklung nicht mehr Schritt halten können, dass Sie ihre Midlifecrisis nehmen und in die innere Emigration abmarschieren, dass es mit Ihrer Karriere jetzt unweigerlich den Bach runter gehen wird.

Besser also, Sie lassen es zu so einer Frage überhaupt nicht kommen und huldigen fleißig dem Messebesuchstrieb. Damit können Sie übrigens jederzeit und unmittelbar beginnen, denn Messen hat es wie Sand am Meer. In Abwandlung eines berühmten Spruchs von Sepp Herberger („nach dem Spiel ist vor dem Spiel“) kann man sagen: „nach der Messe ist vor der Messe“, was im Klartext heißt, dass für den aktiv an einer Messe teilnehmenden Verkäufer kaum Zeit zum Abbauen bleibt, will er fristgerecht bei der nächsten Messe am anderen Ort wieder pünktlich alles aufgebaut haben. Das ist dem Schaustellergeschäft nicht eben unähnlich – wie überhaupt die Gemeinsamkeiten zwischen Kirmes und Messe unübersehbar sind.

Die Anreise Auch wenn Sie nicht zum Messerundreisenden werden wollen, vielleicht weil Sie zwischendurch auch einmal etwas Sinnvolles tun möchten, dann müssen Sie sich wenigstens die drei oder vier wichtigsten, d. h. besucherstärksten Messen pro Jahr antun. Der Nachteil dabei ist, dass überaus viele Gleichgesinnte das genauso sehen, weshalb die Anreise per PKW eine rechte Quälerei ist. Vorzuziehen ist dann schon der Messesonderzug. Selbiger ist fast immer aus eigentlich bereits längst ausrangierten Erste-Klasse-Wagen zusammengesetzt, die eine geheimnisvolle, wenngleich übertrieben modrige, Plüschatmosphäre verbreiten – etwa wie der Orientexpress. So gesehen dient die Anreise schon zur Einstimmung auf leicht balkanartige Verhältnisse, schließlich liegt ja Hannover für viele von uns diverse Kilometer östlich – und daran hat auch die deutsche Wiedervereinigung wenig oder nichts geändert.

Die Planung des Messetags Günstig für die gezielte Gestaltung eines Messetages ist eine möglichst exakte und lückenlose Planung per Terminkalender, also etwa: von 10 Uhr bis 10.30 Uhr am Stand der Firma XY; danach beim Konkurrenten, nämlich

A. Potton, *Abgründe der Informatik*,
DOI 10.1007/978-3-642-22975-6_14, © Springer-Verlag Berlin Heidelberg 2012

der Firma AB; gefolgt von einer Podiumsdiskussion über Ichweißnichtwas usw. Allerdings kann diese Vorgehensweise bei aller Perfektion leicht in Stress ausarten. Immerhin ist als Vorteil zu werten, dass ein pedantisch geführter Terminkalender bei Ihrem Chef heftig Eindruck schinden wird. Ganz skrupellosen Typen gelingt sogar die Kombination von Eindruckschinden und Stressfreiheit durch perfekte Simulation eines keineswegs stattgefunden habenden Besuchsprogramms. Besucher von Tagungen, die Ihre wirkliche Anwesenheit auf der Veranstaltung durch einen ausführlichen Bericht zu rechtfertigen haben, können zum Beispiel den Tagungsband zu Hilfe nehmen und den geforderten Bericht (incl. einer detaillierten Bewertung der Vortragsgüte) in ca. zwei Stunden unter Verwendung der Manuskriptkurzfassungen problemlos zusammenstellen. Ich habe das selbst früher manchmal so gemacht, aber diese Strategie ist nicht ganz ungefährlich, weil vielleicht Bekannte wirklich anwesend waren und ggf. unangenehme Nachfragen kommen könnten („ich habe verzweifelt versucht, Sie zu finden und habe Sie sogar ausrufen lassen, aber ohne Erfolg . . .“). In solchen Fällen ist dann die wirklich hohe Schule der Ausreden gefragt und deshalb sollte man den Anteil der simulierten Anwesenheitszeiten (während derer Sie in Wahrheit am Swimmingpool lagen oder wo Sie vielleicht bei Ihrer Freundin in Celle statt in Hannover waren) doch in Grenzen halten.

Psychologische Studien Mein Vorschlag – für mindestens einen, wenn nicht für alle Messebesuche – ist, sich einfach völlig „relaxed“ durch die Messehallen treiben zu lassen und die Merkwürdigkeiten des zum Teil lächerlich aufgeregt oder aber gezwungen ernsthaft wirkenden Messegetümmels quasi als Außenstehender zu beobachten. Diese Taktik erlaubt es zum Beispiel, die Typologie der Verkäufer zu studieren, d. h. sofern es da überhaupt unterschiedliche Typen gibt. Allesamt sehen sie aus wie aus einem Musterkoffer für Plastikwaren entsprungen. Jeder ist gegen jeden anderen austauschbar; Krawatte, Anzug, perfekter Haarscheitel, einfach ekelhaft. Häufig wechseln sie ihren Arbeitgeber (ähnlich wie Schiffschaukelbremser auf Jahrmärkten) und preisen wundersamerweise die Produkte eines Herstellers als nonplusultra an, den sie noch im Vorjahr eher offen als versteckt niedergemacht hatten. Hochinteressant ist die Beobachtung des Verhaltens von professionellen Moderatoren (zum Beispiel von ausrangierten SAT1-Nachrichtensprechern, die sich auf diese Weise ein Zubrot verdienen), die während des gesamten Tages alle dreißig Minuten dieselbe perfekte Show abziehen. Das heißt: natürlich nicht sie allein über die vollen dreißig Minuten hinweg, sondern meinetwegen jeweils fünfzehn Minuten lang in absolut lippensynchroner Form (bzgl. der vorigen halben Stunde) gefolgt vielleicht von einem kurzen Videofilm oder von einer Produktdemonstration durch zauberhafte Mannequins und zum Schluss vielleicht von einer kleinen Verlosung einer Diskette oder eines Merkhefts oder von was auch immer. Dabei sollte man den Moderator unauffällig zu denjenigen Zeiten beobachten, wo er eigentlich nicht dran ist, also etwa während des Abspulens des Videofilmchens. Wenn der Moderator sich nämlich unbeobachtet fühlt, sackt er wie ein Häuflein Elend in sich zusammen, denn einen derartigen Stress und die stets gleich stupide Wiederholung hält kein Mensch aus – erst recht nicht an den letzten Messetagen, wenn die Gesamtzahl der Aufführungen sich verdächtig nahe an dreistellige Zahlen heranpirscht.

Sammler und Jäger Unvermeidbar für den Messebesucher ist das Sammeln eines enormen Papierwusts, den er mit sich herumzuschleppen hat („the office of the future will not be paperless"). Das liegt zum Beispiel daran, dass Sie zusammen mit dem schönen Kugelschreiber, auf den Sie reflektierten, quasi als Strafe eine Menge von Werbematerial unterschiedlichster Art mitnehmen müssen. Ganz ausgekochte Profis lassen kiloschwere Tüten an Prospektmaterial – natürlich mit Ausnahme der seltenen wertvolleren Souvenirs – auch schon mal einfach irgendwo stehen und beginnen den Sammelvorgang neu; das schont die Armmuskeln. Aber auch wenn Sie als Sammler und Jäger alles brav nach Hause schleppen: Am nächsten Tag werden Sie sowieso fast alles wegwerfen, denn für Messeprospekte gilt: „je hochglänzender, desto schrotter" – und man wird Ihnen so gut wie ausschließlich die Hochglanzversionen andrehen.

Die Heimreise ist dann wieder genauso stressig wie die Anfahrt, es sei denn, Sie haben den Messezug gewählt, aber in diesem Fall kann die Erinnerung an den Merkwürdigkeiten der vergangenen Stunden zu bedenklich überhöhtem Alkoholkonsum führen.

Na ja: ein Messebesuch ist halt immer noch eine Besonderheit, eine rechte Hetz, wie man in Bayern zu sagen pflegt. Sein Ablauf lässt sich in Form einer M-Geschichte zusammenfassen, die jeder Kundige nachvollziehen kann:

Mögen Manager Messen? Möglicherweise! Meistbeobachtete Methode: Man macht mutig mit. Morgens: Munter mittigern. Myriaden Menschen möchten malträtierten Motorweg mitbenutzen. Managers Mehrzeit mithin mindestens manche Minute, meist massenhaft mehr.

Minutiöse Messeplanung multipler Messestandbesuche: Magentafarbenes, Mobilfunk, Multimedia, Motorola, Microsoft, Macrohard, ...

Messepräsentationen meist Murks. Mildtätiges Mithören, manchmal merklich mosern, mitunter Mitleid mimen. Männerbetörende modische Mannequins (Miezen mit Mini-Ahnung) murmeln mühlengebetsartig massenhaft mehrheitlich meterweise Merkwürdiges mit munterer Miene. Mehrere männliche mopsgesichtige monetengeile Moderatoren (mitnichten meisenfrei) malochen mental marode. Mangels Masse manche magische Mystik. Marginale mimosenhafte Mitteilung mistiger minimaler Modernismen. Meisterleistungen muss man missen. Moderne Meilensteine mickrige Minderheit. Managers moppernd meckernde Meinung: Mulmige Malträtierung, mehr Mist mit Mühe machbar. Murrend mengenweise miese Mappen mitnehmen.

Mittags: MacDonalds muffige Mehlbrötchen mit Milchshake mampfen. Mistige Mahlzeit! Mittlerweile: Mächtig maulender müder Manager. Mit Motorwagen (mordsmäßiger Mercedesschlitten) miesgelaunt Mutterbasis machen. Millionen Mitfahrer, mithin mittlere Metergeschwindigkeit (Millimetergeschwindigkeit) marginal. Matratze meist Mitternacht. Morgen: Material misten (mindestens Makulaturpapier, manchmal merklich mehr).

Merke: Moloch ‚Messe' macht müde. Managers maßgebliche Message: Messebesuch mächtiges Menetekel. Megascheiße! Mangelnde Motivation. Mehr Messen mit mir? Mitnichten! Mythos ‚Messe' meist mittelprächtiger Murks! Messeverzicht mindestens mal mehrere Monate.

Moin Moin!   3/1994

Kapitel 15
15 = 1111

Dies ist bereits die laufende Nummer 15 von „Alois Potton hat das Wort". Eigentlich ja keine besonders „runde" Zahl im Dezimalsystem, aber im Binärsystem doch irgendwie regelmäßig (15 = 1111). Jüngere Informatiker werden das als zu technologiebezogen oder als allzu hardwarenah gar nicht mehr verstehen, denn sie orientieren sich nur noch an Objekten, sie programmieren nur noch funktionallogisch. Nach ihrem Diplom werden sie dann gleichsam zur Strafe jahrzehntelang lang als COBOL-Künstler agieren. Aber das ist ein anderes Thema.

Aus Anlass der 1111-ten Ausgabe jedenfalls erlaubt sich der Autor dieser Kolumne einen kleinen Rückblick; wer weiß, ob es die 11111-te Folge noch geben wird? Was waren Ursache und Wirkung der Kolumne, in welcher Weise hat sich ihre Konzeption im Laufe der vergangenen vier Jahre geändert?

Entstanden ist „Alois Potton" aus einer puren Bierlaune heraus – und nur dem unkonventionellen Mut von Hans Meuer war es zu verdanken, dass die Kolumne überhaupt in einer ansonsten seriösen (und daher auch einigermaßen langweiligen) Fachzeitschrift wie PIK erscheinen durfte. In der anfänglichen Euphorie glaubte der Autor, genug Material für wöchentliches Erscheinen zu haben – und die Dreimonatsintervalle zwischen zwei Ausgaben waren ihm deutlich zu lang. Dieser Begeisterungsphase folgte aber sehr schnell die Ernüchterung: Schon die zweite Folge musste aus mehreren Teilen zusammengeschnipselt werden (und wird vom Autor selbst nicht besonders hoch eingeschätzt). In der Folge wurden dann die Anrufe von Herrn Kruse aus der Zeitschriftenredaktion mehr und mehr gefürchtet, mahnten sie doch unerbittlich die nächste Ausgabe an. Allerdings, zu gewissen Zeiten und aus unerfindlichen Gründen gab es Momente, wo gleich mehrere Folgen der Kolumne sozusagen im Nullkommanix aus der Feder (bzw. aus der Tastatur des Textsystems) flossen und dann fast ein Jahr lang auf Erscheinen warten mussten. Im Allgemeinen ist das Einhalten der Redaktionsfristen aber meist eine harte Echtzeitanforderung, obwohl es bisher immer gelungen ist.

Was war das Ziel von „Alois Potton" und was hat sich daran aus subjektiver Sicht im Laufe der Zeit geändert? Gedacht war zunächst an ein lockeres Kommentieren von Begleiterscheinungen technischer Systeme. Es sollte auch auf Sonderbares und auf scheinbare oder anscheinende Fehlentwicklungen Bezug genommen werden. Sehr schnell zeigte sich, dass Kritik leichter darzustellen und zu verkaufen ist als die eher

A. Potton, *Abgründe der Informatik*,
DOI 10.1007/978-3-642-22975-6_15, © Springer-Verlag Berlin Heidelberg 2012

langweilige Bestätigung von positiven Sachverhalten, so ist das nun einmal – und so wird es auch an anderer Stelle von Alois Potton heftig beklagt (und dann verwendet er es selbst als Stilmittel für seine Kolumne, na sieh' mal einer an!). Damit ergab sich ein dynamischer Prozess, der diverse Kollegen und auch manche Berufsgruppen (wie etwa die Unternehmensberater) gnadenlos auf die Schippe nahm. Untertrieben wurde bzw. wird jedenfalls nie, eher kann vom deutlichen Gegenteil ausgegangen werden.

Einigermaßen enttäuschend war und ist die geringe Resonanz auf die Kolumne. Zwar gibt es manchmal Gespräche des Autors mit Kollegen, die wissen, wer sich hinter dem Anagramm Alois Potton verbirgt, und aus denen zu entnehmen ist, dass die Kolumne tatsächlich gelesen wird (vielleicht mehr als die meisten Fachbeiträge in PIK), vermutlich weil sie vom Umfang her überschaubar kurz ist. Das spricht sehr für eine Ausdehnung der Rubrik „Kommunikation aktuell", aber gerade dafür ist das Einwerben guter Beiträge erfahrungsgemäß am schwersten.

Das Fehlen eines rege genutzten Diskussionsforums in PIK ist sehr bedauerlich. Alle halten sie still, obwohl sie doch eigentlich laut aufheulen müssten: die Fuzzyfreaks, die „Some-Issues-of"-Vortragenden, die Berater und und und ... Besonders die Berater müssten sich doch getroffen fühlen, aber wahrscheinlich lesen die überhaupt nichts mehr (was keine so unberechtigte Vermutung sein dürfte, wenn man sich das Niveau einiger ihrer Auskünfte so ansieht!). Außerdem würden sie ja für die Formulierung einer Gegenposition auch kein Honorar erhalten. Keine Regel aber ohne Ausnahme: Nach der Attacke gegen lobhudelnde Buchbesprechungen gab es erfreulicherweise gleich zwei protestierende Stellungnahmen in PIK. Auch ist die Anzahl der Besprechungen geringer und im Tenor kritischer geworden; wenn nicht alles täuscht, enthält sogar die vorliegende PIK-Ausgabe einige süffisante Bemerkungen zu einem von Alois Potton mit verantworteten Machwerk. Ansonsten: eine zustimmende Erwähnung der paradoxen Email-Abstinenz ausgerechnet des KuVS-Leitungsgremiums („the shoemaker is always with the bad shoes"), das war's auch schon. Es ist sehr zu hoffen, dass hieraus kein Indiz für das allgemeine Interesse des PIK-Lesers an seiner Zeitschrift abgelesen werden kann.

Angenommen, die Kolumne sei weiterhin erträglich und/oder sogar von einigen Lesern gewünscht: In welche Richtung sollte sie sich dann entwickeln? Das ist eine sehr schwer zu beantwortende Frage – und auch dafür wäre ein Diskussionsforum außerordentlich nützlich, schließlich soll nicht am „Markt" vorbeiproduziert werden. Ob ein spezieller Beitrag mehr oder weniger gut ankommt, ist vom Autor selbst kaum festzustellen, das muss an einer Art Betriebsblindheit liegen. Ich habe einige meiner Mitarbeiter ein Ranking der bisherigen Folgen durchführen lassen. Diese Bewertung ergab, dass die Folge „Theorie und Praxis" so gut wie immer Spitzenreiter war, während etwa „Großrechner und die Zipfsche Regel" weit hinten landete; der Autor hatte das eher umgekehrt gesehen.

Eine andere Erfahrung war, dass es deutlich schwieriger ist, die vergleichsweise kurzen Alois-Potton-Beiträge zusammenzustellen als viel längere technische Sabbertexte. Wer's nicht glaubt, der möge es einmal selbst versuchen. So hat sich „Alois Potton" also irgendwie dynamisch entwickelt, und es gibt auch noch einige Themen, die Gegenstand künftiger Beiträge sein könnten. Wenn's gar nicht mehr geht oder wenn die Leserschaft die Kolumne nur noch als Zumutung auffassen sollte, dann hören wir halt auf, aber vielleicht sind wir noch nicht so weit.

Am eindrucksvollsten für den Autor war aber ein Erlebnis, das nur indirekt mit der PIK-Kolumne zusammenhängt, wohl aber mit dem Namen „Alois Potton" an und für sich. Anlässlich eines Jugendfußballturniers in Bad Kreuznach sah ich urplötzlich Trikots mit dem Aufdruck FC Potton, schnappte mir einen Spieler dieser Mannschaft und erfuhr, dass es tatsächlich einen Ort dieses Namens in England gibt. Und zwar, man höre und staune: fast genau auf der Luftlinie zwischen Cambridge und Oxford (!!!), ca. 30 km südwestlich von Cambridge. Mindestens zwei regelmäßige Leser der Kolumne haben sich ebenfalls Anagramme zugelegt: „Ahn Eremus" und „Rolf Windenberg", aber in beiden Fällen ohne Bezug zu den Ehrfurcht gebietenden Orten Cambridge bzw. Oxford. Das ist doch schon was.

6/1994

Kapitel 16
Referenzmodelle

Die meisten werden den ekelhaften Kerl kennen, die Ausgeburt von bürokratischen Gremienhirnen: den ATM-Würfel. Hier ist er für die- oder denjenigen, die/der ihn wirklich noch nicht gesichtet haben sollte:

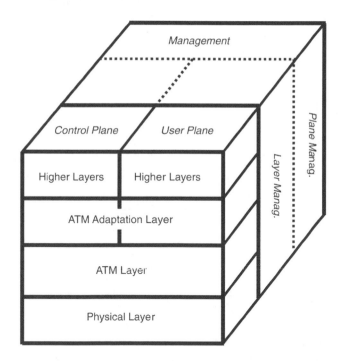

Man hat sich an derlei schwachsinnige „Referenz"-Modelle (der ATM-Würfel ist ja kein Einzelkind, was nichtssagenden Inhalt angeht) schon so sehr gewöhnt, dass man sie bereits für normal und naturbedingt hält. Ebenso wie man geneigt ist, Schokoladetafeln für notwendigerweise rechteckig und Würste für länglich zylinderförmig anzusehen.

Aber betrachten wir das ATM-„Kunstwerk" doch einmal etwas genauer. Warum steht der Würfel immer so da wie gezeigt? Warum springt uns bevorzugt seine rechte

A. Potton, *Abgründe der Informatik*,
DOI 10.1007/978-3-642-22975-6_16, © Springer-Verlag Berlin Heidelberg 2012

Vorderkante ins Auge? Da verhält es sich wohl ähnlich wie mit eitlen Politikern oder Filmstars, die sich nur von ihrer Schokoladenseite ablichten lassen. Altbundeskanzler Helmut Schmidt war so einer, der alle Fotos verbot, die nicht den gepflegten Scheitel seines Haupthaars in den Vordergrund stellten – oder war es gerade die umgekehrte Seite? Das habe ich vergessen, aber Helmut Schmidts Zeit ist auch schon lange passé – und wenn der ATM-Würfel sich weiterhin so blöd zeigt wie bisher, dann wird auch er bald eingemottet werden.

Warum eigentlich mag er uns seine Rückseite ums Verrecken nicht zeigen? Sehr merkwürdig, als ob es dort etwas zu verbergen gebe! Es ist zwar stark zu vermuten, dass er von hinten so uninteressant wäre wie von vorn. Die Rückseite des Mondes war ebenfalls lange Zeit unbekannt und hat sich dann als genauso öde wie die Vorderseite herausgestellt – es fehlte sogar noch das Mondgesicht. Aber wissen täte ich es (beim ATM-Würfel) denn doch gern, wie seine andere Seite wohl ausschaut. Ich kann es nämlich einfach nicht ausstehen, wenn mir offensichtlich etwas verheimlicht wird – und ich beginne dann, Verdacht zu schöpfen. Ist er vielleicht „hinten links unten" hohl und braucht eine Stütze, um nicht umzukippen? Ist seine rückwärtige Front gespalten wie Teile seiner Vorderseite? Oder hat er dort gar mehr als zwei Spalten? Ausgeschlossen wäre das jedenfalls nicht.

Außerdem: wie ist das mit den Strichelungen im Managementbereich des Würfels, worin unterscheiden sich diese unterbrochenen von den durchgezogenen Linien? Soll damit angedeutet werden, dass der Managementbereich ein mysteriöses und eher unbekanntes Wesen ist? Das könnte ich nachvollziehen, aber niemand spricht es klar aus. Oder bedeutet eine durchgezogene Linie, dass es keine Brücke zwischen links und rechts gibt, dass aber umgekehrt gestrichelte Linien mit hinreichendem Aufwand überwindbar sind? Für die Richtigkeit einer solchen Vermutung spricht, dass unterschiedliche ATM Adaptation Layer in der Tat für deutlich voneinander differierende Anwendungen gemacht sind und deshalb wohl nichts miteinander zu tun haben (wollen). Aber halt: dann käme man ja nicht „von unten nach oben", weil die waagerechten Linien doch durchgezogen sind! Wenn Sie mir jetzt mit der Bemerkung kommen, dass man zum Aufwärtssteigen das vertikal nicht unterbrochene Layer Management bzw. das Plane Management nutzen könne, dann muss ich entgegnen, dass wegen des durchgezogenen Strichs kein Weg von der Vorderseite zu den Managementscheiben führt. Es wäre natürlich denkbar, dass man über die uns nicht gezeigte linke Seitenfront oder gar über das Innere des Würfels. . . (?). Da bleibt Raum für abenteuerliche Vermutungen.

Je länger man über den Würfel nachdenkt, desto rätselhafter wird er. Und es steigt die Hochachtung vor den gerissenen Kerlen, die dieses Kunstwerk vollbracht haben. Sie zeigen uns einige wenige Dinge und lassen gleichzeitig beliebig viel Raum zur Spekulation und zur Verwirrung. Wenn es um eine praktische Realisierung geht (aber warum sollte man einen derart blödsinnigen Würfel überhaupt realisieren wollen?), dann bleiben viele Möglichkeiten offen – und die sind alle ebenso richtig wie falsch, weil die Vorgabe beliebig viele Freiheitsgrade hat.

Der ATM-Würfel steht übrigens keineswegs allein mit seiner Plattheit (interessant: kann es ein völlig plattes dreidimensionales Gebilde überhaupt geben?). Er teilt sein Schicksal mit den meisten so genannten Referenzmodellen. Diese sind bekanntlich recht angenehm: Man kann sich auf sie beziehen, und durch hinreichende Verdrehung wird auch der Nachweis gelingen, dass der eigene Ansatz konform zu einem gegebenen (wie auch zu jedem anderen betrachteten) Modell ist. Man muss sich aber nicht darüber auslassen, was denn den eigenen Ansatz auszeichnet. Und dass zwei referenzkonforme Ansätze so gut wie nie zusammenpassen werden (auf neudeutsch nennt man das „interoperieren"), braucht uns wegen der Unverbindlichkeit der Referenzmodelle nicht zu wundern. Das erwartet der Kenner auch gar nicht.

Noch etwas zum Thema „aussagelose Abbildungen": Gar fürchterlich hat diese Unsitte um sich gegriffen. Ein Beispiel:

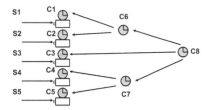

Nun mal ehrlich: diese Grafik, nennen wir sie den „Drei-Uhr-Mittags-Baum", sieht zwar zunächst irgendwie geschäftsmäßig aus, aber beim zweiten Hinsehen? Reißt Sie sowas vom Hocker? Die Autoren scheinen es jedenfalls zu glauben (oder wollen die uns veräppeln?). Am interessantesten an der Skizze ist die Beobachtung, dass Multimedia-Uhren offensichtlich immer auf „drei Uhr mittags" eingestellt sind. Das ist anscheinend ein Naturgesetz. Ganz im Gegensatz zu den Zeitgebern im Fenster des Uhrengeschäfts, die entweder auf „zehn vor zwei" oder aber auf „zehn nach zehn" stehen müssen, was bzgl. der Winkelstellung der Zeiger kaum Unterschied macht; es soll halt positive Denkhaltung zeigen. Aber die Multimediafreaks denken offenbar nicht positiv, denn ihre Synchronisationsuhren stehen immer auf drei Uhr mittags. Warum das so ist, bleibt ein Rätsel, das in seiner Unergründlichkeit nur noch mit der Anordnung der Steine in Stonehenge vergleichbar ist.

An weiteren bestussten Kommunikationszeichnungen herrscht kein Mangel. Ich verzichte aus Platzgründen auf weitere Bilder, aber Sie werden solche leicht finden. Drei Beispiele von vielen: Da zeichnet jemand zwei Ovale, verbindet sie mit einem Strich und nennt das „verteiltes System". Ein anderer malt einen Kringel links und zwei Kringel rechts sowie je einen Pfeil vom linken zu den beiden rechten Kringeln und schreibt „Multicast" darunter. Und ein dritter erzeugt zwei Rechtecke, das „rechtere" davon zusammen mit dem unvermeidlichen „Drei-Uhr-mittags"-Gebilde. Er verbindet die Rechtecke durch einen nach rechts zeigenden Pfeil, nennt die drei Teile „video source", „video stream", „video sink" und gibt als Erklärungshinweis(?) für dieses Rätsel die Unterschrift „Controlling a Video Stream".

Also ich weiß nicht. Referenzmodelle und Multimediazeichnungen sind irgendwie vergleichbar mit Straßenlaternen für Betrunkene: Sie dienen eher zur Stütze als zur Erleuchtung.

9/1994

Kapitel 17
Editorials

Es kommt vor, dass gewisse Dinge durch die real existierende Entwicklung überholt werden – und das ist mit der aktuellen Folge der Alois-Potton-Kolumne geschehen. Haben doch tatsächlich Sebastian Abeck und Walter Gora für Heft 95/1 ein ausgezeichnetes, weil informatives, Editorial verfasst!! Damit wird die Berechtigung der im Folgenden trotzdem dargebotenen Ausführungen zu solchen Geleitworten ein wenig in Frage gestellt. Aber die weit überwiegende Mehrzahl von Geleitworten ist so oder ähnlich wie unten beschrieben. Das zitierte Geleitwort möge als Vorbild für viele Nachahmer dienen getreu dem Motto: „Gora et Labora!". Der bereits vor Erscheinen von Heft 95/1 vorbereitete Text geht jetzt los:

Es muss alles seine Ordnung haben, in Deutschland schon mal sowieso. Und deshalb muss auch jedes Buch, jedes Zeitschriftenheft (und auch jeder Vortrag) sozusagen kanonisch aufgebaut sein, also mit einem Grußwort, Geleitwort oder – neudeutsch – mit einem Editorial beginnen. Warum das so sein muss, weiß eigentlich niemand, aber man hat sich daran gewöhnt. Bei Büchern lautet das Vorwort oft wie folgt: „Dieses Buch ist aus sieben Kapiteln aufgebaut. Im ersten Kapitel wird die Einleitung dargeboten, das zweite umschließt . . . , und das letzte Kapitel beinhaltet schließlich die Zusammenfassung und einen Ausblick". Ähnlich trocken oder geschäftsmäßig geht es dann auch im Buch selbst zu. Das Vorwort ist eigentlich nur Redundanz – und während man diese etwa bei Codierungsverfahren nutzbringend verwenden kann, ist sie für Bücher, Editorials oder Vorträge überflüssig und schädlich. Es gibt Scharen von Referenten, die sich einen Teil ihrer knapp bemessenen Vortragszeit durch langatmige Beschreibung einer völlig nutzlosen Gliederungsfolie stehlen. Aber oft haben diese Vortragenden auch nichts wirklich Interessantes zu erzählen.

Unsere Zeitschrift PIK macht bezüglich redundanter Vorworte keine Ausnahme, schließlich ist es eine deutschsprachige Publikation. Was kommt da unter der Rubrik „Editorials" vor? Nun, alle zwei Jahre wird man natürlich vom jeweiligen KiVS-Veranstalter begrüßt und es wird dem Leser verklickert, was denn so von der Tagung zu erwarten sei. Es wird auch artig um möglichst zahlreiche Teilnahme an der Veranstaltung geworben. Genau besehen wird wenig berichtet, was nicht aus dem Vortragsprogramm selbst hervorgeht; Informationsvermittlung (im informationstheoretischen Sinn) ist damit nicht verbunden – und es würde mich wundern,

A. Potton, *Abgründe der Informatik*,
DOI 10.1007/978-3-642-22975-6_17, © Springer-Verlag Berlin Heidelberg 2012

wenn die Zahl der Tagungsteilnehmer auf diese Weise auch nur geringfügig erhöht werden könnte.

Betrachten wir eine Auswahl anderer nicht allzu weit zurückliegender Editorials: Da äußert (in PIK 3/94) ein Rechenzentrumsh ... die wohl berechtigte Sorge um das Weiterbestehen seiner Zunft und benimmt sich so wie ein Kind im Wald, das durch lautes Pfeifen eventuelle Gespenster oder Räuber in die Flucht schlagen möchte; im Klartext liest sich das unter der Überschrift: „Erleben die Rechenzentren eine Renaissance?". Einen ähnlichen „Pfeifen im Wald"-Eindruck vermittelt das Editorial „KuVS – eine Fachgruppe im Aufwind" (1/93).

Erfreuliche Ausnahme ist das Editorial zu PIK 3/93 zum Thema „Arme deutsche Sprache oder: Warum die Schicht männlich ist", wo sich ein Ex-Ossi über die Auswüchse bei der Benutzung englischer Slang-Ausdrücke mokiert. Das war originell und sogar mit einem Schopenhauerzitat versehen! Das freute den Leser (zumindest Alois Potton), auch wenn das Strickmuster – genau besehen – nicht unbedingt brandneu ist. Das regte auch zum Nachdenken darüber an, ob man nicht aus Fairnessgründen zum Ausgleich überzähliger Anglizismen den Anteil von Slawismen erhöhen sollte, also neue Begriffe zusätzlich zu Perestroika, Glasnost, Apparatschik, Roboter, ...

Aber die meisten anderen PIK-Geleitworte „glänzen" mit eher trockenen Beiträgen über neue Vereine oder zum Thema „Paradigmenwechsel"; oh gelänge es mir doch, das Wort „Paradigma" ein für alle Mal mit Stumpf und Stiel auszurotten!

Andere Editorials sündigen durch altkluge Verwendung fremdsprachlicher Begriffe in anderer Weise als es von Klaus Garbe angeprangert wurde: Sie verwenden großmächtige lateinische Floskeln, die zum restlichen deutschen Text passen wie die berühmte Faust aufs Auge. Siehe etwa: „Hochgeschwindigkeitsnetze – ante portas?" (PIK 4/91). Ähnlich unrühmliche Beispiele (nicht aus PIK) sind: „Broadband: quo vadis?", „Multimediatechniken – ceteris paribus", „Leichtgewichtige Protokolle – grosso modo", „Objektorientierte Systeme – cum grano salis" oder der oberlehrerhafteste meiner gesammelten Latinismen: „Informatik: cui bono?". Was wollen die Autoren mit solchen Vornehmheiten eigentlich aussagen? Soll die humanistische (Aus)-Bildung demonstriert oder umgekehrt ihr Fehlen kaschiert werden?

Es hat den Anschein, dass der Titel eines Geleitworts oder auch eines Fachbeitrags beinahe automatisch erzeugt werden kann – nach folgendem Schema: „ABC: X oder Y?". Auch hierzu gibt es Beispiele (zum Teil mit leichten Modifikationen des Grundprinzips) in Editorials wie etwa: „Outsourcing: Bedrohung oder Chance?", „Internet – was sonst?", „Hochleistungsnetze – eine Herausforderung" usw. Mit der Verwendung von Alternativfragen („Sinn oder Unsinn?") als zweite Hälfte eines Titels ist so ein Beitrag fast schon geschrieben. Die Grenzen sind abgesteckt, der Rest ist nur noch Technik. Wir schreiben die Pro's und Con's auf, die uns bzgl. der Thematik und der selbst gesetzten Grenzen einfallen, setzen sie in einen Zusammenhang, wir favorisieren je nach Lust oder Laune die eine oder die andere Seite, und schon ist die Sache gemacht – egal für welches Thema. „Kleiderständer: Notwendigkeit oder Luxus?", so ein Editorial würden wir doch mit links schreiben – und zwar mit jeweils den Umständen angepassten Schlussfolgerungen, je nachdem ob das Editorial für ein Organ der Möbelindustrie oder für Greenpeace bestimmt ist.

Nun ja: Mit Editorials verhält es sich offenbar wie mit vielen anderen Dingen auch. Sowohl ihr Realitätsbezug als auch ihre Notwendigkeit sind umstritten. Was Georg Christoph Lichtenberg einst für Physik-Kompendien feststellte, lässt sich ziemlich exakt auf PIK-Geleitworte übertragen: „Ein etwas vorschnippiger Philosoph, ich glaube Hamlet Prinz von Dänemark hat gesagt: es gebe eine Menge von Dingen im Himmel und auf der Erde, wovon nichts in unseren Büchern steht. Hat der einfältige Mensch, der bekanntlich nicht recht bei Trost war, damit gegen unsere Editorials gestichelt, so kann man ihm getrost antworten: gut, aber dafür stehen auch wieder eine Menge von Dingen in unseren Editorials wovon weder im Himmel noch auf der Erde etwas vorkömmt".

12/1994

Kapitel 18
Zum Datenschutz

Mit dem Datenschutz ist es so eine Sache. Einerseits natürlich eine Selbstverständlichkeit. Andererseits: der Benutzer riskiert, von seinen eigenen Schutzmaßnahmen überfordert zu werden – zum Beispiel dann, wenn er in vorbildlicher Weise seine Passwords häufig ändert und komplizierte Zeichenfolgen dafür verwendet. Dann ist es so gut wie sicher, dass er nach einem versumpften Wochenende seine Zugangsberechtigungen verloren haben wird. Also wird Normalkunde/kundin entweder den Vornamen von Freundin oder Freund als Password benutzen (und das solange bis dieser sich ändert) oder aber das aktuelle gültige komplizierte Password im Notizbuch bzw. auf der Unterseite der Tastatur eintragen. Beides kommt häufig vor, und der resultierende Schutz ist dann genau besehen eher geringer als wenn man gar keine Maßnahmen ergriffen hätte.

Ähnliche Perversionen – das soll der vorliegende Beitrag zeigen – sind möglich, wenn überzogene Ansprüche an Schutzmaßnahmen in Kommunikationssystemen gestellt werden. Um keinen falschen Eindruck zu erwecken: gegen richtig gestaltete Schutzmechanismen ist prinzipiell nichts einzuwenden, denn katastrophale Folgen von Datenmissbrauch werden oft genug zitiert, merkwürdigerweise aber häufig mit denselben Beispielen. Ob es so wenige echte Beispiele gibt oder ob manche davon vielleicht sogar konstruiert sind?

Erheblich unerfreulicher wird die Sache dann, wenn sich professionelle Datenschützer an die Problematik heranmachen. Die Motive dieser Leute – im Folgenden als „Missionare" bezeichnet – können zwar sehr ehrenwert sein. Es besteht aber die Gefahr von unerwünschten kontraproduktiven Effekten.

Sehen wir uns zur Erläuterung dieser Hypothese einmal an, was der Missionar kategorisch von Kommunikationsverbindungen verlangt, wenn sie für ihn als akzeptabel gelten sollen:

Als erstes wird natürlich gefordert, dass der Inhalt der mit dem Kommunikationspartner ausgetauschten Informationen vertraulich bleiben muss. Daher sind kryptographische Methoden einzusetzen, die so gut sind, dass kein Übelwollender (den wir im folgenden „Al Capone" nennen wollen) unter noch so großen Anstrengungen und auch nicht unter Einsatz von zehntausendfach schnelleren Rechnern (als sie heute verfügbar sind) eine Entschlüsselung durchführen kann.

Außerdem sollen die einzusetzenden Techniken derart subtil sein, dass bereits *die Existenz* einer Kommunikationsbeziehung (ohne Kenntnis ihres Inhalts)

A. Potton, *Abgründe der Informatik,*
DOI 10.1007/978-3-642-22975-6_18, © Springer-Verlag Berlin Heidelberg 2012

nicht entdeckt werden kann. Denn andernfalls ließen sich Statistiken aufbereiten und daraus wiederum Persönlichkeitsprofile erstellen – und was es an ähnlichen Schweinereien sonst noch geben könnte.

Die Verfahren sind nach Ansicht des Missionars schließlich so zu gestalten, dass sie auch dann funktionieren, wenn überhaupt niemandem vertraut wird. Dem Staat nicht trotz seiner größten anzunehmenden Rechnerkapazität (denn der Staat könnte ja eine Diktatur sein oder zu einer solchen verkommen); dem Netzhersteller oder -betreiber nicht, weil in dessen Diensten ein Al Capone stehen oder gestanden haben könnte, der Boshaftigkeiten in die Software eingebaut hat und dieses zu einem völlig unvorhersehbaren Zeitpunkt ausnützen könnte (etwa wie die Griechen ihr dummes Holzpferd in Troja); den anderen Lebewesen, z. B. Arbeitgebern, Ärzten, Brieftaubenvereinsvorsitzenden ... ebenfalls nicht – abgesehen von ganz wenigen echten Freunden (aber auch denen wird der echte Missionar nicht völlig vertrauen).

Alle diese Forderungen lassen sich durch Gedankenexperimente oder durch echte Präzedenzfälle überzeugend begründen. Naive Techniker oder Wirtschaftlichkeitsrechner werden vielleicht gewisse Zweifel daran haben, ob denn monatliche Abrechnungen erstellt werden können (trotz der geforderten Nichtentdeckbarkeit von Kommunikationsbeziehungen) bzw. ob die Sache überhaupt bezahlt werden könne (denn dass die Zusatzmaßnahmen kostenfrei sind, das glaubt nicht einmal der Missionar). Aber auf diese und ähnliche Fragen ist der Missionar selbstredend vorbereitet. Er wird zum Beispiel etwas von Chipkarten murmeln bzw. erklären, dass der überwiegende Teil der Bevölkerung deutlich höhere Kosten akzeptiere, wenn ein perfekter Datenschutz gewährleistet werde.

Die These des Missionars ist also, vereinfachend gesagt: „Ich bin gut und edel. Fast alle anderen sind beliebig böse oder bestenfalls naiv, so dass sie auf Al Capone hereinfallen werden – wenn sie nicht bereits hereingefallen sind".

Nach Ereignissen wie dem Amoklauf in Oklahoma City bin ich mir aber nicht mehr so sicher, ob man den Missionar weiter gewähren lassen darf. Stellen wir zur Begründung dieser Ansicht eine Antithese zu der des Missionars auf, die folgendermaßen lauten könnte: „Der weit überwiegende Teil der Menschheit ist gut oder harmlos, aber leider gibt es ganz wenige Elemente vom Typ Al Capone; diese werden wir nie alle auffinden geschweige denn bessern können, aber wir wollen ihnen die Ausübung ihrer Aktionen auch nicht unbedingt erleichtern – und wir würden es zur Abschreckung von Nachahmungstätern sehr begrüßen, wenn die Polizei ab und zu einen solchen Übeltäter entlarvt."

Von der These des Missionars unterscheidet sich die Antithese unter anderem bzgl. der Anzahl vermuteter Al Capones. Aber ist es nicht eine furchtbare Vorstellung, dass (nach Umsetzung der Forderungen des Missionars) der Bösewicht den perfekten Datenschutz für seine Fiesheiten nutzen kann? Dass dies nicht wünschenswert ist, gibt auch der Missionar zu. Er wendet aber ein, dass Al Capone bereits heute in der Lage sei, für sich selbst einen perfekten Datenschutz zu realisieren. Dagegen sei dies dem Normalbürger als „tumbem Thor" verwehrt – und daher müsse der tumbe Thor eben geschützt werden; na ja.

Eine Analogie: Das Leben „draußen" kann offensichtlich gefährlich sein (Spione, wild umherfahrende Autos, UFOs, wer weiß). Also verlangt der Missionar die

Bereitstellung einer Tarnkappe für jeden Bürger, welche die örtliche Anwesenheit eines Bürgers unentdeckbar macht. Selbstverständlich erhält aber auch Al Capone eine Tarnkappe zugeteilt. Al Capone wäre zwar möglicherweise in der Lage gewesen, sich selbst eine Tarnkappe zu basteln, aber das wäre mit mehr Aufwand verbunden gewesen – und er hätte während Produktion oder Nutzung der Tarnkappe entlarvt werden können. Durch die allgemeine Zuteilung von Tarnkappen wird die Sache für ihn billiger, sicherer und daher angenehmer. Ab sofort wird er als Wolf im Tarnkappenschafspelz noch viel einfacher Gebäude in die Luft sprengen oder U-Bahnschächte vergiften können.

So ist das mit missionarischem Eifer: Er kann für die Religion nützlich sein – aber für andere (etwa für die Azteken in Mexiko) eher unerfreulich, wenn man einen überzogenen Anspruch hat. Allzu viel zerreißt den Sack.

3/1995

Kapitel 19
Komplexitätstheorie

Aufwandsabschätzungen machen Sinn. Das schönste Konzept taugt nichts, wenn es wegen unzureichender Berücksichtigung wichtiger Parameter wie Kosten, Laufzeit, ... nicht funktioniert. Es ist also angebracht, sich bereits beim Systementwurf über die zu erwartende Komplexität der Realisierung Gedanken zu machen. Unsere Studierenden beschäftigen sich leider meist nur selten oder gar nicht mit solchen Aufwandsüberlegungen – z. B. haben sie (überraschenderweise?) häufig kein Gespür für Kosten. Viele spätere Fehlentscheidungen sind auf diesen Mangel zurückzuführen.

Bedauerlicherweise wird die Disziplin der Komplexitätstheorie, die sich mit diesen Fragen beschäftigt, von vielen gestandenen Praktikern etwas despektierlich betrachtet. Dies mag auf eine gewisse (Ehr-)Furcht vor ihrer mathematischen Schwierigkeit zurückgehen, vielleicht ist es aber auch eine Folge von fragwürdigen Auswüchsen. Ein besonders seltsames Beispiel zweifelhafter komplexitätstheoretischer Fingerübungen ist Gegenstand des vorliegenden Beitrags. Der Vorfall trug sich zu anlässlich der Begehung eines größeren Forschungsprojekts (apropos „Begehung": diese Wortwahl stimmt mit dem wahren Ablauf nur unzureichend überein, es sollte besser „Be-Sitzung" oder „Be-Kaffeetrinkung" heißen).

Es ging um Parallelrechnersysteme – und da spielen komplexitätstheoretische Fragen eine wichtige Rolle. Man möchte wissen, welche Leistungssteigerung durch Kopplung von Rechnern erreicht werden kann – und dabei interessiert man sich für den Abhängigkeit des Leistungsverhaltens von der Problemgröße, d. h. ob und wie sich die Leistung mit steigender Rechnerzahl n verbessert. Dass hier ein entscheidender Unterschied z. B. zwischen linearen bzw. quadratischen Abhängigkeiten besteht, liegt auf der Hand. Demgegenüber sind konstante Faktoren oft nachrangig: Ob der Aufwand 2n oder 85.347n ist, das ist dem Komplexitätstheoretiker schnurz und piepe, weil ihn in erster Linie der generelle Verlauf der Aufwandsfunktion interessiert. Und da sind konstante Faktoren im Vergleich etwa mit quadratischem Wachstum für genügend große Rechnerzahlen unerheblich.

Einer der Mitarbeiter, der anlässlich der genannten Begehung einen Bericht über seine Forschungstätigkeit gab, stellte eine beeindruckende Zahl neuer Ergebnisse vor. Eines davon führte unter der Bezeichnung „Zeitverlust" einen Wert $O(\log^* n \log\log\log n)$ auf. Dabei bezeichnet n die Zahl eingesetzter Rechner und der Buchstabe „O" steht für „größenordnungsmäßig", also (vereinfacht gesprochen) für:

A. Potton, *Abgründe der Informatik*,
DOI 10.1007/978-3-642-22975-6_19, © Springer-Verlag Berlin Heidelberg 2012

„bis auf konstante Faktoren und ähnliche Dreckeffekte". Auch die Mehrfachlogarith-mierungen sind für denjenigen, der sich ein wenig mit solchen Fragen beschäftigt hat, mit einigem Nachdenken nachvollziehbar: Solches liegt an baumartigen Zu-sammenschaltungen, an Fallunterscheidungen etc. Soweit so gut. Fehlt nur noch der mir damals (wie wohl auch den meisten Lesern) unbekannte Term log*n. Auf die entsprechende Frage antwortete der Vortragende, das sei die Anzahl von Loga-rithmierungen zur Basis 2, die man ausführen müsse, um von n aus den Wert 1 zu erreichen. Also ist z. B. log*16 = 3, und auch im Falle log*n = 4 ist n noch halbwegs überschaubar, nämlich 65.500 und ein paar kaputte; eine so große Rechnerzahl ist bei gutem Willen noch vorstellbar. Ab dann wird's aber geradezu abenteuerlich: Für log*n = 5 gilt bereits n = „2 hoch 65.536", und diese Zahl ist so gewaltig, dass sie nur noch mit der geschätzten Zahl der Atome im gesamten Universum verglichen werden kann. Wenn man also aus jedem Atom des Universums einen Rechner basteln könnte, dann käme gerade mal ein Term „5" im obigen Ausdruck vor. Bei nur wenig größeren Werten, also z. B. log*n = 6, beginnen sich die Nackenhaare zu sträuben (2 hoch Zahl der Atome des Universums!?). Man kann sich die Größe dieser Zahl vorstellen und auch wieder nicht, ist das nicht interessant? Es ist also festzustellen, dass die genannte Formel für log*n eigentlich nur Werte zwischen 1 und 5 anbietet (wobei 1 bis 3 noch recht uninteressant sind und 5 bereits jenseits von Gut und Böse liegt). Somit könnte also der Term log*n in der genannten Formel durch eine kleine Konstante, z. B. durch 4, ersetzt werden, und diese könnte man sofort weglassen, weil es ja (wie das große O besagt) auf konstante Faktoren nicht ankommt. Aber Fragen nach dem Sinn eines Terms log*n, der für alle denkbaren Situationen völlig irrelevant ist, werden von Komplexitätsleuten als unzulässig erklärt: Der Term sei korrekt, denn man interessiere sich nur für Strukturen, nicht aber für die konkrete Realisierbarkeit. Kommentar am Rande: vielleicht deshalb, weil man sich dann die Finger schmutzig machen würde?

Nach meiner Auffassung kommen solche Spielereien inzwischen allzu häufig vor (die Zahl der Atome des Universums wird auf ziemlich lange Zeit deutlich höher sein als die Zahl baubarer Rechner!). Wohlgemerkt, ich plädiere keineswegs für irgendei-ne Art von „Zensur": Man darf über solche und größere Systeme sicher nachdenken, aber welchen Sinn machen „Ergebnisse", die erst bei nachweislich unerreichbaren Größenordnungen gegenüber konventionellen Lösungen Vorteile versprechen? Auch wenn sie formal korrekt sind: Sind solche Resultate noch als „richtig" zu bezeichnen? Muss man sie nicht eher kontraproduktiv oder sogar kinderverderbend nennen?

Vielleicht droht der Informations- und Kommunikationstechnik auch eine Ent-wicklung wie der Mathematik vor einem knappen Jahrhundert: Ausgehend von sehr konkreten Problemen („Wie viele Kühe passen auf eine Wiese? Rechne!" oder „Wie bestimmt man den Ostertermin für die nächsten 200 Jahre?") hat sich damals ein großer Teil der Mathematik hin zur Erforschung mehr oder weniger wertfreier Resultate verselbständigt. Das hatte (und hat) zudem noch den Vorteil, dass diese „Spieltriebresultate" eleganter und genialischer wirken als diejenigen, welche sich auf konkrete Dinge beziehen – und dass sie auch irgendwie leichter erzeugt werden können.

Der Wert oder die „Haltbarkeit" solcher Spieltriebsresultate kann aber nach meiner Auffassung durchaus charakterisiert werden mit dem handschriftlichen Zusatz, den ich kürzlich am Eingang eines Ramschladens über einem Stapel Hundefutter angebracht fand; er hieß: „Abfülldatum ist Verfalldatum".

6/1995

Kapitel 20
Seamless Legacy

Dass der Mensch vom Affen abstammt, dafür gibt es zahlreiche Anhaltspunkte. Einer davon ist die Beobachtung, dass in vielen Bereichen bedenken- und gedankenlos nachgeäfft wird. Das gilt natürlich für Modefragen (breite versus schmale Hosenbeine, Mini- oder Maxi-Röcke, Revers oder Nicht-Revers, . . .), aber auch für Informations- und Kommunikationstechniken. Viele werden jetzt an die zahllosen neu entstehenden Abkürzungen denken, die nur zu einem geringen Teil Sinn machen, denn welchen Zweck hat eine Abkürzung, die nur ein einziges Mal gebraucht wird – und das trifft für nicht wenige Abkürzungen zu! Diese Unsitte ist aber bei aller Unvermeidlichkeit noch halbwegs erträglich, denn man kann getrost viele Abkürzungen „auslassen" – in der berechtigten Hoffnung, dass sie bald vergessen sein werden. Außerdem sind auch etablierte Abkürzungen manchmal auf überraschende Weise anders belegt; das musste einer meiner Mitarbeiter kürzlich feststellen, der bei einer WWW-Suche nach Literatur zu ATM auf ein „ATM Journal" stieß, welches sich dann als „Amateur Telescope Maker Journal" entpuppte – und vielleicht interessanter ist als „das übliche ATM".

Bedenklicher sind überraschende Häufungen von „richtigen" Worten (im allgemeinen aus der englischen Sprache), die unsereins wegen pidginhafter Kenntnisse dieser Fremdsprache bisher noch nicht kannte. Zwei Beispiele solcher überraschender Worterscheinungen sind mir in letzter Zeit besonders unangenehm aufgefallen, und zwar „seamless" und „legacy". Ich wüsste nicht, dass mir eines dieser beiden Worte bis vor sechs Monaten auch nur ein einziges Mal untergekommen wäre, aber inzwischen tauchen sie in geradezu gewaltiger Zahl auf – und das kann irgendwie kein Zufall sein. Es hat den Anschein, dass irgendein Guru (oder genauer gesagt: zwei Gurus) diese Worte als Trendsetter unters Volk geworfen haben, welches sie nun begeistert nachplappert. Besonders ärgerlich ist dabei für mich, dass ich aus zugegebenermaßen subjektiver Sicht beide Worte für hochgradig unschön halte – vielleicht weil sie mich an Begriffe wie „schamlos" oder „Legasthenie" erinnern. Umgekehrt aber hätte ich keine Einwände gegen ein Wort wie „undercover", aber dafür scheint sich noch kein Guru gefunden zu haben.

Man muss insgesamt gesehen sogar noch dankbar dafür sein, dass neue Begriffe so gut wie immer der englischen Sprache entstammen, denn das begrenzt die Anzahl möglicher Neuschöpfungen auf einen zwar hohen, aber immerhin noch halbwegs

A. Potton, *Abgründe der Informatik,*
DOI 10.1007/978-3-642-22975-6_20, © Springer-Verlag Berlin Heidelberg 2012

überschaubaren Wert. Die Länge eines englischen Worts ist im Mittel viel kürzer ist als die der entsprechenden deutschen Kreation (oder sollte man „Kreatur" sagen?) – und außerdem gibt es im Englischen keine Möglichkeit zur endlosen Zusammensetzung von Substantiven. „Seamless" und „legacy" haben nur acht bzw. sechs Buchstaben, deutsche Fachausdrücke (vor allem im Bereich des Software Engineering, aber auch anderswo) sind um ein Vielfaches länger. So wurde zum Beispiel in der Gesellschaft für Informatik ein neuer Arbeitskreis zum Thema „Beherrschbarkeit arbeitsteiliger Systemarchitekturen" gegründet, dessen mittlere Wortlänge über 16 liegt. Überhaupt war „Beherrschbarkeit . . ." ein sehr listiger Titel, nicht etwa „Beherrschung . . .". Es wurde also ein Konzept versprochen und schon gleich gesagt, dass man es nicht umzusetzen gedenkt.

In einem mir kürzlich zur Begutachtung vorgelegten Manuskript (jetzt werden die Autoren einen der anonymen Gutachter kennen, aber das ist mir egal) tauchten besonders schöne Neubildungen auf, wovon ich einige vorstellen möchte:

• Interprozesskommunikationsmechanismen (36 Zeichen),
• Zustandsübergangssystemmodelle (30 Zeichen),
• Protokollinstanzenimplementierung (33 Zeichen),
• Eingabemomentanzustandskombination (34 Zeichen),
• Interprozesskommunikationsaktionen (33 Zeichen),
• Eingabeereignisbearbeitungsprozeduren (38 Zeichen),
• Ein-Server/Activity-Thread-Implementierung (42 Zeichen).

Die Liste dieser Scheußlichkeiten wäre fast beliebig verlängerbar. Das Verständnis wird durch solche gewaltsamen Konstruktionen nicht besonders erleichtert – oder können Sie auf Anhieb feststellen, welche der zahlreichen möglichen logischen Klammerungen des letztgenannten „Kunstwerks" nun zutrifft bzw. was das eigentlich bedeuten könnte?

Da sind Sprachen wie englisch oder meinetwegen auch französisch viel pflegeleichter, denn den Auswüchsen sind dort deutliche Grenzen gesetzt. Das längste Wort der französischen Sprache soll „anticonstitutionellement" sein, was so viel bedeutet wie „verfassungswidrig" (wobei die deutsche Sprache ausnahmsweise einmal sparsamer mit den Buchstaben umgeht – und es sei zugegeben, dass das Französische mit seinen zahlreichen „de" und „à" auch so seine Tücken hat). Mit seinen „nur" 23 Buchstaben ist aber der französische Rekord (die mir unbekannte englische Rekordzahl wird wohl noch niedriger ausfallen) erheblich kürzer als jedes der obengenannten Beispiele.

Schon Mark Twain hat in seiner Kurzgeschichte „die Schrecken der deutschen Sprache" die Möglichkeit zur Bildung von Bandwurmsprachzusammensetzungsversuchsoperationen angeprangert und als Beleg dafür Konstruktionen wie „Generalstaatenversammlungsverordnungen angeführt. Zu seiner Zeit war die Disziplin Software Engineering noch unbekannt, sonst hätte er mit Leichtigkeit viele weitere und vielleicht noch absurdere Begriffe finden können.

Eigentlich sollten wir alle dazu beitragen, dass keine überflüssigen Worte wie „legacy" (auch wenn es dieses Wort wirklich gibt) aus dem Englischen übernommen werden und dass gekünstelte deutschsprachige Neuschöpfungen ab einer Wortlänge von – sagen wir mal – 20 Buchstaben ignoriert werden. Dann müssten wir allerdings viele Bücher weitgehend umschreiben – was zwar hohen Aufwand verursachen würde, aber mit erheblichem Verständnisgewinn gekoppelt wäre. Leicht ist so ein Vorhaben allerdings nicht, denn wenn ich mir diesen Beitrag oder auch frühere Beiträge genauer besehe, dann muss ich leider feststellen, dass ich selbst in nicht wenigen Fällen gegen dieses Ziel verstoßen habe. Der folgende Zweizeiler von F W (Fritz Weigle) Bernstein (nicht etwa von Robert Gernhardt, dem er meist zugeschrieben wird) ist also wohl zutreffend:

> Die ärgsten Kritiker der Elche
> sind am Ende selber welche.

9/1995

Teil III
Mailüfterl: Wo bleibt das Echo?

Die Glossen von Alois Potton erschienen und erscheinen immer noch alle drei Monate, aber weil die Jahre so schnell enteilen, häuften sie sich beachtlich schnell an. Und
so gibt es ab und zu Gelegenheit zu einer Rückschau. Wurde die Glosse überhaupt
zur Kenntnis genommen? Der durchschnittliche Beitrag in einer Fachzeitschrift hat
ja dem Vernehmen nach nur 1,5 Leser, den Autor eingeschlossen (und manchmal
gibt es ja fünf oder noch mehr angebliche Autoren!). Das Publikationsorgan, in dem
die Glosse erscheint, fristet ja auch eher ein Schattendasein im Bereich der deutschen Informatikblättchen. Intensiv und häufig gelesen worden wurde die Glosse
also nicht - darüber machte ich mir keine Illusionen. Andererseits war die Zeitschrift
aber eine Gratisbeigabe für die [kostenpflichtige;-)] Mitgliedschaft in der Fachgruppe KuVS („Kommunikation und Verteilte Systeme"). Man konnte also vielleicht
erwarten, dass die Fachgruppenmitglieder sich durch Lektüre der Zeitschrift für die
Zahlung ihres Fachgruppenbeitrags entschädigen wollten. Das war aber nicht mehr
als eine vage Hoffnung und wird auch nicht durch meinen eigenen Umgang mit der
Zeitschrift gedeckt – ich gehöre ja schließlich selbst zu ihren Mitgliedern.

Das Echo auf die Glossen (Nummer 15 berichtet darüber und ich will mich hier
nicht unnötig wiederholen) war also spärlich. Die Serie schien einen ähnlichen Effekt zu haben wie das Verschütten eines Eimers Wasser auf eine glühend heiße Düne
der Sahara. Oder um eine andere Analogie zu gebrauchen: Die Glosse war offenbar
kein Sturm (und wenn ein solcher, dann ein Sturm im Wasserglas), sondern eher
ein Mailüfterl, womit ich eine Erklärung zum Untertitel dieses Absachnitts geben
möchte: Das Mailüfterl war die österreichische Antwort auf die ersten amerikanischen „Super"-Computer. Prof. Heinz Zemanek schrieb dazu: „Wenn er (der Rechner
nämlich) auch nicht die rasante Rechengeschwindigkeit amerikanischer Modelle erreichen kann, die ‚Wirbelwind' oder ‚Taifun' heißen, so wird es doch für ein Wiener
‚Mailüfterl' reichen." Diese wunderschön lockere und selbstironische Benennung eines Rechners hat mir seit jeher ausgezeichnet gefallen. Natürlich werden sowohl das
Mailüfterl wie auch der für damalige Verhältnisse in jeder Beziehung (Kosten, Leistungsdaten, Verbrauch, Kubikmeterzahl, . . .) gigantische US-Superhobel namens
ENIAC heute vom billigsten Taschenrechner locker in die Tasche gesteckt.

Aber zurück zum Echo auf „Alois Potton": Hans Günther Kruse (HGK), der Adlatus von Hans Meuer an der Uni Mannheim und für das Redaktionsgeschäft zuständig, sagte mir auf Nachfrage, es gebe solche und er wolle sie mir auch zusenden. Dieses Versprechen pflegte er aber regelmäßig zu „vergessen". Vielleicht wollte er mich auch nur schonen und verbergen, dass die Kommentare weniger ein mildes Mailüfterl denn ein zorniger Tornado waren. Ich weiß es bis heute nicht.

Übrigens war HGK auch sehr darauf bedacht, meine manchmal allzu prolligen oder ihm jedenfalls so vorkommenden Formulierungen zu mildern. Das stellte ich manchmal erst dann fest, wenn ich ein gedrucktes Exemplar der Zeitschrift in den Händen hielt. Und darüber ärgerte ich mich, weil es meine Formulierungen scheinbar verwässerte. Aber dieser Ärger war immer nur von kurzer Dauer, denn ich sah schnell ein, dass die etwas milderen HGK-Umgestaltungen besser verträglich waren.

Manchmal werde ich gefragt, wo und wie denn die einzelnen Glossen der Serie entstehen. Hierzu gibt es keine allgemein gültige Antwort, aber sehr produktiv waren und sind immer noch unbegleitete Radtouren oder Ähnliches; heute fahre ich allerdings lieber in der Gruppe. Auf einer solchen einsamen Radwanderung habe ich zum Beispiel das Abschlussgedicht der Laudatio zum 60. Geburtstag meines verehrten Lehrmeisters Günter Hotz im Eugen-Roth-Stil („Ein Mensch . . .") erstellt, das aber zusätzlich zur Reimform noch andere Kniffligkeiten aufwies. Dasselbe Stilmittel habe ich dann bei den Verabschiedungen von Manfred Nagl und von Jürgen Perl nochmals angewandt.

Die M-Geschichte am Ende von Nr. 14 („Mögen Manager Messen") entstand als ich mir anlässlich einer Konferenz auf Madeira eine Auszeit nahm und im Leihwagen die Insel umrundete. Sie hat mir einen sehr positiv anerkennenden Brief eines Lesers eingetragen, der nicht mal Abonnent der Zeitschrift war. Mit dieser M-Geschichte bin ich Jahre später bei einem Poetry Slam angetreten und furchtbar abgerauscht, weil die CeBIT-Thematik die Befindlichkeit des Publikums, das sich vornehmlich aus Krankenpflegern und Soziologinnen zusammensetzte, überhaupt nicht traf. Ich habe aufgrund dieser Blamage dann meine Poetry-Slam-Auftritte an den berühmten Nagel gehängt – die „Alois Potton"-Serie allerdings noch nicht.

Kapitel 21
Projekte

Man ist heute nichts mehr ohne Projekte. Schon gar nicht an Universitäten. Und erst recht nicht in Nordrhein-Westfalen, wo die jährlichen Reisemittel gerade für eine einfache Fahrt zweiter Klasse von Köln nach Siegburg reichen. Wer sich die Welt ansehen will, ist auf Urlaubsreisen oder auf den Fernseher angewiesen. Um an dieser misslichen Situation etwas zu ändern, gibt es nur einen einzigen Ausweg: ein Projekt muss her! Aber wie soll man sich da anstellen?

Mögliche Geldgeber In erster Linie kommen hier natürlich wissenschaftlich prominente Organisationen wie die Deutsche Forschungsgemeinschaft (DFG) in Frage. Aber die Bewilligungsquote ist dort deprimierend niedrig. Außerdem sind solche Projekte verarmungsfördernd, denn die Zuwendung beschränkt sich weitestgehend auf die Bezahlung des Personals. Zusätzliche Kosten wie Bleistifte, Papier, Rechner, … muss man aus eigenen Mitteln finanzieren. Für den Reiselustigen gibt es zwar Projektmeetings, aber die sind in Orten wie Darmstadt, Dortmund oder Dresden; das kann uns nicht begeistern.

Industriegeförderte Vorhaben werden zunehmend zu Raritäten, weil diese den Gelüsten zur Kostensenkung am ehesten zum Opfer fallen. Dabei ist das eine mehr als zweifelhafte Sparpraxis, denn soooo viel schlechter wie wir billiger sind können unsere Leistungen doch überhaupt nicht sein. Aber wer bringt das den Verantwortlichen der Industrie bei? Die Chancen für ein positives Umdenken der Industrie stehen auch deshalb denkbar schlecht, weil diverse Unternehmensberater die deutsche Hochschulinformatik als Luxus oder Katastrophe betrachten und den von ihr in den letzten dreißig Jahren erbrachten Forschungsbeitrag auf nichts anderes als die Petri-Netze (ausgerechnet die!) verkürzen. Aufgrund solch „seriöser" Stellungnahmen bin ich mehr und mehr überzeugt davon, dass die größte Gefahr für den Standort Deutschland von den Unternehmensberatern bzw. vom naiven Glauben an ihre Kompetenz ausgeht.

Eine Förderung durch Landes- oder Bundesministerien kommt ebenfalls in Betracht, aber dann kann man sich auch gleich an die Europäische Union wenden; die Bürokratie ist dort nicht viel schlimmer. Bleibt also „Brüssel" als zwar mühseliger, aber immerhin machbarer und einigermaßen aussichtsreicher Weg.

Das Konsortium Die Erfolgsaussichten eines EU-Vorhabens sind von der Zusammensetzung des Konsortiums ebenso abhängig wie der Geschmack eines Gerichts

A. Potton, *Abgründe der Informatik,*
DOI 10.1007/978-3-642-22975-6_21, © Springer-Verlag Berlin Heidelberg 2012

von der Qualität und Qualität der Gewürze, der Gemüsebeilagen usw. Also: ein französischer Hersteller, ein griechischer Anwender, ein finnisches Softwarehaus, eine deutsche Universität, . . . Die richtige Zusammensetzung ist bereits die halbe Miete für den Erfolg, erst recht dann, wenn die Partner ihre Lobbyisten an geeigneter Stelle in Brüssel sitzen haben oder wenn sie gar an der Ausarbeitung des Projektrahmenwerks mitgewirkt haben. Im Falle einer Aufnahme des Förderantrags in die „Short List" (also beim Einlauf in die Zielgerade der Bewilligung) wird es dann zu langwierigen und unerbittlichen Kämpfen kommen, denn ohne erhebliche Kürzungen wird es nicht abgehen. Wohl dem, der dann zunächst unmoralisch überzogene Mittelforderungen angesetzt hatte. Nur er wird den Kampf einigermaßen passabel überstehen, denn eine rasenmäherartige proportionale Kürzung ist unvermeidlich; es sei denn, dass einige Projektbeteiligte entnervt aussteigen, was nicht selten vorkommt. Diese eigentlich überflüssigen Kämpfe im Vorfeld eines Projekts tragen viel dazu bei, die Zusammenarbeit zwischen den Partnern zu belasten.

Das Kickoff-Meeting Eines ist allen Projekten gemeinsam, nämlich das Kickoff-Meeting. Dieses soll Optimismus versprühen und enthält zahllose Grußadressen, deren Redundanzgehalt gefährlich nahe an hundert Prozent heranreicht. Der vom Fußball entlehnte Begriff „Kickoff" ist wunderbar zutreffend, wie ein Eröffnungsredner anlässlich eines kürzlich gestarteten Projekts feststellte: „Every soccer match has a successful kickoff but not all of them end well!"

Die Projektmeetings Eines muss man den europäischen Projekten lassen: Der Reiselust in Europa darf hemmungs- und bedenkenlos gefrönt werden. Passieren tut auf den Meetings dagegen nicht übermäßig viel: Zunächst werden Tagesordnung und Protokoll der vorigen Zusammenkunft verabschiedet. Anschließend wird über die Finanzlage berichtet. Das ist ein besonders länglicher Vorgang, denn es gibt sehr unterschiedliche Abrechnungsmodalitäten in den verschiedenen Ländern und dort wieder in den unterschiedlichen Organisationen. Jeder spitzt dann die Ohren, um herauszufinden, wie er seine eigenen Finanzmittel ggf. noch verbessern könnte.

Spätestens nach diesem umfangreichen Tagesordnungspunkt wird sich herausstellen, dass auf einen der Teilnehmer bereits der Flieger wartet und deshalb der Zeitpunkt des nächsten Treffens zu vereinbaren ist. Das Finden eines gemeinsamen Termins dafür ist ein ungeheuer schwieriges und ab vier Beteiligten geradezu aussichtsloses Unterfangen. Es ist ein Statussymbol geworden, sehr wenig freie Termine zu haben. Das vergeblich scheinende Bemühen kann nur darwinistisch dadurch gelöst werden, dass nach und nach einige Teilnehmer zum Flughafen entfleuchen müssen und deshalb kein Veto mehr gegen weitere Terminvorschläge einlegen können.

Unverzichtbarer Bestandteil von Projektmeetings sind die Mittagspausen mit der jeweiligen landestypischen Beköstigung. Hier wird Frankreich deutlich überschätzt. Geheimtipps dagegen sind Meetings in Italien sowie – wenngleich mit Abstrichen – in Griechenland oder auf der iberischen Halbinsel. Als gegenteiliges Extrem sind dagegen Meetings in den Niederlanden sehr gefürchtet, weil es dort die ewig wiederkehrenden nach nichts schmeckenden Plastikbrötchen gibt, welche sich durch leichten Druck beliebig zusammenpressen lassen und danach gaaanz langsam wieder in ihre ursprüngliche Form zurückkehren.

Am Nachmittag wird das Projektmeeting dann mit einer Folge von lieblos präsentierten Zwischenberichten fortgesetzt. Motto: bloß nicht mehr arbeiten und auf keine Fall etwas Besseres präsentieren als die zu erwartende durchschnittliche Leistung der anderen Partner. Da diese (oft aus guten Gründen) nicht allzu hoch eingeschätzt wird, braucht an die Qualität des eigenen Beitrags keine besondere Anforderung gestellt zu werden.

Ob in einem Projekt jemals sinnvoll gearbeitet wird? Da sind Zweifel durchaus angebracht, denn häufig wird für Vorbereitung, Meetings und Berichteschreiben schon je ein Drittel des Förderzeitraums verbraten. Mit einiger Mühe wird man trotzdem einen passablen Abschlussbericht zusammenzaubern können. Selbst eine Erklärung dafür, weshalb nicht alle Blütenträume reifen konnten, lässt sich problemlos finden. Und wenn die Sache – gemessen an anderen Vorhaben – nicht völlig zum Skandal verkommen ist, darf man auch auf ein Folgeprojekt hoffen.

Was ist ein Projekt eigentlich? Ein Definitionsversuch à la Duden:

Projekt, das: von lat. „pro-jicere", d. h. vorwerfen; bedeutet so viel wie „(den Gutachtern) zum Fraß vorwerfen" bzw. „(dem Antragsteller) zum Vorwurf machen".

12/1995

Kapitel 22
Multimedia

Es ist kaum noch zu ertragen, das dauernde Multimediagedöns. Keine Woche vergeht, ohne dass ein neues multimediales Referenzzentrum eingeweiht wird. Kaum eine wissenschaftlicher Beitrag verzichtet auf die Erwähnung von mindestens einmal „multi ..." in seinem Titel. IEEE/ACM Trans. on Networking, vol. 2, nr. 6, 1994 zum Beispiel verwendet fünfmal „multi" in gerade einmal sechs Manuskripttiteln (private communication by Rolf Hager, AEG Ulm, jetzt Telekom Bonn).

Andererseits weiß niemand so richtig, was es auf sich hat mit Multimedia – und noch unklarer ist, was es denn bringt. Als gesichert gelten darf nur, dass die Sache modern ist und horrend viel Geld kostet. Der Normalbürger hat ein verschwommenes Gefühl, dass die Sache irgendwie mit Medien zu tun hat, also mit Fernsehen, Pay-TV, HiFi und so. Da beginnt er sich gleich über hohe Gebühren oder über Volksverdummung aufzuregen – je nachdem, ob er/sie eher jung oder vergreist ist, wobei geistige Vergreisung bereits in erstaunlich jungen Jahren einsetzen kann. Der geistige Greis wird also irgendetwas murmeln wie „Video führt zur Vidiotie und das ist Idiotie", wenn er solch eine Argumentationskette noch auf die Reihe kriegt. Der geistig noch etwas agilere Normalverbraucher wird Multimedia in Verbindung bringen mit „digital" (wobei er nicht recht weiß, was das bedeutet) und vor allem natürlich mit „multi", also mit „viel". Soll heißen: viel Geld und alles zusammen und holterdipolter hingeworfen nach Art einer Ratatouille Digitale.

Nichtsdestoweniger führt kein Weg daran vorbei, dass jede popelige Kleinstadt ab etwa der Größe von Düren, Erkelenz oder Heinsberg (sofern jemand wissen sollte, wo diese Gemeinwesen liegen) das Ei des Kolumbus in der Einrichtung eines Multimedia-Referenzzentrums und in der Abfackelung entsprechender Fördermittel vermutet. So gut wie alle Landtagsabgeordneten des flachen Landes sind auf den entsprechenden Zug gesprungen, diese Trittbrettfahrer! Jeder erwartet von Multimedia die endgültige Lösung aller Beschäftigungsprobleme.

Was aber tun, um in den Genuss der Fördermittel zu kommen? Schließlich muss der Bedarf und eine scheinbar vorhandene Kompetenz zum Betrieb eines Referenzzentrums nachgewiesen werden. Wie aber soll man Kompetenz auf dem Gebiet Multimedia demonstrieren, wenn das bisherige Know-How sich eher auf Spargel- oder Rinderzucht konzentriert? Eine schwierige Frage, direkt ein Gordischer Knoten. Die Entwirrung dieses Knotens ist allerdings überraschend einfach und besteht in

A. Potton, *Abgründe der Informatik,*
DOI 10.1007/978-3-642-22975-6_22, © Springer-Verlag Berlin Heidelberg 2012

allen mir bekannten Fällen aus einer pompös aufgezogenen Informationsveranstaltung mit fetzigem Titel, also etwa „M hoch 4: Montabaur macht Multi-Media". Der Inhalt der Veranstaltung ist dagegen ziemlich egal, wenn einige Einschränkungen beachtet werden:

1. Zuviel Erwähnung von technischen Einzelheiten ist nicht angesagt. Das würde den bisher noch ahnungslosen zu fangenden Kunden nur abschrecken statt ihn zu begeistern. Technik ist nämlich genau besehen etwas furchtbar Langweiliges – und wenn man sich zu detailliert darüber auslässt, riskiert man als Fachidiot abgestempelt zu werden.

2. Unbedingt einzubinden ist ein Sozialkritiker. Das macht sich immer gut und wird als derart seriös betrachtet, dass auch die Gewerkschaften und die Kirchen als Mitfinanzierer gewonnen werden können. Allerdings muss der Sozialkritiker ein bisschen Mundverbot erhalten, denn leicht beschränkt er sich auf die wehleidige Feststellung, dass sowieso alles negativ sei und katastrophal enden werde. Dieses Meckern ist ja auch furchtbar simpel, obwohl es als weise und vornehm gilt: Der heiserste Halskranke kann unschwer feststellen, dass der Operndiva das Tremolo des hohen C nicht perfekt gelungen sei, obwohl er selbst nicht einmal ein halbhohes A passabel krächzen kann. Aber die Aufgabe des Kritikers ist nun einmal einfacher als diejenige des Machers – so wie etwa im Fußballspiel, wo der Mittelstürmer das vergleichsweise kleine Tor treffen muss, wogegen dem Verteidiger eine fast beliebig große Fläche für einen Befreiungsschlag zur Verfügung steht. Die einzige Chance besteht darin, den Kritiker entweder gar nicht erst einzuladen oder ihm einen Maulkorb zu verpassen, wenn er sich zu sehr über das etwas unrein gesungene hohe C beschweren möchte.

3. Die wichtigste Komponente bei einer Informationsveranstaltung ist aber das sogenannte visionsvermittelnde Zugpferd. Diese Person kann seinem Namen entsprechend durchaus einen Intelligenzquotienten haben wie ein Pferd (die berühmten Elberfelder Pferde konnten bekanntlich bereits zählen und rechnen). Allerdings wird er nicht mit dem Zug ankommen, sondern mit dem Flugzeug bzw. auf dem flachen Land mit dem Hubschrauber, was die Kosten für die Veranstaltung nicht unbeträchtlich erhöht. Außerdem werden die Honorarforderungen des Zugpferds gewaltig sein – etwa so hoch wie die von Bodo Illgner bei seinem Wechsel nach Real Madrid. Und hier wie da steht sie in keiner vernünftigen Relation zur Gegenleistung. Macht aber nix, wenn das Zugpferd nur eine positive Vision vermittelt.

Wen aber nun nehmen als Darsteller der Kategorie Zugpferd? Ein langweiliger Techniker scheidet ebenso aus wie eine lokale Pflanze. Optimal wäre natürlich ein Mitglied einer aktuell im Amt befindlichen Regierung, vorzugsweise der so genannte Zukunftsminister. Aber der sagt öfter und leichter zu als dass er sich dann wirklich blicken lässt, weil sich eben viel zu viele Käffer um ein neues Multimedia-Referenzzentrum bewerben. Also ist es besser, sich um jemand zu bemühen, der a) noch bekannt ist, b) hinreichend viel Zeit hat und der c) einem üppigen Honorar nicht abgeneigt ist. Alle Bedingungen gleichzeitig werden erfüllt von Politikern, die seit ca. zwei bis fünf Jahren nicht mehr im Amt sind. Am besten ist es, wenn sie wegen einer mittelschwer skandalösen Affäre ihren Job verloren haben. Solche Politiker sind dann wie ausgesungene alte Schlagerstars oder wie ehemalige Operettensänger: Sie erhalten keinen Vertrag mehr, sondern tingeln durch die Bierzelte diverser Schützenvereine vorzugsweise am Dienstagnachmittag, also am „Tag des älteren Mitbürgers". Durch so ein Tingeltangel kommt ein beachtliches Zubrot zustande, wahrscheinlich deutlich mehr als das frühere Politikergehalt.

Der Inhalt der Informationsveranstaltung ist eigentlich völlig nebensächlich. Wichtiger ist das kreative Umfeld: Wir stellen ein paar Bildschirme hin, nennen sie vernetzt (obwohl sie das nicht zu sein brauchen), lassen sie von öligen Quadrataktentaschenträgern bedienen, und wir ergänzen die Sache um einige langweilige nichts sagende Poster, vor allem aber um ein teures kaltwarmes Büffet. Damit ist die Sache im wahrsten Sinne des Wortes schon gegessen.

Ach ja, mit der Vereinigung von Medien zu Multimedia verhält es sich ähnlich wie mit der Kreuzung von Esel und Pferd: Das Ergebnis ist ein Maultier oder ein Maulesel (je nachdem), und es ist unfruchtbar.

3/1996

Kapitel 23
Das Internet als Kostensenker

Das Internet ist zweifelsfrei recht nützlich. Diese Binsenweisheit wird inzwischen auch landauf, landab (erst recht aber stadtein, stadtaus) akzeptiert; na ja, vielleicht abgesehen von einigen (manchmal sogar überraschenderweise als innovationsfreudig eingeschätzten) halsstarrigen Institutionen, auf die soll es mir aber nicht ankommen.

Ein selten öffentlich zitierter (man wird gleich sehen, warum hier schamhaft geschwiegen wird) Internet-Vorteil ist das gewaltige Potenzial zur Kostensenkung. Dieses wird mit derart abenteuerlichen Zuwachsraten ausgebeutet, dass es volkswirtschaftlich gesehen für den Standort Deutschland, vor allem für den Umsatz einzelner Branchen schon wieder schlecht ist, weil selbige Industriezweige wegen dieser Entwicklung einfach nichts mehr zu tun haben. Betrachten wir dazu nur zwei Beispiele:

Der Präsentverfall Bis vor wenigen Jahren kam mit deutlicher Dezemberhäufung per Post das eine oder andere geheimnisvolle Päckchen, über das man sich freute wie ein kleines Kind – auch wenn vielleicht nur ein Taschenbuch drin war, das sich offensichtlich auf keine Weise regulär verkaufen ließ. Ich bin sehr stolz darauf, in diesem Jahr immerhin noch zwei (gegenüber einer früher zweistelligen Zahl) solcher Werke erhalten zu haben, aber sie heißen leider: „Aus gegebenem Anlass – Standpunkte zu Wissenschaft und Politik. Reden und Vorträge für den Deutschen Akademischen Austauschdienst" sowie „Eine tuwinische Geschichte und andere Erzählungen". Beides kann getrost unter der Rubrik ‚Kuriosa' abgelegt und irgendwann dem Papiermüll zugefügt werden. Lesbar sind die Schmarren keinesfalls; glauben Sie's mir, ich hab's versucht. Aber wenn die Entwicklung anhält, werden es wohl die beiden letzten Vertreter ihrer Art sein, deshalb werde ich diese beiden letzten Geschenkbuchmohikaner geziemend aufbewahren und fürderhin achten.

Inzwischen kommt (natürlich via Internet und damit durch einmaliges Drücken der Sendetaste für die gesamte Zielgruppe) statt solcher Päckchen eine huldvolle Nachricht, die nebst einigen recht gestelzt klingenden Segenswünschen folgendes verkündet: „In diesem Jahr haben wir anstelle der bisher üblichen Präsente einen ansehnlichen Betrag an die Stiftung ‚Mutter und Kind' überwiesen". Na, sieh' mal einer an! Zu gern wüsste ich, was die Absenderfirma denn als „ansehnlich" anzusehen scheint. Der innere Schweinehund sagt mir, dass dies wohl dramatisch weniger ist als die früher aufgewandten Beträge und dass man – wo man schon mal beim Sparen war

A. Potton, *Abgründe der Informatik*,
DOI 10.1007/978-3-642-22975-6_23, © Springer-Verlag Berlin Heidelberg 2012

– gleichzeitig noch eine Sekretärin wegrationalisiert hat, die früher für das liebevolle Einpacken der schäbig-nutzlosen Büchlein zuständig war. Es lässt sich aber (dem Datenschutz sei Dank!) auf keine Weise herausbringen, ob die Firma wirklich was an die Stiftung überwiesen hat (was wir zu ihren Gunsten einmal annehmen wollen) und ob die Spende vielleicht „ansehnlich unter DM 1.000,–" ausfiel – wovon natürlich der größte Teil auch noch von der Steuer zurückerstattet werden wird.

Abgesehen von den zitierten Büchlein trostlosen Inhalts gab es aber auch nettere Dinge wie z. B. ein Kalenderchen, welches man an die Wand pinnen konnte. Diese freundlichen Gaben wurden allerdings sukzessive immer spartanischer: Zunächst nur noch ein Kalenderblatt pro Doppelmonat, dann Bedruckung von Vor- und Rückseiten, anschließend nur noch ein Blatt pro Halbjahr – und inzwischen werden gar keine Kalender mehr versandt. Zumindest kriege ich keine mehr. Schrecklicher Verdacht: vielleicht wegen meiner Alois-Potton-Kolumne..??! Auch das mag aber wieder der Volkswirtschaft zugute kommen, weil ich das Kalenderchen jetzt selbst kaufen muss – zu einem Vielfachen des Preises, den meine früher wohlwollenden Sponsoren zahlen mussten, denn ich kann ja keine Großauftragsrabatte einsacken. Aber: vielleicht überlege ich mir dann doch, ob ich das Kalenderchen auch wirklich brauche, und genau besehen brauche ich es eigentlich überhaupt nicht. Also kaufe ich mir dann eben keins, und das wiederum ist schlecht für die Volkswirtschaft.

Das neue Glückwunschkartenstyling Bisher hatte – ebenfalls im Dezember – die Briefpost außerordentlich viel (in meiner Stadt sagt man „hömmele vill", obwohl das eigentlich doppelt gemoppelt ist) mit dem ganzen Transport von Weihnachtskarten zu tun (bzw. mit dem Transport von Jahresendflügelfestkarten – als Übersetzungshilfe für die Angehörigen der neuen Bundesländer). Ich habe mich an diesem mir etwas rätselhaft vorkommenden Brauchtum wenig beteiligt, aber ab sofort werde ich das via Internet genauso können wie alle anderen, die inzwischen auf die neue Technik umgestiegen sind.

Und wie dieses Mitspielen vor sich geht, das will ich umgehend kundtun: An jedem Dezembertag und auch noch im Januar kommen nämlich abenteuerlich viele handgemachte ASCII-Bildchen (die bitfressenderen Postscript-Versionen schmeiße ich aus Faulheit lieber gleich weg). Besagte Bildchen enthalten: a) Glocken und Tannenzapfen, b) Kasatschok tanzende russische Bärchen, c) Nikoläuse oder aber d) Weihnachtsbäume, Weihnachtsbäume, immer wieder Weihnachtsbäume in allen säglichen und unsäglichen Variationen. Manche davon sehen aus als hätten sie vier Monate ohne Wässerung in einem überheizten Zimmer gestanden, d. h. sie nadeln schon ganz erbärmlich. Die intelligenteren sind aus unterschiedlich langen Zeilen der Übersetzung von „Frohes Fest" in alle möglichen Sprachen wie Urdu, Venda, Lingala oder Sorbisch zusammengesetzt. Andere wiederum (die aus Australien oder aus Neuseeland) stellen einen weihnachtlich aussehend sollenden Baum auf den Kopf; hat ja soooo einen Bart, dieser Gag, aber immerhin. Die moderne Rechentechnik nun aber erlaubt es selbst mir, diese Werke für gegebenenfallsige spätere Verwendung – man soll bekanntlich nie nie sagen – aufzuheben. Und zukünftig kann ich dann durch geeignetes Zusammenfrickeln meine eigene Glückwunschkarte designen, z. B. einen unter einem Weihnachtsbaum mit einem Nikolaus kasatschoktanzenden russischen Bären, huch wie originell!

Also haben wir dem Internet unter anderem die genannten beiden Segnungen zu verdanken. Es lebe hoch! Und zu seiner Ehre ein kleiner Vierzeiler, zur Abwechslung mal auf Schwäbisch (indirekte Anregung von Prof. Krüger, dessen Handy-Witz anlässlich eines Festvortrags in Rostock sich bereits republikweit herumgesprochen hat):

I wollt, i hätt
des Internet
scho frieher g'hett.
Wär des net nett?

12/1996

Kapitel 24
Sex, Lügen und Video

So oder so ähnlich heißt ein Kinofilm, der vor einigen Jahren gedreht wurde. Wenn der geneigte Leser jetzt allerdings glauben sollte, dass sich das Folgende auf alle drei Komponenten des Filmtitels bezieht, dann ist er auf eine kleine List hereingefallen: Es geht nämlich noch nicht einmal um Video, geschweige denn um Sex, sondern allein um das Thema „Lügen", genauer gesagt um Ausreden, die uns das Leben erleichtern, aber auch erschweren können. Schon der Titel des Beitrags ist ja eine solche Ausrede.

Ausreden lassen sich einteilen in fachliche und in strategische Ausflüchte. Fachliche Ausreden werden mit Vorliebe dann gebraucht, wenn man etwas völlig anderes bearbeitet als das, wofür man angeblich angetreten ist. Standardbeispiel dafür ist die Erklärung eines Betrunkenen, der im Dunkeln seinen Schlüssel verloren hat, ihn aber unter Laternenschein sucht: „Ich weiß natürlich, dass ich ihn hier nicht verloren habe, aber hier ist wenigstens Licht". Das war bisher die Standardausrede des theoretischen Physikers (und wohl auch die von manchem theoretischen Informatiker). Neulich hörte ich eine nette Variante von einem Geisteswissenschaftler in unserem Forum „Technik und Gesellschaft", und die ging so: „Wenn Sie aus Blankenese den Leuchtturm ‚Bunte Kuh' ansteuern wollen, dürfen Sie nicht direkt darauf losfahren, sondern Sie müssen zunächst ein anderes Ziel ins Visier nehmen, nämlich das Leuchtfeuer ‚Oller Dösbaddel' ". (Eine Gewähr für die Richtigkeit dieser Lokationen und Segelhinweise wird nicht übernommen). Mit solchen Ausreden und Analogien kann man zumindest im akademischen Bereich rechtfertigen, dass man gern auf ebenso unbedeutenden wie angenehmen Spielwiesen herumturnen möchte.

Andere fachliche Ausreden sind unvermeidlich, wenn man zu dumm oder zu naiv war, um Vorgänge frühzeitig so darzustellen, dass sie keinen Argwohn erregen können. Kürzlich nahm ich an einem Vortrag teil, wo theoretische Untergrenzen und simulativ erzielte Werte für dasselbe Phänomen in einem gemeinsamen Diagramm dargestellt wurden. Der Autor hatte nun entweder falsch simuliert („je doofer desto simulator") oder fehlerhaft analysiert oder bei der Kurvendarstellung geschusselt oder alles zusammen. Jedenfalls lagen die Simulationswerte inklusive der zugehörigen Konfidenzintervalle ganz deutlich unter den theoretisch erzielbaren Untergrenzen, und das war nun doch recht merkwürdig. Die Ausrede des Vortragenden war derart gekünstelt und an den Haaren herbeigezogen, dass ich sie hier nicht wiederholen

A. Potton, *Abgründe der Informatik*,
DOI 10.1007/978-3-642-22975-6_24, © Springer-Verlag Berlin Heidelberg 2012

möchte, aber es war immerhin eine Ausrede – allerdings eine, deren Notwendigkeit sich der Autor selbst zuzuschreiben hatte. Wenn man solche Vorgänge (d. h. offensichtliche Schusseligkeiten) wiederholt erlebt, dann kommen mir doch erhebliche Zweifel an irgendwelcher Softwarezuverlässigkeit.

Strategische Ausflüchte kommen in vielen Bereichen des täglichen Lebens vor – und sie haben häufig mit der relativen Hackordnung von Kommunikationspartnern zu tun. Es gehört quasi zur persönlichen Wertsteigerung, Gesprächswünsche von als inferior angesehenen Partnern zu verweigern. Diese Taktik wird mit Vorliebe bei Telefonaten (bzw. bei vergeblichen Telefonatsversuchen) angewandt, und sie ist so ekelhaft, dass sie hier einmal angeprangert werden soll. Meine Vermutung ist, dass fast alle Leser solche oder ähnliche Erfahrungen gemacht haben und immer wieder aufs Neue machen.

Gesetzt den Fall, Herr/Frau X habe ein Anliegen an Dr. Y und greife deshalb zum Telefonhörer. In der überwiegenden Mehrzahl solcher Vorgänge ist dann Y das relative Alpha-Tier, und X ist das hackordnungsgeschädigte Beta-, Gamma- oder Omega-Tier; schließlich will ja X etwas von Y und nicht umgekehrt. Eine arge Ungerechtigkeit dabei ist, dass X die Kosten für den Anruf zu tragen hat, obwohl sein Budget wahrscheinlich deutlich niedriger ist als dasjenige von Y, denn Alphatiere sind meist reicher als Gamma-Tiere. Der Anruf läuft nun ungefähr wie folgt ab:

Vorzimmer von Dr. Y: „Hier Vorzimmer von Dr. Y".

X: „Ähemm, hier X, kann ich bitte Dr. Y sprechen?".

Vorzimmer: „Wie war noch bitte Ihr Name?" (Dies in Verkennung der Tatsache, dass es nicht nur der Name von X *war*, sondern wohl immer noch *ist*).

X wird nun seinen Namen buchstabieren (wobei einige Namensinhaber deutlich benachteiligt sind), das Vorzimmer wird evtl. noch Fragen zum Grund des Anrufs stellen, dann aber sagen: „Moment bitte, ich höre nach". Daraufhin wird das Gespräch erst einmal unterbrochen, und im Hintergrund beginnt ein gar grausliches Musikband zu laufen, aus dem man die Vorlieben von Dr. Y bzw. der ihm übergeordneten Firma entschlüsseln kann (Psychologen vor!). Da gibt es alle möglichen altdeutschen Volkslieder wie „wenn alle Brünnlein fliehießen . . ." oder verstaubte Musicalmelodien – und der abgehängte Partner hat keine Ahnung, wie lange das dauern wird. Schlimm ist auch, dass die Tonbänder kurz sind und sich permanent wiederholen, d. h. die Brünnlein fliehießen im Zwanzig-Sekunden-Rhythmus. Manchmal kommt dazwischen noch ein maschinell blechern gesprochenes „bitte warten" oder „please hold the line" oder die menschliche Vorzimmerstimme mit „Sind Sie noch da? Ich muss es noch auf einem anderen Apparat versuchen". Je länger dieser Vorgang anhält, desto geringer werden die Chancen, letztlich doch zu Dr. Y (der offensichtlich anwesend ist, aber das nicht zugeben will) durchgestellt zu werden. Das Produkt aus „Wartezeit in Sekunden" und „Wahrscheinlichkeit für das Zustandekommen eines Gesprächs mit Dr. Y" ist offenbar konstant und hat ungefähr den Wert 1! Am Ende einer langen, unerfreulichen und gebührentechnisch teuren Warteperiode wird das Vorzimmer von Dr. Y so gut wie sicher folgende Mitteilung machen: „Es tut mir leid. Gerade höre ich, dass Dr. Y außer Haus (in einer Besprechung, in der Mittagspause, in Urlaub, im Ausland, . . .) ist. Heute und in den nächsten Tagen ist er nicht mehr zu erreichen. Aber wenn Sie am Mittwoch zwischen viertel vor elf und 10 Uhr 42 anrufen, könnte es vielleicht klappen. Bitte hinterlassen Sie mir doch ein Stichwort ..."".

Auf diese Weise wird viel Arbeitszeit von mehreren Partnern sinnlos vergeudet, und es lässt sich daran offenbar nichts ändern. Manchmal hat man den Eindruck, dass das (scheinbare) Alpha-Tier den Anrufenden irgendwie erniedrigen will. In so einem Fall sollten Sie die Vergeblichkeit dieses Versuchs mit folgendem chinesischen Sprichwort ausdrücken: „Man schlachtete das Huhn, um den Affen zu erschrecken"".

3/1997

Kapitel 25
Programmausschuss

Keine Konferenz kommt ohne Ausschuss aus, d. h. ohne Programm-Ausschuss. Böse Zungen lästern, dass der Name dieses Gremiums nicht selten etwas mit der Qualität seiner Tätigkeit zu tun hat. Ein anderer Name für dieselbe Gruppierung ist „Komitee", aber auch der ist (siehe „Zentralkomitee der ehemaligen DDR") in gewisser Weise vorbelastet.

Aufgabe des Programmausschusses ist es, den Ausschuss der per Call for Papers angeforderten und vom freien Markt angebotenen Manuskripte zu entfernen. Besonders scharfer Sortierungen rühmen sich Theoriekonferenzen wie FOCS, POPL, STACS und so weiter. Dort gilt eine Veranstaltung rein gar nichts, wenn nicht mindestens 90 % der Manuskripte verworfen werden. Kommentar am Rande: dem auf diese Weise entstehenden Programm merkt man die scharfe Selektion oft nicht an, eher ist das Gegenteil der Fall. Eigentlich erstaunlich, dass jemand die erste Annahme eines eigenen Beitrags unter diesen Umständen noch vor seinem Rentenalter erleben kann! Am anderen Ende der Sortierwut stehen Gremien, welche jeglichen Schrott annehmen, sofern das Manuskript frei von griechischen Buchstaben ist oder aber mindestens je dreißigmal die Buchstabenkombinationen „Java" sowie „Internet" enthält.

Programmausschüsse werden meist unter Berücksichtigung des Proporzes zusammengestellt: Aus jedem Bundesland mindestens ein Vertreter, dazu Leute aus den umliegenden Staaten, aus USA und Japan, . . . Ferner müssen Industrie und Anwender angemessen berücksichtigt werden. Die Universitäten stellen sowieso immer zu viele Vertreter. Nicht selten hat dann so ein Programmausschuss mehr Mitglieder als die Konferenz an zahlenden Teilnehmern haben wird.

Man sollte annehmen, dass die vom Ausschuss geleistete Arbeitsmenge mit der Zahl seiner Mitglieder steigt oder doch zumindest nicht sinkt. Letzteres wäre eine Konsequenz aus dem bekannten Parkinson-Prinzip: „Arbeit dehnt sich immer so aus, dass sie genau die Zeit braucht, die man für sie erübrigen kann". („Work always expands to fill the time available for its completion . . ."). Hieraus ergibt sich unter anderem, dass zusätzliche Mitglieder in einem Programmausschuss irgendwann nichts mehr bringen, weil es für sie nichts mehr zu tun gibt.

A. Potton, *Abgründe der Informatik,*
DOI 10.1007/978-3-642-22975-6_25, © Springer-Verlag Berlin Heidelberg 2012

Meine eigene Erfahrung ist, dass Parkinsons Prinzip für Programmkomitees verschärft werden kann zum Potton-Prinzip: „Die Gesamtarbeitsleistung eines Programmausschusses sinkt (ab einer Zahl von etwa fünf Personen) mit zunehmender Mitgliederzahl – und zwar mindestens quadratisch". Wie ist das möglich? Die Antwort ist einfach: Wenn dem Gremium wenige Leute angehören, fühlt sich jeder in die Pflicht genommen und für Erfolg oder Misserfolg verantwortlich. Gibt es aber 20, 30 oder gar 150 Mitglieder (was keine Seltenheit ist), dann wird jedes einzelne Mitglied folgende Überlegung anstellen: „Warum soll ich eigentlich etwas tun? Es gibt ja noch 19 (bzw. 29 oder 149) andere, die sich auch mal ein wenig anstrengen könnten". Dies wiederum ist Konsequenz eines anderen Parkinsonschen Gesetzes, das besagt: „Deliberative bodies become decreasingly effective if they pass 5 to 8 members". Wenig überraschend ist dann, dass (fast) überhaupt niemand mehr etwas tut. Das ist den auf solche Weise „organisierten" Veranstaltungen oft deutlich anzumerken, und dieser Effekt dürfte auch einer der zahlreichen Gründe dafür sein, weshalb die Teilnehmerzahlen so dramatisch zurückgehen.

So ganz ohne Arbeit wird es zumindest für einige Mitglieder des Gremiums aber dennoch nicht ablaufen können, weil die angebotenen Manuskripte irgendwie begutachtet werden müssen; vielleicht sollte man besser „beschlechtachtet" sagen. Glück hat dann derjenige Autor, dessen Beitrag auf einen Referenten trifft, der notorisch überlastet und völlig uninteressiert ist (abgesehen davon, dass er die Einladung zum Programmausschuss natürlich geschmeichelt angenommen hatte). Dieser wird nämlich alle Kriterien wie „Qualität", „Relevanz", „Originalität", „Darstellung" etc. mit derselben Note bedienen, also etwa durchgehend 8 Punkte von 10 möglichen – oder eben gerade mal 2 von 10, je nachdem wie er momentan gelaunt ist und ob ihm der Schriftsatz, die griechische-Buchstaben-Freiheit, die Häufigkeit des Worts „Java" gefällt oder nicht. Auf jeden Fall wird seine Stellungnahme kommentarlos ausfallen. Vom Pech verfolgt ist demgegenüber ein Autor, dessen Manuskript vom eigentlich Zuständigen an einen profilneurotischen Untergebenen weitervermittelt wird. Und besonders arg wird es, wenn diesem Profilneurotiker vor nicht allzu langer Zeit der Verriss eines eigenen Beitrags mitgeteilt wurde. Unter diesen Umständen wird selbst ein nobelpreisverdächtiges Papier den Auswahlprozess nie und nimmer positiv überstehen können. Der einzige Trost bei dieser deprimierenden Sachlage ist, dass sich die Gutachterzuteilungen und damit die ungerechtfertigten Verrisse ebenso wie die unangebrachten Lobsprüche im Laufe der Zeit halbwegs ausgleichen – so wie die Fehlentscheidungen der Schiedsrichter in der Fußballbundesliga (abgesehen natürlich von der grundsätzlichen Bevorzugung von Bayern München). Im Gegensatz zu Bayern München wird der entsprechend renommierte Autor die ungerechtfertigte Bevorzugung aber nicht zum Erzielen der Meisterschaft benötigen.

Auf diese nicht gerade hochprofessionell zu nennende Art und Weise werden die meisten (jedenfalls aber die so genannten wissenschaftlichen) Tagungen vorbereitet und schlussendlich gnadenlos durchgeführt. Wenn der Tagungsort ihm angenehm ist, wird auch das eine oder andere Programmkomiteemitglied die Gnade des Erscheinens haben und als Alibi für bzw. gegen eventuelle Tourismusvorwürfe eine Sitzungsleitung übernehmen. Man sollte dafür Verständnis haben, denn schließlich gibt es für die Mitglieder des häufig Ausschuss produzierenden Ausschusses keinerlei finanzielle Entschädigung. Mit einer einzigen (nichtmonetären) Ausnahme: Bei den internationalen Konferenzen hat sich die erfreuliche Einrichtung des so genannten Victory Dinners bis heute gehalten. Dieses findet in sehr angenehmer – meist schlossähnlicher – Umgebung statt und kostet so viel wie der Normalbürger niemals für ein Abendessen ausgeben würde. An dieser Veranstaltung werden alle bei der Tagung anwesenden Programmausschussmitglieder selbstverständlich teilnehmen. Das Victory Dinner hat der Ausschuss sich nicht „verdient". Eher könnte man sagen, er hätte es sich „erdient" oder „erdienert", auf jeden Fall aber wird es „er-diniert".

6/1997

Kapitel 26
Die Frauenbeauftragte

Der Anteil von Frauen in vielen zukunftsträchtigen Berufen ist jämmerlich niedrig – und er sinkt sogar noch. Es hat bereits Anfängervorlesungen im Fach Informatik mit Hunderten von Teilnehmern gegeben, ohne eine einzige Teilnehmer*in*! Also „Unisex", wobei dieses Wort sich im fremdsprachigen Ausland häufig im Schaufenster von Friseuren findet und wohl bedeutet, dass dort Haarschnitte sowohl für Männlein als auch für Weiblein ausgeführt werden. Derlei Gleichbehandlung ist eigentlich das Gegenteil von dem, was sich zurzeit an deutschen Hochschulen und auch anderswo bzgl. des Frauenanteils in Informatik und Ingenieurwissenschaften abspielt.

Die Gründe für dieses Desaster sind Legion. Sie zu beseitigen, das ist ebenso schwierig wie langwierig und vielleicht hoffnungslos. Leichter ist es da schon, den Effekt zu beklagen. Nun wollen es viele Organisationen aber nicht bei solchem Lamentieren belassen, sondern die Situation wird tatkräftig auf dem Verordnungswege (sozusagen par ordre de moufti) angepackt. Flugs werden also diverse Ukasse erlassen – und schon scheint alles Paletti zu sein. Die Erfahrung zeigt allerdings, dass gut gemeinte Ideen nicht immer die gewünschte Wirkung zeigen, sondern dass sie auch den gegenteiligen Effekt hervorrufen können. Beispiele dafür gibt es massenhaft. So wurde etwa versucht, die zu starke Vermehrung afrikanischer Elefanten mit Methoden zu stoppen, deren Beschreibung hier zu viel Raum einnehmen würde. Erreicht wurde aber nicht die Zielvorgabe, sondern eine überproportionale *Zunahme* der Elefantenzahl, worauf das Vorhaben schleunigst eingestellt wurde. Im Gegensatz zu solchen Misserfolgen haben die bürokratischen Maßnahmen zur Frauenförderung den Nachteil, dass sie bei offensichtlichem Scheitern nicht aufgegeben, sondern gewaltsam weiter verschärft werden – mit immer schlimmeren Konsequenzen.

Ein besonders drastisches Beispiel des kontraproduktiven Ausgangs einer eigentlich gut gemeinten Idee ist die Einrichtung des Amts einer Frauenbeauftragten. Für jede Hochschule ist das vorgeschrieben. Die Inhaberin dieser Position (selbstverständlich eine Frau, weshalb die Stelle mangels Anzahl gar nicht so einfach zu besetzen ist) soll sich für die Belange ihrer Geschlechtsgenossinnen einsetzen. Die Frage ist, ob sie diesem Anspruch auch gerecht wird. Das ist aber mehr als zweifelhaft, weil sie offenbar von folgender Argumentationskette ge- oder verleitet wird:

A. Potton, *Abgründe der Informatik,*
DOI 10.1007/978-3-642-22975-6_26, © Springer-Verlag Berlin Heidelberg 2012

- Ich selbst (also die Frauenbeauftragte) habe es an dieser Hochschule zu etwas gebracht – gegen heftigsten Widerstand aus vielen männerdominierten Bereichen. Und mir ist das gelungen *ohne* Hilfe einer Frauenbeauftragten.
- Jetzt aber soll ich Frauenförderung betreiben, das heißt bei gleicher Qualifikation weibliche Bewerber bevorzugen.
- Männliche Bewerber sollen also irgendwie nachrangig behandelt werden. Weil aber die Gleichheit der Qualifikation unmöglich zweifelsfrei feststellbar ist, könnte es so aussehen, dass Frauen nur deshalb zum Zuge kommen, weil sie eben Frauen sind.
- Es besteht daher das Risiko, dass ein Einzelfall, wo eine Fehlentscheidung zugunsten einer Frau tatsächlich einmal erfolgen sollte (und ein solcher wird sich langfristig nicht vermeiden lassen) als gängige Praxis verallgemeinert wird, d. h. es würde vermutet, dass viele oder alle Frauen ihre Stelle eigentlich ungerechtfertigt erhalten hätten.
- Das wird auch von mir angenommen werden. Nun habe ich mir aber (siehe Beginn der Argumentationskette) meine Position ebenso ehrlich wie hart erkämpft.
- Und da werde doch einen Teufel tun, die Achtung, die mir meine männlichen Kollegen entgegenbringen, leichtfertig aufs Spiel zu setzen. (Ende der Argumentationskette).

Infolgedessen verhält sich die Frauenbeauftragte in allen mir bekannten Fällen gegenüber Bewerbungen von weiblichen Kandidaten stets ganz besonders kritisch.

In Berufungskommissionen wirkt sich die Verpflichtung zur bevorzugten Berücksichtigung von Frauen dramatisch negativ aus: Nehmen wir an, es hätten sich auf eine Ausschreibung eine oder mehrere qualifizierte Bewerberinnen gemeldet; sehr oft gibt es ja leider ausschließlich männliche Kandidaten, insbesondere in technischen Fächern. Auch eine Frauen wohlmeinend gesinnte Kommission (die weit überwiegende Teil der Kommissionsmitglieder sind von dieser Art – mit Ausnahme der Frauenbeauftragten!) wird keine Blankoschecks ausstellen wollen, sondern allen Bewerbungen eine faire Chance zu geben versuchen – das ist zumindest das erklärte Ziel jeder Kommission. Allerdings wissen die Kommissionsmitglieder genau, dass sie keinerlei Entscheidungsspielraum mehr haben, sobald sie die Bewerbung einer Frau auch nur ansatzweise ernsthaft zu diskutieren beginnen bzw. wenn es zu einem Vorstellungsvortrag kommt. Für den Fall nämlich, dass diese Vorstellung absolut enttäuschend verliefe, bestünde nur noch eine verschwindend kleine Chance, eine offensichtliche Fehlbesetzung der Stelle zu verhindern. Zwar mag die Gefahr der Enttäuschung als minimal eingeschätzt werden, ein Restrisiko bleibt aber doch. Also ist die typische Strategie einer Berufungskommission, dass sie Bewerbungen weiblicher Kandidaten bereits zu Beginn des Verfahrens wegen angeblich unpassender Arbeitsrichtung oder aus ähnlich fadenscheinigen Gründen aussortiert. Der Kommission wird dann unterstellt, dass sie bösartig oder machohaft sei, in Wirklichkeit aber wird sie durch die Zwangsförderung von Frauen in diese aussichtslose Position gedrängt. Übrigens: die Frauenbeauftragte wird der frühzeitigen Aussortierung der wenigen Bewerberinnen aus den weiter oben beschriebenen Gründen sofort und bereitwillig zustimmen.

Nachdem ich viele Vorgänge der beschriebenen Art mitgemacht habe (und laufend ähnliche miterleben muss), bin ich zur Einsicht gelangt, dass Versuche zur gewaltsamen Verbesserung des Frauenanteils in gehobenen Positionen nicht nur keine positiven Effekte zeigen, sondern dass sie das glatte Gegenteil von dem erreichen, was sie eigentlich vorhatten. Um wieviel besser wäre doch die Situation, wenn Entscheidungen „ohne Sonderkriterien und ohne Zwangsbevorzugungen" getroffen werden könnten. Durch das Zeigen auf das Vorliegen eines Problems wird es im Allgemeinen nicht beseitigt, sondern es wird häufig nur unnötig verschärft. Es gibt eben Dinge, die sich auch durch noch so große Kraftanstrengung nicht gewaltsam beheben lassen. Wie sagt ein amerikanisches Sprichwort: „You can bring a horse to water but you cannot make him drink".

9/1997

Kapitel 27
Virtuelle Konferenzen

Ein Tagungsbesuch – nicht zuletzt in fernen Ländern – gehört zu den eher angenehmen beruflichen Begleiterscheinungen. Natürlich nur solange die Termine nicht überhandnehmen und wenn man nicht Austrian Airlines mit dem Drehkreuz Wien-Schwechat benutzt. Tut man dieses nämlich, dann wird man unzweifelhaft Huhn aufgetischt erhalten (ein Bekannter will ein Buch schreiben über „200 Rezepte wie man Hühner schlecht zubereitet", das werde ich mir auf jeden Fall kaufen). Außerdem – und das ist unangenehmer – wird die Kabine bei Start und Landung (bei Umsteigen in Wien also mehrfach!) mit österreichischer Musik beschallt. Diese künstliche Champagnergaloppspritzigkeit mit ihrem blöden „Dahdeli-Dilàppapah" ist unerträglich.

Aber insgesamt sind Tagungen doch recht nett – und der ggf. vom Vorgesetzten angeforderte Bericht (aufgrund dessen der Chef wohl glaubt, Anwesenheit bei den Vorträgen sicherstellen zu können) kann durch Abkupfern aus den Tagungsunterlagen einfach und schnell erzeugt werden. Die zunehmende Verfügbarkeit neuer Medien (Multimedia und so) bringt allerdings schwere Turbulenzen mit sich. Immer dringlicher wird verlangt, auf körperliche Anwesenheit bei Tagungen zu verzichten und sich stattdessen virtuell zu beteiligen. Dies hat viele nahe liegende Vorteile: Kein Timelag, keine Reisekosten, geringere Kosten für die Registrierung, ... Alles scheinbar enorm positiv.

Die virtuelle Konferenzorganisation und -teilnahme lässt sich vereinfacht in zwei unterschiedliche Klassen einteilen:

1. Live-Teilnahme mittels Audio- oder Videoeinspielung. Dies ist ein sehr mühsamer Vorgang, der viel Vorbereitungszeit erfordert, von den Kommunikationskosten ganz zu schweigen. Letztere können durch missbräuchliche Verwendung des Internet zwar gesenkt bzw. auf Null gebracht werden, aber in Wirklichkeit muss ja trotzdem jemand (also der anonyme Steuerzahler) dafür aufkommen. Bei bloßer Audiobeteiligung mag die Sache noch angehen, aber die Tatsache, dass man die anderen Teilnehmer nicht sieht, ist sehr störend, echte Kommunikation kommt da nicht auf. Das ist wie bei einem Anrufbeantworter, auf den ich nur dann etwas spreche, wenn es wirklich nicht anders geht. Aber in diesen seltenen Fällen verhaspele ich mich entsetzlich und liefere ein noch hilfloseres Gestammel als sonst

A. Potton, *Abgründe der Informatik,*
DOI 10.1007/978-3-642-22975-6_27, © Springer-Verlag Berlin Heidelberg 2012

ab so etwa wie der Buchbinder Wanninger im bekannten Sketch von Karl Valentin. Im Fall einer Videoeinblendung werde ich vor einem Monitor gesetzt, von dessen Seite mich eine Kamera angrinst – und das ist sehr nervositätsfördernd. Murphy behauptet außerdem, dass auf irgendeinem Abschnitt der mühsam aufgebauten Kommunikationsstrecke Probleme auftreten werden, welche die Qualität der Verbindung als lächerlich, unzumutbar oder nichtexistent erscheinen lassen. Last but not least: Es fehlt der direkte Kontakt mit den anderen Teilnehmern. Die Floskel „ich kann diesen Kerl nicht riechen" hat einen von Verhaltensforschern nachgewiesenen tieferen Sinn, denn ohne Geruchskontakt fehlt ein ganz wesentlicher Teil der Kommunikation. Aber vielleicht wird das Internet ja bald auch um Übertragung von Geruchsinformationen erweitert, was technisch kein besonderes Problem ist; ob es aber wirklich immer wünschenswert wäre?

2. Beteiligung innerhalb eines begrenzten Zeitfensters. Dies ist die Vision vieler Internet-Adepten – und sie geht ungefähr so: Die Konferenz wird vom Aufruf zur Vortragsmeldung über das Begutachten von Manuskripten bis hin zur Erstellung und Verteilung des Programms ausschließlich per Internet abgewickelt. Interessenten sollen sich ebenfalls via Internet registrieren. Dabei besteht die Möglichkeit, sich nur für einzelne Sitzungen anzumelden, denn schließlich kann oder will man bei „realen Konferenzen" ja auch nicht an allen Sitzungen teilnehmen. Schwierig ist es, Geld für die Teilnahme an registrierten Sitzungen einzutreiben (daran sind schon manche enthusiastisch begonnenen Vorhaben gescheitert), aber auch dieses Problem wird sich vielleicht einigermaßen zufrieden stellend lösen lassen. Der nächste Schritt bestünde nun darin, dass sich die angemeldeten Teilnehmer über einen gewissen Zeitraum hinweg die Referate per Text, Ton oder Bild zu Gemüte führen können. Je kleiner dieser Zeitraum gewählt wird, desto mehr bleibt an Live-Charakter erhalten, schließlich muss man auch bei realen Konferenzen pünktlich im Saal sein. Man kann aber die Randbedingungen z. B. wegen der unterschiedlichen Zeitzonen etwas weniger restriktiv gestalten. Anschließend können (jedenfalls nach der Idealvorstellung) die Teilnehmer während eines weiteren Zeitraums Kommentare abgeben, die vom Referenten wieder beantwortet werden. Alles zusammen kann praktisch ohne weitere Verzögerung elektronisch bearbeitet und zu einer abschließenden Dokumentation zusammengefasst werden.

Sieht alles perfekt aus, oder? Warum will es nicht funktionieren? Es gibt viele Gründe dafür: Zunächst einmal ist der Wegfall der persönlichen Kommunikation sehr bedauerlich. Ferner will der Organisator der Veranstaltung eine wirkliche Konferenz, der Herausgeber der Proceedings will ein echtes Buch, der Autor will eine anerkannte Veröffentlichung – und vor allem die jüngeren Autoren wollen eine „reale" Reise. Mit der Bezahlung der Gebühren bei internationalen Veranstaltungen gibt es ebenfalls Probleme: Zahlung nach Ablauf der Veranstaltung ist für den Organisator riskant, vorherige Zahlung für den Teilnehmer. Die geldliche Rückerstattung bei nicht erbrachter Leistung ist oft aussichtslos: Verklagen Sie mal jemand in Mexiko oder in den USA!

Entscheidend ist aber der fehlende Leidensdruck: Im Falle einer echten Konferenz muss diese termingerecht durchgeführt werden, mögen alle Beteiligten kurz vor Ablauf der harten Fristen auch noch so sehr fluchen. Bei einer virtuellen Konferenz dagegen ist eine zeitliche Verschiebung (z. B. weil sich die Fertigstellung der Referate wie üblich verzögert hat) wenig problematisch, denn es müssen ja keine Hotelreservierungen und Flugbuchungen storniert werden. Dies verleitet dazu, das einfache und probate Mittel der Terminverschiebung mehrfach einzusetzen – solange bis die Veranstaltung schließlich in Vergessenheit gerät. Haben wir alles schon mehrfach erlebt!

Virtuelle Konferenzen sind also theoretisch ohne Probleme durchzuführen, aber die Praxis sieht (leider oder zum Glück) anders aus. Ein chinesisches Sprichwort sagt: Es ist nicht schwer, zu wissen, *wie* man etwas macht. Schwer ist nur, es zu machen.

12/1997

Kapitel 28
Gut gemeint und schlecht geraten

Neue Technologien sind zunächst einmal etwas Feines: Es eröffnen sich wundervolle Möglichkeiten zur Verbesserung, Verschönerung oder Vereinfachung. Wenn man allerdings etwas genauer hinsieht, dann ist es manchmal recht zweifelhaft, ob die auf diese Weise entstandenen Produkte besser, schöner oder einfacher geworden sind. Mein Eindruck ist, dass sie durch amateurhaften und unbedachten Einsatz neuer Werkzeuge nicht selten hundsgemein schlecht werden. Einige Beispiele:

Ich besitze ein kleines Kurzwellenradio, das sich den Luxus zweier getrennter Tasten leistet, die mit ON bzw. OFF bezeichnet sind. Den Sinn dieses Designs werde ich nie verstehen, denn eine einzige Taste wäre doch völlig ausreichend. Die zweite macht das Gerät allenfalls unhandlicher, fehleranfälliger und vielleicht auch ein wenig teurer. Sie dürfen mich jetzt gern dafür tadeln, dass ich das Radio überhaupt gekauft habe.

Beschriftete Overheadfolien waren vor der Erfindung von Farbdruckern (oder genauer gesagt vor der Zeit, wo sich jeder einen Farbdrucker leisten konnte) schön einfach: Schwarze Schrift auf hellem Hintergrund. Also waren sie leicht lesbar. Die Konsequenz der viel teureren Farbfolien ist dagegen durchaus kontraproduktiv: Der Hintergrund ist nicht selten schwarzblau und so tief eingefärbt, dass fast kein Licht mehr durchkommt. Die Schrift ist einem Farbton gehalten, der sich vom Untergrund überhaupt nicht mehr abhebt, z. B. dünne schwarze Linien auf tiefblau oder rosa auf dunkelrot. Frauen verwenden (bitte achten Sie mal drauf) mit Vorliebe pastellfarbene Farbtöne, die der „Ersatzflüssigkeit" aus der Fernsehwerbung nicht unähnlich sind. Nun gut, dahinter mag vielleicht auch Absicht stecken, aber quälend ist es halt doch. Auf Lesbarkeit wird offenbar kein besonderer Wert mehr gelegt. Als Fernsehübertragung noch schwarzweiß waren, mussten Fußballtrikots so gewählt werden, dass man die Teams gut voneinander unterscheiden konnte. Wenn heutzutage aber eine Mannschaft mit grünem Hemd und gelber Hose gegen eine mit rotem Hemd und weißer Hose antritt, kann sie der Farbenblinde oder Schwarzweißseher nur noch (wenn er Glück hat) an den Stutzen auseinander halten.

Besonders schlimm ist es mit Webseiten. Die neuen Möglichkeiten zur „Gestaltung" des Hintergrunds werden schamlos zur Verringerung der Lesbarkeit missbraucht; ein ähnlicher Effekt wie bei den Overheadfolien. Manchmal so sehr,

A. Potton, *Abgründe der Informatik*,
DOI 10.1007/978-3-642-22975-6_28, © Springer-Verlag Berlin Heidelberg 2012

dass überhaupt nichts mehr erkennbar ist! Viele Farb- bzw. Maserungskombinationen wären ein interessantes Forschungsobjekt für Psychologen oder Psychiater, d. h. die jeweiligen Gestalter sind deutlich klapsmühlenverdächtig (was ja in unserem Beruf so überraschend vielleicht nun auch wieder nicht ist). Allerdings: die Beurteilung der Lesbarkeit kann aus subjektiver Sicht des Betrachters durchaus unterschiedlich sein. Und deshalb kommt auch oft folgendes Argument: „Ja um Himmels willen, was haben Sie denn für ein veraltetes System, für einen unzeitgemäßen Browser, für einen fiesen Bildschirm, ... Da brauchen Sie sich aber nicht zu wundern, wenn bei Ihnen nichts zu sehen ist. Bei mir ist die Qualität geradezu wundervoll". Ich muss gestehen, dass mich solche Vorhaltungen am allermeisten fuchsen; sie zeigen nämlich, dass man für debil, arm, unmodern, verkalkt, ... gehalten wird. Warum werden die Informationen nicht so gestaltet, dass sie auch mit einfacheren als den aktuell teuersten Schickimickihilfsmitteln entziffert werden können? (Nebenbei: Ist das vorige Substantiv mit seinen sechs „i"-Buchstaben nicht nett?).

Ähnliche Probleme gibt es mit Dokumenten, die einem auf elektronischem Wege zugestellt werden. Am Anfang einer solchen Nachricht steht manchmal noch ein Hinweis darauf, dass das nachfolgende – wirr aussehende – Dokument irgendwie gezipt, unzipped, uuencoded, ... ist. Und da soll ich nun entweder zahllose Programme zusätzlich installieren (vielleicht sogar kaufen), die mir diesen Zeichensalat automatisch oder mit Zeit raubend umständlichen Hantierungen wieder entwirren? Der Normalkunde denkt gar nicht an so etwas und schmeißt das Dokument dann lieber gleich weg. Wer jemals eine internationale Gruppe von so genannten Experten gemanagt hat, der lernt den Vorteil von einfachem ASCII (ohne ä, ö, ü, ß, ...) rasch schätzen – zumindest dann, wenn er Diskussionsbeiträge von vielen Seiten erhalten will. Die Erfahrung zeigt nämlich, dass ein Großteil der Gruppe mysteriös codierte vermatschte Nachrichten nicht lesen kann oder nicht lesen will. Ein bisschen schade ist nur, dass bei Beschränkung auf ASCII Informationen wie

  „= ?iso-8859-1?Q?Gru = DF_aus_D = FCsseldorf? ="

Mangelware werden. Aber auf diese tägliche Rätselstunde kann ich eigentlich verzichten.

Wo wir schon beim Thema „Overkill durch überflüssiges und amateurhaftes ‚Nutzen' neuer Möglichkeiten" sind, möchte ich eine gewisse Amüsiertheit über die Kreativität gewisser Zeitgenossinnen bzw. Zeitgenossen loswerden – und zwar bezieht sich das auf das Erfinden wundervoll prägnanter Abkürzungen für Projektnamen. Offenbar nach dem Motto: „Wenigstens der Name des Vorhabens muss belegen, dass intensiv nachgedacht wurde". Ich bin begeisterter Sammler solcher Namenskreationen (oder sollte man Namenskatastrophen sagen?) und bringe hier einmal kommentarlos drei meines Erachtens besonders schöne Exemplare:

MOVE   = Multimedia Software Development
FUSION = Funktionsbasierte Suche nach Informationen
HeaRT   = High Performance Routing Table Lookup.

Was lernen wir aus solchen Overkill-Vorgängen (wenn es überhaupt etwas zu lernen gibt)? Wir lernen vor allem eines: „Keep it simple! Simple is beautiful!". Das gilt allein schon deshalb, weil Dinge, die nicht überflüssigerweise hinzugefügt wurden (wie z. B. die tiefdunkelblaue Einfärbung unschuldiger Overheadfolien), nicht missbraucht werden oder kaputtgehen können. Murphy's law („what can go wrong will go wrong") hat dann weniger Chancen. Und das ist um so wichtiger, weil Murphy's law zwar gültig, aber streng genommen viel zu schwach ist. In Wirklichkeit gilt nämlich die erweiterte Fassung, die meinem alten Freund K. C. Toh aus Kuala Lumpur zu verdanken ist (K. C. Toh's extension of Murphy's law): „What can*not* go wrong *will* go wrong".

3/1998

Kapitel 29
Das Zornsche Lemma

Das Zornsche Lemma ist ein zum Auswahlaxiom äquivalentes Resultat der Mengenlehre, das auf Max Zorn zurückgeht. Es besagt: Ist $G = (G, \leq)$ eine teilweise geordnete Menge, in der jede nichtleere Kette K nach oben beschränkt ist, so gibt es in G maximale Elemente. Eine Kette K ist dabei eine durch $\leq$ total geordnete Teilmenge von G. Diese heißt nach oben beschränkt, wenn ein $a \in G$ existiert mit $x \leq a$ für alle $a \in K$. Allgemein gibt es zu jedem $b \in G$ ein maximales Element m mit $m \leq b$.

Diese Weisheit habe ich (woher denn sonst?) vom Internet heruntergezogen. Aber nichts ist perfekt – und das Internet schon gleich gar nicht. Das genannte Lemma stammt nämlich aus dem Jahr 1935, ist also über 60 Jahre alt. Ein leider deutlich längeres und viel weniger anspruchsvolles Zornsches Lemma wurde vor etwa 6 Monaten erfunden – aber nicht von Max Zorn, sondern von Werner Zorn.

Das neue Lemma lautet: „Deutschland verschläft das Internet" oder anders formuliert: „Lerne klagen ohne zu leiden". Das zugehörige Manuskript ist reichlich mit seltsamen Cartoons garniert, die der Autor in Auftrag gegeben und vielleicht sogar bezahlt hat. Die Veröffentlichung des Artikels erfolgte unter der Rubrik „Internet", sie hätte aber ebenso gut unter „Beschimpfung von DFN-Verein, Telekom und OSI-Bettlern" laufen können. Die Teilnehmer diverser Kongresse sind bereits früher in den zweifelhaften Genuss der stammtischartigen Zornschen Thesen gekommen. Der Beifall des überwiegenden Teils der PIK-Leser ist Werner Zorn wohl gewiss – ebenso wie die Tatsache, dass nur wenige Beiträge eine ähnlich große Leserschaft erreichen werden. Aber rechtfertigt das die Vergleiche der deutschen Kommunikationstechnik mit der Lagerungspraxis für russische Gülle? Oder effekthaschende Zitate, nach denen Deutschland im internationalen Vergleich angeblich jede Woche einen Monat zurückfällt?

Für mich bestätigt das Manuskript (das hoffentlich Gegendarstellungen provoziert) die typisch deutsche Tendenz zur Weinerlichkeit und zum Weh-Klagen („W" = „Weh" ist ja auch der Anfangsbuchstabe von Werner Zorn). Es ist halt viel einfacher, Mängel aufzuspüren als konstruktiv an ihrer Beseitigung zu arbeiten. Jeder kann sofort naserümpfend feststellen, dass ein Ei faul ist. Ein nichtfaules Ei zu konstruieren, das ist ungleich schwerer!

Nun will ich nicht behaupten, dass das Zornsche Klagelied völlig unberechtigt ist. Vieles ist verbesserungsbedürftig „in diesem unserem Lande". Aber ein großer

A. Potton, *Abgründe der Informatik*,
DOI 10.1007/978-3-642-22975-6_29, © Springer-Verlag Berlin Heidelberg 2012

Teil der Mängel ist darauf zurückzuführen, dass neue Ideen (wozu auch das Internet gehört) erst einmal kritisiert und oberlehrerhaft zerquatscht werden. Konsequenterweise kann sich Neues nur spät und nur gegen härtesten Widerstand durchsetzen – manchmal so verspätet, dass der sprichwörtliche Hase längst über die Höhe ist.

Großer Schaden wird von den in Deutschland besonders zahlreichen spitzfindigen Kostenrechnern angerichtet: Als man jahrelang vergeblich versuchte, dem Bildschirmtext zum Durchbruch zu verhelfen (was zum Beispiel in Frankreich durch billige Endgeräte, durch spielerischen Umgang und vor allem durch unkonventionelle Anwendungen sehr gut gelang), da kamen in Deutschland nicht wenige Kostenrechner auf die glorreiche Idee, mühsam eingerichtete BTX-Angebote aus Kostengründen wieder einzustellen. Der ADAC zum Beispiel ist den Ausführungen eines solchen Kostenrechnungshansels erlegen.

Beim Internet ist es ähnlich: Sehr viele Anbieter machen nur zähneknirschend mit, weil sich die Sache momentan noch nicht rechnet; andererseits schalten sie, ohne lange nachzudenken, teure Zeitungsannoncen. An so etwas hat man sich eben gewöhnt. Ein wirklich spielerischer Umgang mit Internet will sich nicht so recht einstellen. Dafür sind natürlich die hohen Kommunikationskosten mitverantwortlich (diese Situation bessert sich ja zum Glück seit dem Fall des Telefonmonopols). Aber ein ebenso schwerwiegender Hinderungsgrund ist die Unfähigkeit der Deutschen zum fröhlichen Spieltrieb. Ein Ländervergleich: In den Niederlanden sind http-Adressen in Fernsehwerbespots seit Jahren gebräuchlich und inzwischen völlige Normalität. In Deutschland ist Entsprechendes viel später begonnen worden, und ein großer Teil der Bevölkerung hält das immer noch für mysteriös bzw. für irgendwie gefährlich. Viele Leute wollen lieber nichts Neues probieren als ein überschaubares Risiko eingehen. Diese Haltung ist sogar verständlich, denn: Funktioniert die „ein wenig riskante" Neuerung, dann ist das normal. Treten aber wider Erwarten Probleme auf, wird es unweigerlich gewaltige Kritik hageln: „Wie konnten Sie überhaupt einen derartigen Unsinn probieren, wo der gesunde Menschenverstand doch sofort erkennen konnte, dass….". Wenn man riskante Neuerungen dagegen ablehnt, hat man weniger Stress, denn Neuerungen sind immer mit Zusatzarbeit verbunden. Im ungünstigsten Fall (wenn man die Einrichtung von wirklich bahnbrechenden Neuerungen durch offensichtliches Zögern verhinderte) wird man als ein wenig übervorsichtig angesehen und vielleicht sogar milde getadelt werden. Das lässt sich aber aushalten und steht in keiner Relation zum Ausmaß der Kritik bei Scheitern des riskanten Experiments.

Was ich damit sagen will: Die Zornsche Mängelliste ist nur zum kleineren Teil auf die von ihm zwischen den Zeilen geäußerte angebliche Beschränktheit der DFN-Oberen zurückzuführen. Viel schlimmer ist die Presse-, Funk- und Fernsehreportern genüsslich zerquatschte Akzeptanz jeglicher Innovation mit Hinweis auf die ungeklärte Folgenabschätzung. Wir alle müssen daran arbeiten, dass diese Seuche (Schlagwort „Technikfeindlichkeit") nicht weiter grassiert und vor allem, dass sie nicht auch noch belohnt wird.

Was ist letzten Endes vom Werner-Zornschen Lemma zu halten? Für meinen Teil gebe ich ihm einen neuen Titel, der eine Leihgabe aus einem (echten!) Papier der theoretischen Informatik ist: „Nil and None Considered Null and Void".

Kapitel 30
Podiumsdiskussionen I

Es ist ein Kreuz mit der Ausrichtung von Tagungen: Weil es so viele davon gibt, kommt die erforderliche Menge an brauchbaren Vortragsmeldungen nur noch ganz selten zusammen. Mit schöner Regelmäßigkeit erhält man daher eine Nachricht, wonach das Datum für die spätest mögliche Abgabe nach hinten verschoben wird. „Due to popular demand we have postponed the deadline until . . .". Ist die Formulierung „due to popular demand" nicht herrlich? So ähnlich wie: „Auf vielfachen Wunsch eines einzelnen Herren". Kann es einen überzeugenderen Beweis für unzureichenden Eingang qualifizierter Beiträge geben?

Ein mehr als zweifelhafter (wenngleich oft praktizierter) Ausweg aus diesem Dilemma ist es, Abstracts oder Extended Abstracts als Vortragsmeldung zuzulassen. Solch einen kurzen Pofel wird auch der beschäftigtste Klient in kürzester Zeit erzeugen. Hier ist nämlich nicht Substanz gefragt, leere Versprechungen genügen durchaus. Die Zahl der Vortragsmeldungen wird auf diese Weise dramatisch erhöht, die Auswahl wird erleichtert, und spätere Schuldzuweisungen (wenn die Versprechungen sich tatsächlich als leer herausstellen) sind unzulässig. Schließlich wurden die Beiträge ja auf Verdacht und mit einem akzeptierten Risiko angenommen.

Allerdings: Unter Umständen kann man mit Extended Abstracts gewaltig auf die Nase fallen. Das schönste mir bekannte Beispiel dafür ist die Story mit der VIDEA-Konferenz. Dort gelang es einer Gruppe von Autoren, gleich vier Extended Abstracts unterzubringen: Nummer 1 war schierer Blödsinn, es hieß nämlich „The Footprint Function for the Realistic Texturing of Public Room Walls". Nummer 2 war ein leicht erkennbares Perpetuum Mobile. Nummer 3 bestand aus einer Kopie des Call for Papers, in der lediglich „in this conference . . ." durch „in this paper . . ." ersetzt wurde. Nummer 4 schließlich war geradezu bizarr, nämlich eine per Zufallszahlengenerator aus einem Fachwörterbuch erzeugte Menge von Fachausdrücken, die in herrlich unsinnige Sätze gereiht wurden. An dieser geradezu wundervollen Nummer 4 hat mich besonders begeistert, dass sogar der Begriff „the Sparbuchdruckertheorem" unbesehen durchging. Die ganze Geschichte (incl. Rechtfertigungsversuchen der Konferenzveranstalter!) ist nachzulesen unter: „The VIDEA Conference". Da Internet-Seiten nicht ewig „leben", muss man ggf. auf andere Art und Weise fündig werden, also z. B. mit Google nach VIDEA suchen. Es gab (Stand Ende 1998) mindestens 50 Server, wo man die Sache nachlesen kann.

Wie gesagt: Alle diese Extended Abstracts wurden akzeptiert. Die Organisatoren der Veranstaltung waren offensichtlich scharf auf möglichst viele Tagungsteilnehmer. Und dann stellten sie folgende eigentlich sehr logische Überlegung an: Lehnt man ein Manuskript ab, dann vergrätzt man den Autor. Und beleidigt wie er ist, wird er die gesamte Konferenz durch Nichtteilnahme strafen. Schließlich gibt es Konkurrenzveranstaltungen in Hülle und Fülle, so dass auch das bescheidenste Manuskript eine gute Chance hat, irgendwann angenommen zu werden. Man muss es nur oft genug versuchen. Akzeptieren die Tagungsausrichter aber das Manuskript, dann haben sie einen zahlenden Teilnehmer gewonnen. Organisatoren, die um ihr Ansehen fürchten, sind bei dubiosen Angeboten vorsichtiger: Sie lassen keinen Vortrag zu, bieten dem Autor aber an, dass er ein Poster seiner Arbeiten im Foyer der Tagung ausstellen und persönlich erklären dürfe. Dies hat denselben finanziellen Effekt, nämlich einen zusätzlichen Zahlemann. Außerdem wird die Seriosität der Veranstaltung nicht beschädigt. Und man darf auch nicht unterschätzen, dass die häufig recht unansehnlichen Wände des Foyers durch die Poster kostenlos tapeziert werden. Vorteile über Vorteile!

Vergessen wir also für den Moment die Veranstaltungen, die ihr Material aus Extended Abstracts rekrutieren. Was soll man aber dann tun für die „richtigen" Konferenzen, die einen großen Überfluss an viel zu wenig guten Beiträgen haben (wie es Roda Roda formulieren würde)? Die Verlängerung der Deadline bringt nicht besonders viel. Direktes Telefonmarketing ist erfolgreicher: „Sehr geehrter Herr XXX, Sie müssen unbedingt Ihre international anerkannte Expertise zum Thema YYY vorstellen. Das würde Aufsehen erregen und ein paar Dinge klarstellen, über die in der Öffentlichkeit wenige und zudem falsche Informationen vorliegen usw. usw.". Durch dieses persönliche Weichklopfen mit Real-Time-Audio (keinesfalls aber per Brief oder per E-Mail) kann der Organisator die Vortragsbilanz deutlich verbessern. Ob es dem Tagungsband hilft, ist eher zweifelhaft, denn ein solchermaßen gewonnener Redner wird normalerweise nichts Schriftliches von sich geben. („Es gilt das gesprochene Wort").

Das nächste probate Mittel ist die Verkürzung der beiden Ränder. Das heißt, man beginnt erst um 11.30 Uhr am ersten Tag, damit noch am ersten Veranstaltungstag angereist werden kann. Und man hört am letzten Tag schon um 12.00 Uhr auf, um den Teilnehmern eine zusätzliche Übernachtung zu ersparen. Bei zwei- bis dreitägigen Veranstaltungen ist man damit schon fast am Ziel aller Wünsche, selbst bei magerstem Vortragsangebot. Erst recht dann, wenn man noch viele Grußworte von Bürgermeistern, Ministerialen etc. vorsieht, wenn die Zeit für eingeladene Redner nicht zu knapp bemessen wird und wenn ausreichend viel Freiraum für Dinner und für Dinner Speech gelassen wird.

Dennoch: Es kann vorkommen, dass selbst die Kombination aller dieser Mittel noch nicht reicht. Dann gibt es nur noch einen Ausweg: Eine oder mehrere Podiumsdiskussionen zu fetzigen Themen! Und darüber sollte jetzt berichtet werden – was aber nun leider nicht mehr geht, denn durch die Anmerkungen zu den „Extended Abstracts" ist die Kolumne schon so lang geworden, dass für das eigentliche Thema kein Platz mehr ist. Aber was nicht ist, kann ja noch werden. Wie sagte schon Sepp Herberger: „Nach dem Heft ist vor dem Heft".

Teil IV
Zeitenwende: Y2K und Gleichberechtigung

Die Glossenserie „Alois Potton" lief so vor sich hin, bis zum Jahreswechsel 2000 schon mehr als ein Jahrzehnt lang. Man gewöhnte sich. Offene Kommentare oder gar Leserbriefe blieben weiterhin Mangelware, aber die Gerüchteküche kolportierte, dass diverse Institute die publizierende Zeitschrift nur deswegen abonnierten oder nicht abbestellten, weil eben auf der letzten Textseite die betreffende Kolumne stand und das Heft eben von hinten nach vorne durchgeblättert wurde.

Inhaltlich persiflierte die Glosse alles, was nicht niet- und nagelfest war. Für neue Glossen musste manches Mal etwas weiter ausgeholt werden, weil die reinen Informatikthemen sich zwangsläufig wiederholten und langsam zu versiegen drohten. Da war es direkt ein Glücksfall, dass sich in den Neunziger Jahren des vorigen Jahrhunderts eine Revolution durchzusetzen begann, die mit Internet, WWW; Google, Wikipedia und so weiter bezeichnet wird und das Leben jedes Einzelnen drastisch und dramatisch ändert. Folglich spielten die Entwicklungsperspektiven und vor allem auch die scheinbaren oder realen Fehlentwicklungen des Internet in den Alois-Potton-Glossen eine zunehmende Rolle.

Um die Serie aber nicht allzu stark im eigenen Informatik-Saft schmoren zu lassen, wurden auch allgemeinere Themen aufgegriffen, welche in der akademischen Community auf das Heftigste diskutiert wurden. So wurde zum Bespiel über die Einrichtung der Position einer Gleichstellungsbeauftragten (oder Frauenbeauftragten, wie sie damals noch hieß), gelästert. Diese eigentlich fast kostenfreie Stelle (weil sie nebenamtlich entweder von einer Professorin oder von einer wissenschaftlichen Mitarbeiterin ausgefüllt wurde) war natürlich bei einer an gewaltigen Frauenmangel – insbesondere in leitenden Positionen – wie der RWTH Aachen von besonderer Wichtigkeit. In Glosse 26 wird von Alois allerdings messerscharf nachgewiesen, dass die Existenz einer Gleichstellungsbeauftragten (wenn sie mit einer Frau besetzt wird) auf die Zahl der in höhere Weihen berufenen Frauen eine eher kontraproduktive Wirkung hatte und hat.

Andere Themen der Glosse ergaben sich auch aus den Zeitläuften selbst (Kommentar am Rande: Es heißt wirklich „Zeitläufte" und nicht etwa „Zeitläufe". Deutches Sprak, schweres Sprak!). Wobei hier zu allererst der Milleniumswechsel 1999-2000 zu nennen ist, obwohl dieser ja in Wirklichkeit erst ein Jahr später stattfand, denn tausend Geldscheine hat man ja erst am Ende des letzten Scheins ausgegeben und nicht bereits am Anfang desselben.

Dieses angeblich für die Informatik, für die Computerei und für die gesamte Menschheit Erdbebencharakter habende Ereignis wurde seinerzeit noch stärker gefürchtet als die Prophezeiungen des Nostradamus oder das Ende des Maya-Kalenders, wonach die Erde am 21. Dezember 2012 untergehen wird. (Diese Maya-Prophezeiung wird im Jahr 2012 eine gewaltige Panikmache und dadurch eine echte Panik hervorrufen, die vielleicht sogar Y2K alt aussehen lassen wird!). Es zeigte sich aber sehr schnell, dass das Year-2000- oder Y2K-Problem (oder in deutscher Sprache „Weitukäh", siehe Nr. 32) wenig mehr als eine große Abzocke war, die von ein paar Profiteuren ebenso geschickt wie gerissen inszeniert wurde. In der Potton-Glosse, die Monate *vor* dem Milleniumsjahreswechsel erschien, wurde darauf auch in schärfster Form hingewiesen, genutzt hat es trotzdem wenig: Die ungezählten Weitukäh-Scharlatane und –Profiteure haben sich dennoch schamlos an dieser von ihnen selbst provozierten Hysterie bereichert.

Kapitel 31
Podiumsdiskussionen II

Und ist das Thema noch so krumm,
man setzt sich gern aufs Podium.
Die Sache hat ein Odium,
das bringt selbst Di und . . . . .!

Die letzte Zeile dieses einleitenden Gedichtchens bezieht sich auf einen traurigen Unfall an der Pont de l'Alma in Paris und musste aus Rücksichtnahme auf das britische Königshaus unvollständig bleiben. Alois Potton ist eben „politically correct" (haha!).

Also ein neuer Anlauf zum Thema „Panel discussion" (nach den leeren Versprechungen in der vorigen Glosse): Die normale Podiumsdiskussion bei technischen Konferenzen ist von einer Gesprächsrunde à la Arabella Kiesbauer oder Bärbel Schäfer annähernd so weit entfernt wie der Jupiter von der Erde. Oder meinetwegen so weit wie ein Werbespot für Coca Cola von einer via MBone übertragenen Vorlesung. Das muss uns nicht wundern, sind doch in den jeweiligen Fällen drastisch unterschiedliche Geldmittel im Spiel – und Amateur bleibt eben Amateur. Die Podiumsteilnehmer sind im Hauptberuf weder Showmaster noch Filmsternchen, und das merkt man. Wäre ja nicht weiter schlimm, weil jeder Zuschauer das weiß (und auch insgeheim zugibt, dass er selbst kaum besser agieren würde). Aber durch die Berieselung mit Fernsehwerbespots ist die schweigende Mehrheit des Auditoriums, das der Podiumsdiskussion mehr oder weniger intensiv lauscht, gar außerordentlich verwöhnt. Eine wirkliche Zufriedenheit mit dem Ablauf der Veranstaltung wird sich deshalb nur selten einstellen. Auch der Versuch, sich auf das Wesentliche (nämlich auf die Inhalte statt auf die Präsentation) zu konzentrieren, will nicht so recht gelingen.

Die Sache wird noch dadurch verkompliziert, dass sich die meisten Organisatoren einer Podiumsdiskussion um möglichst ausgewogene Zusammensetzung bemühen. Alle Aspekte haben sich dem Gesichtspunkt „Abdeckung möglichst vieler unterschiedlicher Facetten" unterzuordnen. Das führt zu einem sehr schwierigen graphentheoretischen Überdeckungsproblem – und die suboptimale Lösung sieht dann etwa wie folgt aus: Ein katholischer DFN-Mitarbeiter aus Niedersachsen, eine leitende Angestellte einer Anwenderfirma aus Baden-Württemberg, ein konfessionsloser Universitätsprofessor aus der Schweiz, ein Vertreter des Top-Managements eines großen japanischen Herstellers usw. usw.

A. Potton, *Abgründe der Informatik,*
DOI 10.1007/978-3-642-22975-6_31, © Springer-Verlag Berlin Heidelberg 2012

Apropos Podiumsteilnehmer aus Japan: das ist bei internationalen Tagungen natürlich ein Muss. Der Beitrag des japanischen Podianten (ist das nicht eine nette Wortneuschöpfung?) bringt allerdings oft wenig Erkenntnisgewinn. Der Japaner – und das gilt in leicht abgeschwächter Form auch für andere Nationen – wird mit einer Unzahl von Overheadfolien oder mit einer ähnlich langen Powerpointdemonstration anrücken. Bei der zweiten Alternative hat man häufig Glück, weil Murphy sagt, dass etwas mit der Technik nicht funktionieren wird. Im ersten Fall kann man sich nur dadurch retten, dass man den Overheadprojektor entfernt oder die Birne herausschraubt. Leider ist der Japaner dann hochgradig beleidigt und nur dadurch zu beruhigen, dass Ersatz organisiert wird – und man muss den Folienvortrag nolens volens über sich ergehen lassen.

Was enthalten diese geheimnisvollen sehr bunten Folien? Hier eine kleine Inhaltsauswahl:

• Kuchendiagramme mit geschönten Unternehmensbilanzen.
• Marktentwicklungstrends für das nächste Jahrzehnt.
• Architekturfolien mit zahllosen Kästchen, mit OSI-artigen Stacks und mit diversen die Kästchen verbindenden Pfeilen.

Am schlimmsten: Entsetzlich viele Abkürzungen! Ich habe neulich – das ist kein Witz! – eine Folie gesehen, die mindestens 67 Abkürzungen zeigte. Weiter konnte ich nicht zählen, weil der Präsentator in diesem Augenblick zur nächsten ähnlich abkürzungs-„reichen" Folie wechselte.

Bei „internationalen" Folien: Mehr oder weniger großmaßstäbliche Landkarten oder Weltkarten, auf denen die Dependancen des Arbeitgebers eingetragen sind. Für mich ist das der angenehmste Teil von Folienpräsentationen: Man freut sich an geheimnisvollen Namen wie Munnari, Thiruvananthapuram oder Johor Bahru – und man beginnt zu träumen. Oder man grinst innerlich über unfreiwillige Fehldarstellungen, also wenn zum Beispiel Berlin östlich von Moskau zu liegen kommt.

Die besondere Tücke foliengestützter Eröffnungsstatements ist, dass der Vortragende höchstens mit Brachialgewalt vom Moderator der Veranstaltung davon überzeugt werden kann, dass er seine langweiligen Ausführungen endlich abzubrechen habe – und das geht anstandshalber nicht vor Ablauf von zehn Minuten. Wenn der Moderator allzu zahm ist (Moderator kommt von „moderare", d. h. von „mäßigend eingreifen"), dann ist die Podiumsveranstaltung nichts anderes als eine Folge von „short paper presentations".

Diskussionsteilnehmer unterscheiden sich neben ihrer Nationalität und ihres Arbeitnehmerverhältnisses auch durch ihre Typologie. Da gibt es trockene Verwaltungsleute ebenso wie nassforsche Berater oder weinerliche Weltuntergangsankündiger. Die letzte dieser Kategorien zu vertreten, das ist besonders einfach: Man rede vom großen Bruder, male kassandrahaft einen Y2K-Popanz an die Wand, würze das Ganze mit einem Schuss Kulturpessimismus, schon hat man den Tag gewonnen. Standardzitat: „Es muss doch erlaubt sein, Fragen zu stellen"! Ohne natürlich auch nur ansatzweise zu versuchen, eine dieser Fragen zu beantworten.

Auf diese Weise wird sich die Podiumsdiskussion – immerhin tröstlich – ebenso stetig wie unerbittlich ihrem zeitlichen Ende nähern. Und danach wird sie überraschend schnell vergessen sein. Abgesehen natürlich von besonderen Ereignissen, die haften bleiben, obwohl oder weil sie mit dem Inhalt nichts zu tun haben: dass einer der Teilnehmer im Übereifer sein Wasserglas umgeworfen hat; dass der Japaner etwas murmelte, was wie „Lauting" oder wie „Lähllohd" klang; dass sich zwei Gurus ohne ersichtlichen Anlass lautstark beschimpften. Solche ungeplanten Events entschädigen ein wenig für den ansonsten staubtrockenen Ablauf. Sie sind fast schon talkshow-like. Leider kommen sie viel zu selten vor.

3/1999

Kapitel 32
WEITUKÄH

Der nächste Jahreswechsel ist ein besonderer. Im Gegensatz zur landläufigen Meinung markiert er allerdings nicht das Ende des zweiten Jahrtausends n. u. Z. (nach unserer Zeitrechnung; DDR-Jargon, mit dem das Wort Christus und auch die Abkürzung „Chr" vermieden werden sollte). Den alten Römern waren die Zahl (und das Jahr) Null unbekannt, weshalb das aktuelle Jahrtausend noch ein Jahr länger dauern wird als vielerorts angenommen. Es wird außerdem vermutet, dass Christi Geburt bereits im Jahr minus 6 erfolgte. Bei korrekter Zählung hätten wir demnach schon einige Jahre des dritten Jahrtausends hinter uns und der nachfolgend angesprochene Kuddelmuddel wäre längst passé. Wir hätten auch kein Problem, wenn wir nach dem islamischen, jüdischen oder buddhistischen Kalender rechnen würden, denn die haben momentan ganz unauffällige Jahreszahlen.

Nein, das große Menetekel des kommenden Jahreswechsels hat mit Computern zu tun und heißt „Weitukäh-Problem" (englisch: Y2K-Problem), weil die dummen Rechner wegen ihrer Uralt-Software mit dem Ziffernüberlauf 999–000 nicht zurechtkommen. Apropos Software: kann mir jemand erklären, warum dieses Wort von Wissenschaftsredakteuren im Fernsehen oder von CeBIT-Präsentatoren immer so überkandidelt ausgesprochen werden muss wie etwa „Zzzhoffftwehr"?

Jetzt haben wir also den Salat mit dem Jahr Zweitausend. WEITUKÄH heißt die Devise, mit der uns Weltuntergangsverkünder und abgezockte Krisengewinnler seit Jahren malträtieren. Wenn man den landauf und landab geäußerten Katastrophenbekundungen glaubt, dann halten Sie die vorletzte „Alois Potton"-Glosse in Ihren Händen, weil ja in der nächsten Silvesternacht punkt 24.00 Uhr alles, wirklich alles seinen Dienst einstellen wird. Flugzeuge werden abstürzen, Telefone werden nur noch Besetztzeichen melden (wenn überhaupt), die Logistik des Lebensmittelhandels wird komplett zusammenbrechen. Einwohnermeldeämter werden Hundertsechsjährige wieder in die Grundschule schicken, keine Kreditkarte wird mehr funktionieren und sämtliche Rentenbescheide werden falsch sein. Der Film „Apocalypse now" ist, wenn dieses Gejammere auch nur halbwegs zutrifft, eine harmlose Variante von dem, was uns bevorsteht. Es ist unmöglich, gegen diese Panikmache völlig immun zu bleiben. Beispielsweise habe ich mir auf einem Flohmarkt vorsorglich eine handbetriebene russische Taschenlampe gekauft. Mit diesem Low-Tech-Gerät könnte ich mir, wenn ich den Jahreswechsel zuhause verbringe, am frühen Neujahrsmorgen die

A. Potton, *Abgründe der Informatik*,
DOI 10.1007/978-3-642-22975-6_32, © Springer-Verlag Berlin Heidelberg 2012

Schäden betrachten. Aber eigentlich träume ich davon, dem Jahreswechsel rund um die Uhr hinterher zu fliegen – von Tonga über Australien, Indien usw. bis nach Hawaii oder so. Da würde ich dann von oben sehen, ob die Ländereien auf der Erdoberfläche kurz zuvor wegexplodiert sind. Obwohl: Die Benutzung eines Flugzeugs zum nächsten Jahreswechsel, das muss denn doch nicht sein. Insoweit hat die Infiltration der Weitukäh-ologen bei mir schon gewirkt.

Ich weiß, dass die folgende These riskant ist, aber ich wage sie trotzdem: Das Weitukäh-Problem ist ein groß angelegter Beschiss. Ich halte davon nichts oder nur wenig mehr als vom Ablasshandel im frühen 16. Jahrhundert. Damals wie heute wurde der Bürger durch Panikmache aufgeschreckt und an seine Sünden erinnert. Es wurde ihm angedroht, dass er grauenvoll leiden müsse, wenn er nicht enorm viel Geld für Traktate und Programme (sowie für deren Überarbeitung) auszugeben bereit sei. Und genau wie heute sind beliebig viele Kleingläubige hereingelegt worden. Passiert ist jedenfalls damals nicht sehr viel; es hat sich meines Wissens noch niemand gemeldet, der wegen Nichtbezahlung eines Ablasszettels zur Strafe in der Hölle schmort. Und ich vermute, dass sich auch diesmal der Schaden in Grenzen halten wird – vielleicht einmal abgesehen von ein paar verspäteten Rentenbescheiden im Januar/Februar 2000.

Meine Prognose ist außerordentlich riskant, denn falls es wirklich zur Katastrophe kommen sollte, bin ich natürlich der Dumme (obwohl: wenn wir sowieso alle hopsgehen, dann ist es ja egal). Wenn dagegen wie von mir erwartet nichts nennenswert Negatives passiert, dann wird das entweder unkommentiert bleiben (so wie etwa die Wahrsager ihre zu Beginn des vergangenen Jahres abgegebenen Fehlprognosen schlicht und einfach „vergessen") oder man wird das Ausbleiben von Schäden auf die zahllosen Warnungen und auf die zwar spät, aber zum Glück noch rechtzeitig eingeleiteten Gegenmaßnahmen zurückführen. Das ärgert mich, ist aber nicht zu ändern.

Reale Befürchtungen habe ich eigentlich nur für das zweite Halbjahr 1999: Beinahe täglich rechne ich damit, dass die Ukraine gewaltige finanzielle Forderungen stellt, um Tschernobyl weitukäh-tauglich zu machen (weil man es aus eigener Kraft nicht schaffen könne und weil im Ernstfall eben die ganze Welt bedroht wäre). Bereits die schiere Vorstellung einer solchen Forderung und ihrer Konsequenzen führt dazu, dass ich mich lieber mit der Frage abzulenken versuche, wie denn die Jahre 00–19 des nächsten Jahrhunderts heißen werden. Man kennt die „Zwanziger", die „Sechziger" und die „Neunziger", aber für die ersten zwei Jahrzehnte eines Jahrhunderts funktioniert das irgendwie nicht; warum eigentlich?

Es gibt schlimmere Dinge als „Weitukäh". Zum Beispiel:

- dass ein Parfümshop im zollfreien Bereich von Frankfurt/Flughafen sich „Beautyfree" nennen darf
- dass es Arbeitskreise gibt, deren Initiatoren angestrengt nach einem treffenden Namen suchen und dann so hilflos Misslungenes produzieren wie „Technische Dokumentation und Help"

- dass Menschen ihre grauen Zellen belasten mit Sachen wie der folgenden in einer Rundfunkzeitschrift entdeckten „nützlichen Hilfestellung und Gedächtnisauffrischung" zur Lösung eines Kreuzworträtsels, nämlich: „Aba = Arabisches Sackgewand".

Manchmal glaube ich, dass der Weitukäh-Wirbel ähnlich bedeutend ist wie so ein arabisches Sackgewand.

6/1999

Kapitel 33
Werbeseiten

Wie in anderen Zeitschriften gibt es auch in PIK (bezahlte?) Werbeseiten. Ihr Wert oder ihre Wirkung für den Werbetreibenden ist aber vielleicht manchmal etwas zweifelhaft. Betrachten wir etwa Heft 3/99:

Auf der Innenseite des vorderen Umschlags findet sich eine ganzseitige Anzeige des treuen Kunden dpunkt-Verlag. [Ich weiß nicht, warum ich beim Namen dieses Verlags regelmäßig auf nicht ganz jugendfreie Gedanken komme. Vielleicht liegt das ja auch an einem der dort vorgestellten Buchtitel, nämlich „Safer Net"].

Einige Seiten weiter hinten gibt es eine Werbung für die Java-Informationstage, also offenbar für eine Tourismusmesse mit drastisch eingeschränktem Zielgebiet (kann sich solch eine Messe überhaupt rentieren?). So ein Pech aber auch: Beim Erhalt des Hefts ist die Veranstaltung schon vorbei, obwohl ich es Mitherausgeber der Zeitschrift sogar um einige Zeit früher als der normale Abonnent erhalte. Dass ich nicht teilnehmen kann, ärgert mich aber nur wenig. Ich werde nämlich dadurch getröstet, dass Düsseldorf als Veranstaltungsort genannt wird; dort muss ich nun wirklich nicht hin. Zumal in diesem Dorf eine Ministerin wirkt, die mich an mindestens vier Werktagen pro Woche per Dekret an meinem Dienstort festhalten will. Aber dann hätte ich ja sowieso nicht die zweitägige Veranstaltung durch meine Anwesenheit beglücken können! Jetzt kann die Ministerin mal sehen, was sie mit ihrem Blödsinn anrichtet. Übrigens sind die Konferenzinhalte ungeheuer interessant: „Im Vordergrund steht die fachlich fundierte und durch Tatsachen untermauerte Betrachtungsweise". Wer hätte das gedacht? Folgt daraus nicht umgekehrt: „Im Hintergrund steht die durch keine Fachkenntnis getrübte und rein spekulative Sicht"? Also da wäre ich dann doch nicht hingegangen, selbst wenn ich früh genug davon erfahren und die Ministerin es mir nicht verboten hätte.

Wiederum einige Seiten weiter kommt der verzweifelte Ruf nach Teilnehmern für EDOC'99 in Mannheim. Allerdings ist auch diese Veranstaltung zum Zeitpunkt, wo ich das lese, gerade am ab am Laufen (wie der Aachener sagt). Die Organisatoren haben sich sogar noch eine zusätzliche ganze Werbeseite auf dem hinteren Rückumschlag geleistet, obwohl niemand das Ereignis via PIK buchen konnte. Ob die das noch einmal tun werden? Auf der hinteren Werbeseite wird mir zudem mitgeteilt, dass der Earlybird-Termin schon zwei Monate verstrichen ist (ätsch!), aber den frühen Vogel holt sowieso bekanntlich die Katz'. Außerdem wird mir verschwiegen, was ich als Frühvogel gespart und wie viel es mich trotzdem noch gekostet hätte.

A. Potton, *Abgründe der Informatik,* 105
DOI 10.1007/978-3-642-22975-6_33, © Springer-Verlag Berlin Heidelberg 2012

Ich muss auch neidvoll zur Kenntnis nehmen, dass die Veranstaltung mindestens zwölf, vielleicht sogar vierzehn, Sponsoren gefunden hat. Da braucht man mich als zusätzlichen Teilnehmer ja eh' nicht mehr.

Die Konferenzankündigung selbst macht einen ganz geschäftsmäßigen Eindruck, aber halt: Eines der Ziele ist „Repositories and Databases Supporting Reuse". Das ist nun wirklich der Gipfel! Dr. Reuse (vom BMBW ex BMFT ex BMZ für „Zukunft") ist ja wirklich ein lieber Mensch, aber ihn auch noch finanziell zu unterstützen, das geht zu weit. Und deswegen hätte ich die Veranstaltung auch dann nicht besucht, wenn es mir zeitlich möglich gewesen wäre.

Dass die Uni Hannover einen Leiter für ihr Rechenzentrum auch via Zeitschriftenannonce sucht, ist erfreulich. Ich wünsche dieser Ausschreibung viel Erfolg, will sie aber ansonsten unkommentiert lassen, ebenso wie die Werbung für die MMB'99 in Trier (die bei Hefterhalt ebenfalls schon Historie war). Ein Detail vielleicht noch: Die Hannoveraner scheinen unsere Zeitschrift gut zu kennen, denn Bewerbungsfrist für die ausgeschriebene Stelle ist „sechs Wochen nach Erscheinen dieser Anzeige". Das ist eine sinnvolle Vorsichtsmaßnahme, es ist aber keineswegs sicher, dass der vorgesehene Besetzungstermin 1. Oktober 2000 mit dieser Befristung verträglich ist.

Wirklich hochinteressant ist die Werbung für die „International Conference in Telecommunications and Computer Networks". Diese Veranstaltung wäre zeitlich sogar ausnahmsweise noch erreichbar, wenn nicht die Ministerin ... Aber lassen wir die Ministerin mal außen vor, es sind ja bald Neuwahlen! Die genannte Konferenz jedenfalls wird als Kreuzfahrt auf einem Luxusschiff zwischen Split, Bari, Venedig und Dubrovnik durchgeführt. Wenn ich nur wüsste, wie viel die Kreuzfahrt kostet und wo ich mich anmelden kann, denn man gibt mir nicht den kleinsten Hinweis. Vielleicht sollte ich die Stadtverwaltung in Dubrovnik kontaktieren oder die in Venedig, aber der Erfolg solcher Bemühungen ist erfahrungsgemäß zweifelhaft und außerdem fehlt auch hier die Anschrift. Also muss ich mich damit bescheiden, dass die Konferenz so mutige und innovative Fragen aufgreift wie „provide an open forum for researchers and engineers to discuss new and emerging systems, standards, services, and their application in different areas". Solch revolutionäre Themen wurden meines Wissens noch nie auf einer Konferenz behandelt, erst recht nicht bei den Java-Informationstagen (siehe oben). Nun gut: „discuss in different areas" könnte bedeuten „in Dubrovnik, in Split und in Venedig". Und mit „new and emerging systems" könnte das Luxusschiff gemeint sein, also „emerging" im Gegensatz zu „submerging" nach dem Vorbild der Titanic[„fluctuat et(!) mergitur"]. Es ist wirklich jammerschade, dass mir die Informationspolitik der Organisationen und der Werbeseiten-Verantwortlichen keine Chance zur Teilnahme an dieser interessanten Veranstaltung gibt.

Damit sind die Werbeseiten von Heft 3/99 auch schon fast abgearbeitet – bis auf das etwas kryptische (dafür aber zweimalige) Angebot des beamteten Fachgruppensprechers Berthold Butscher an Studierende. Aber eben nur „fast abgearbeitet", denn auf dem Rückumschlag steht wie schon seit mehreren PIK-Ausgaben (heißen Dank dafür!) die überwiegend gelbfarbige Werbung für Domino Connection. Ich will verraten, was mir daran am besten gefällt: Es ist der geographische Ort, wo die gepunktete Pfeillinie von „Connection Land" endet. Nein, das ist nicht Zittau, sondern fängt eher mit zwei „A" an – da scheint doch jemand nachgedacht zu haben!

Kapitel 34
Extero-propriozeptives Feedback

Die Informations- und Kommunikationstechnik wird immer lateinischer. Es gehört offenbar zum guten Ton, auf seine humanistische Bildung aufmerksam zu machen, z. B. mit Veranstaltungen zum Thema „Informatik – cui bono?" Oder mit Sülzereien wie „Ceterum censeo, dass mutatis mutandis ... Aber: Suum cuique! Immerhin gilt a fortiori und a posteriori, dass der Computer ubiquitär wird". Einige andere (garantiert echte!) nicht ganz so lateinische Beispiele meiner Privatsammlung sind:

- das supportive kumulativ Systemische
- der expertative Error
- emotive situative Sinnhaftigkeit
- einen argumentativen Diskurs als Thema ziselieren.

Die Liste derartiger Monstrositäten ließe sich beliebig fortsetzen.

Ein Workshop der KiVS'99 hieß „Electronic Commerce – Quo vadis?". Diese Mischung aus Neudeutsch (also Englisch) und Latein scheint überhaupt der neue Megatrend (englisch: Hype) zu sein. Das schönste mir bisher untergekommene Beispiel dafür steht im ansonsten sehr gut gelungenen Beitrag „der überforderte Techniknutzer" (Heft 3/99) und heißt „extero-propriozeptives Feedback". Das ist eine Buchstabenkombination, die von Dritte-Zähne-Trägern nicht ohne erhöhtes Gebissverlustrisiko ausgesprochen werden kann. Das Wort Feedback ist mir zwar näherungsweise bekannt, aber ich habe keinen Schimmer, was mit diesem „exteroproprio ..." gemeint sein könnte. Mit einiger Mühe kann ich noch herausfinden, dass es wohl weder echtzeitlich noch kontinuierlich noch erwartungsgemäß bedeuten dürfte, denn „extero-proprio ..." steht zusammen mit diesen drei Begriffen in einer aufzählenden Reihe. Im genannten Manuskript steht nämlich wörtlich: „Der Techniknutzer setzt die Geräte, die echtzeitlich, kontinuierlich, extero-propriozeptiv und jedesmal erwartungsgemäß reagiert, als stets gegebene Rahmenbedingung". Der Inhalt dieses geheimnisvollen Satzes bleibt mir auch nach mehrfachem Lesen im Verborgenen, er wird sogar durch wiederholtes Lesen immer unverständlicher. Ich kann noch ermitteln, dass der Satz syntaktisch nicht ganz korrekt ist („der Nutzer setzt die Geräte, die ... reagiert, als ... Rahmenbedingung"; Leute, wollt ihr nicht endlich mal Korrektur lesen!?). Aber auch wenn ich „reagiert" durch „reagieren" ersetze, komme ich mit dem Inhalt des geheimnisvollen Satzes überhaupt nicht klar.

A. Potton, *Abgründe der Informatik*,
DOI 10.1007/978-3-642-22975-6_34, © Springer-Verlag Berlin Heidelberg 2012

Wenn die Autoren des Beitrags irgendwie „normal gedacht haben sollten", dann müssten die vier Begriffe der aufzählenden Liste jeweils etwas anderes bezeichnen. Allerdings: Kann man bei Psychologen von Normalität ausgehen? Dass „extero-proprio..." mit den drei anderen aufgezählten Begriffen wahrscheinlich wenig oder nichts zu tun hat, trägt noch nicht übermäßig viel zum Erkenntnisgewinn bei. Deshalb bin ich einigermaßen befremdet und auch verärgert darüber, dass die Autoren mir das Verstehen des Beitrags (absichtlich?) unnötig erschweren. Schließlich haben sie den Artikel mit „der überforderte Techniknutzer" betitelt, die Überschrift „der überforderte Leser" wäre angemessener gewesen. Aber ehrlich gesagt bin ich nur ein wenig neidisch, denn einer der beiden Autoren des „extero-proprio..."-Manuskripts ist nicht nur Psychologe, sondern auch Finanzwirt. Und das ist wahrscheinlich noch deutlich besser als Bahnhofswirt.

Andere „Experten" verhindern das Verständnis durch einen geradezu zwanghaften Abkürzungs- und Schnoddrigkeitswahn, also durch den Wechsel vom Lateinischen ins (Fach)-Chinesische. Auch hier kann ich mir das Zitieren einiger wirklich ernstgemeinter krankhafter Auswüchse nicht verkneifen:

- POT bleibt (baw)
- CPU/Mem (VLSI)-Trend hält an
- C/S ⇒ Multi Tier-Server.

Solche Formulierungen sind bestenfalls als Mülltonnengerappel zu bezeichnen, wobei besonders das im letzten Beispiel genannte Vielfachtier zu bedauern sein dürfte. Das erste Beispiel könnte bedeuten, dass der Nachttopf in Baden-Württemberg eine dauerhafte Einrichtung bleiben wird, was ich daraus schließe, dass der Verfasser der mysteriösen Aussage in Ba-Wü („baw") lebt und arbeitet.

Mit aller Gewalt kann man den Floskeln durch mühsame Decodierung vielleicht sogar noch eine Art von Sinnhaftigkeit abgewinnen. Aber wenn dem so sein sollte, dann ist es umso ärgerlicher, dass der jeweilige Autor sich zu einer derart schlampigen Formulierung bequemt hat. Wobei ich das Wort „bequem" mit voller Absicht verwendet habe.

Was will der Urheber solch geschwollener Texte oder Thesen eigentlich erreichen? Ich bin inzwischen fest davon überzeugt, dass er einen gewaltig großen Minderwertigkeitskomplex hat und durch schlaues Gefasel davon ablenken will. Er meint nämlich, dass er als Redner bzw. als Autor überhöht und unantastbar sei, wenn der Gesprächspartner oder der Leser nur Bahnhof versteht. Und er glaubt ohne jede Berechtigung, dass man direkt in Ehrfurcht vor ihm erstarren müsse. Aber ein solcher Verfasser von lateinischem oder fachchinesischem Schwachsinn könnte sich gewaltig irren, wenn er an die geniale Wirkung seines Gebrabbels glaubt. In jedem kleinen Kaff gab es früher jemanden (in aller Regel war es der Dorftrottel), der über nichts anderes Bescheid wusste als über die (zahlreichen!) nicht selten inzestuösen Verwandtschaftsbeziehungen der Dorfbewohner untereinander. Also etwa, dass der Großvater des Onkels mütterlicherseits der Sohn des angeheirateten Schwipschwagers der Stiefmutter sei. Ich kann mich noch an viele Stunden solcher „nützlicher" Zusammenkünfte erinnern. „Meien" hieß der Fachbegriff für

das grauenhafte und stundenlange Dummschwätzen anlässlich solcher anheimeln-
der familiärer Treffen vor der flächendeckenden Einführung des Fernsehens, zu deren
Teilnahme wir Kinder selbstredend zwangsverpflichtet wurden. In der Tat hat uns
der scheinbar hohe Kenntnisstand von Kennern der überabzählbar vielen Verwandt-
schaftsrelationen zunächst gewaltig beeindruckt, bis wir dann draufkamen, dass die
selbst ernannten Experten in Wirklichkeit nichts als alte Trottel waren. Und ich wünsche mir nichts sehnlicher als dass dieselbe Erkenntnis sich schlussendlich auch bzgl.
der Fachchinesisch-Verbreiter durchsetzen wird.

3/2000

Kapitel 35
Jahresberichte

Durch zu deutliches Betonen eines Sachverhalts erreicht man häufig einen unerwünschten oder gegenteiligen Effekt. Man weist nämlich dadurch ungewollt auf Schwächen hin, die andernfalls nicht so offensichtlich gewesen wären. Zwei Beispiele:

Die Industrieansiedlungen fördern sollende Formulierung „Hermeskeil liegt im Schnittpunkt der Verkehrsachsen Paris-Berlin und London-Rom" spricht nicht für Hermeskeiler Weltstadtniveau, sondern ist viel eher ein Indiz dafür, dass in und um die Hunsrückmonopole Hermeskeil ziemlich tote Hose ist.

Das Zitat (sinngemäß aus einem Inflight-Magazin von Ukraine International Airlines übersetzt) „Kiew ist eine außerordentlich sichere Stadt mit gutem Trinkwasser und kaum erhöhter Radioaktivität" deutet auf nicht weniger als drei Problembereiche hin, die in Werbeprospekten der Stadt Zürich nicht genannt werden müssen (und deshalb auch nicht genannt werden).

Ungefragte und daher überflüssige Rechtfertigungsversuche erzeugen also kontraproduktive Effekte. In ganz ähnlicher Form gilt das für die so genannten Jahresberichte, die sich seit einiger Zeit seuchenartig ausbreiten. Irgendein Narr, der offenbar an keinerlei Zeitmangel litt, hat sich in diesen Unsinn ausgedacht. Und jetzt müssen es alle anderen nachmachen.

Typisch für Jahresberichte ist das sehr späte Erscheinen. „Unserer" (denn wir müssen ja leider auch ein solches Machwerk produzieren) wird normalerweise Anfang Dezember ausgeliefert (nicht für das laufende Jahr, sondern für das Vorjahr!). Aber eigentlich sind solche Verspätungen belanglos, denn die Inhalte von Jahresberichten aufeinanderfolgender Zeiträume sind fast identisch – und lesen tut das Zeug sowieso niemand.

Was steht eigentlich drin in solchen Berichten? Zunächst einmal natürlich die Liste aller Beteiligten, vom Professor über die Mitarbeiter bis zum Hausmeister. Es wird genauestens aufgeführt, in welchen Gremien wer wann tätig war (Haushalt, Geräte, Berufungskommissionen, Prüfungen, Bibliothek, . . .). Zur Auflockerung wird diese Sammlung garniert mit manch munterem Gruppenfoto oder mit einer Ablichtung des Institutschefs, wo ihm die Bedienung eines Computerbildschirms erklärt wird. Wenn einem sehr wenig einfällt (oder wenn es wenig zu vermelden gibt; man beachte die oben erwähnten kontraproduktiven Effekte von Jahresberichten), dann wird stolz

A. Potton, *Abgründe der Informatik*,
DOI 10.1007/978-3-642-22975-6_35, © Springer-Verlag Berlin Heidelberg 2012

verkündet, dass das eine oder andere Manuskript referiert werden durfte, dass man Mitglied in diversen Organisationen sei, dass man das Amt des Vorsitzenden der Schülergesellschaft für Mathematik ausfülle usw. usw. Es gibt nichts, was unwichtig genug ist, in dieser Rubrik *nicht* aufzutauchen.

Die auf solche Weise entstehende Liste ist aber noch nicht voluminös genug, um dem Jahresbericht seine angemessene Dicke zu verleihen; schließlich ist sein Hauptzweck, schief stehende Klaviere durch geeignetes Unterfüttern mit einem Jahresbericht in waagerechte Position zu zwingen. Also müssen zusätzliche Texte erzeugt werden. Ein großer Teil davon entsteht dadurch, dass die Mitarbeiter ihre aktuellen Forschungsarbeiten vorstellen. Gegen dieses Ansinnen ist zunächst einmal nichts einzuwenden, wenn denn die wirklich Interessierten nicht durch einschlägige Zeitschriften oder Tagungen sowieso schon informiert wären. Nun gut, wird man einwenden, es wird ja nicht alles auf Kongressen oder in Journalen vorgestellt. Im Klartext also: der Jahresbericht enthält auch und manchmal überwiegend Kurzpräsentationen von Arbeiten, die anderswo abgelehnt oder überhaupt nicht zur Veröffentlichung angeboten wurden. Das heißt aber doch wiederum, dass der Leser (wenn es denn einen solchen gäbe) sich viele schöngeredete unbrauchbare Dinge antun soll; vielen Dank dafür!

Kein Jahresbericht kann verzichten auf die Zusammenstellung dessen, was sich im Laufe des Jahre alles zugetragen hat. Man erfährt also, wen von seinen alten Spezis der Institutsleiter im vergangenen Jahr zum Vortrag eingeladen hatte – mit dem listigen Hintergedanken der unvermeidlichen Gegeneinladung, über deren Verlauf man dann im nächsten Jahresbericht informiert wird. Es wird nämlich auch penibel vermerkt, von wem man zum Vortrag eingeladen wurde und wohin man zu solchen Zwecken reisen musste oder durfte.

An wen wendet sich eigentlich der Jahresbericht? Nicht wenige Exemplare der meist unvertretbar hohen Auflage gehen an Fachkollegen in der vergeblichen Hoffnung, diese zu beeindrucken – oder in der durchaus realen Erwartung, dass sie dort ungelesen in den Papierkorb wandern. Die wichtigsten Adressaten sind aber wohl die leitenden oder untergeordneten Beamten in Landes- und Bundesministerien. In der Tat könnte das ein trickreiches Motiv des ersten Jahresberichterzeugers gewesen sein: Wenn hinreichend viele Ministerialbeamte mit dem Lesen ebenso langer wie langweiliger Berichte beschäftigt werden können, dann bleibt diesen Ministerialen weniger Zeit, auf dumme Gedanken zu kommen. Schön wäre das ja, aber ich glaube nicht, dass der Ersterzeuger eines Jahresberichts so trickreich gedacht hat (denn er selbst muss ja eher ein Bürokrat gewesen sein). Und außerdem kann ich mir nicht vorstellen, dass die Berichte in den jeweiligen Ministerien derart intensiv gelesen werden; so naiv sind die Ministerialen nämlich nun auch wieder nicht! Die Vergeblichkeit etwaiger Versuche zum Einlullen von Ministerialen durch verschärftes Jahresberichtlesen wird schon dadurch nachgewiesen, dass das Ausmaß der erwähnten dummen Gedanken nicht gesunken, sondern (nicht zuletzt wohl auch durch die Jahresberichte) eher gestiegen zu sein scheint. Nachvollziehbare Argumentation von ministerialer Seite: „Wenn die Kerle so viel Zeit haben, um derart Unsinniges wie einen Jahresbericht zu produzieren, dann müssen wir ihnen unbedingt diese oder jene zusätzlichen Pflichten aufbrummen".

Konsequenterweise wenden sich die Jahresberichte eigentlich an niemand – außer an die Füße schief stehender Klaviere. Aber so viele Klaviere gibt es ja nun wieder auch nicht, und außerdem steht manches Klavier sogar ohne Unterstützung durch Jahresberichte schon gerade.

6/2000

Kapitel 36
Teleteaching

Es gibt unterschiedliche Formen der Wissensvermittlung. Der technische Fortschritt führt zu immer neuen Möglichkeiten und zu neuartigen Experimenten – auf den ersten Blick zum Vorteil des Lernenden und auch des Lehrenden. Ob sich aber ein wirklicher Nutzen einstellt, ist durchaus nicht selbstverständlich. Ein bekanntes Zitat lautet:

> You can teach people using your head.
> You can kill people using overhead.
> You can overkill people using two overheads!

Diverse Erfahrungen veranlassen mich, die Abfolge „head, overhead, two overheads" durch zwei weitere Elemente (nämlich „Powerpoint" und „Teleteaching") zu ergänzen und zwar wie folgt:

> You can merely disappoint
> with demos using Powerpoint.
> But the disaster will be farther reaching
> when you begin with Teleteaching.

Zur Erläuterung: Am nachhaltigsten war und ist Wissensvermittlung immer noch „per Kopf", d. h. durch Argumentation und Diskussion, ggf. unterstützt durch Tafel und Kreide. Aber das hat sich mit dem flächendeckenden Einsatz des Overheadprojektors (Überkopfwerfers) deutlich geändert. Dieses Gerät ist für den Referenten bequem und daher sehr beliebt. Es ermöglicht das Halten eines Vortrags, ohne dass man vom Inhalt des Referats irgendwelche Ahnung hat: Man liest nämlich einfach die Folientexte ab. Nur wenige Vortragende können der Versuchung widerstehen, Berge von Folien zu verwenden, die mit allerlei kryptischen Abkürzungen überfrachtet sind. Auf diese Weise wirken die Vorträge gleichzeitig unverständlich, kenntnisreich, mysteriös und unangreifbar.

Die nächste Stufe der Schwierigkeit besteht im Einsatz eines zweiten Überkopfwerfers. Das hat den für den Referenten gesundheitsfördernden Effekt, sich sportlich zu betätigen. Der Vortragende springt nämlich wie ein Irrwisch zwischen beiden Projektoren hin und her, wobei er ständig Folien wechselt. Dass er sich dabei nicht selten verheddert, wird als systemimmanent unvermeidlich und ohne Murren zur Kenntnis genommen.

A. Potton, *Abgründe der Informatik*,
DOI 10.1007/978-3-642-22975-6_36, © Springer-Verlag Berlin Heidelberg 2012

Der Fortschritt der Technik lässt sich natürlich nicht aufhalten und erzeugt mit Macht (also mit power, nomen est omen!) neue Dinge, vorzugsweise die Missgeburt namens Powerpoint, wodurch die Vorträge noch moderner werden. Alle Abarten von Fehlfarbenkombinationen werden möglich und die Folien gewinnen dadurch (scheinbar!) an Dynamik. Sie sind zunächst fast leer und füllen sich schrittweise dadurch, dass Buchstaben und Grafiken quasi aus dem Off herbei-„zittern". Das ist für den Zuschauer zunächst sehr beeindruckend (wie macht der Kerl das bloß?), aber schon nach kurzer Zeit wird es nervtötend. Ein deutlicher Nachteil gegenüber den Überkopfvorträgen besteht darin, dass Powerpoint-Präsentationen trotz ihrer Herbei-Zittereffekte irgendwie statisch sind: Man hat während eines Vortrags so gut wie keine Chance, Inhalte zu ändern oder zu ergänzen – schon gar nicht in Echtzeit. Damit ist man Druckfehlern oder anderen Unzulänglichkeiten des Erzeugungsprozesses hilflos ausgeliefert, sofern man sie wie üblich erst während des Vortrags bemerkt. Und Murphy bestätigt seine Allgegenwart dadurch, dass Powerpoint-Demos mit Vorliebe abstürzen oder nicht zum Laufen kommen oder dass zu ihrer Installation massenhaft Zeit benötigt wird, die dem Referenten dann fehlt (aber das kann auch sein Gutes haben).

Das Bisherige ist aber Peanuts gegenüber der letzten Stufe der Evolution, nämlich Distance Learning, Teleteaching, Virtual Classroom oder wie auch immer man das nennen mag. Gemeint ist die unvermeidlichste aller Entwicklungsstufen, denn um alle anderen kann man sich irgendwie drücken, aber an diesem neuen Trend wird niemand mehr vorbeikommen. Und das wird bitter, denn diese neuen Techniken sind ja ganz nett und zunächst unverdächtig, aber Aufwand und Kosten...! Das beginnt bei der technischen Infrastruktur (Räume, Kameras, Vernetzung, Gebühren – jawohl: Gebühren, obwohl das oft vergessen wird). Es geht weiter mit den Präsentationstechniken (nicht jeder Fernlehrer ist ein Showmaster, und bei lokalen Veranstaltungen werden die Mängel nicht derart überregional und katastrophal sichtbar). Und es endet beim geradezu unermesslichen Aufwand zur Erstellung des Lernmaterials – wenn dieses halbwegs professionell gestaltet sein soll. Die Protagonisten des Distance Learning werden darauf hinweisen, dass sich dies durch neue Werkzeuge entscheidend verbessere und deutlich erleichtere und dass auf diese Weise qualifiziertes Material quasi im Nullkommanix produziert werden könne. Diese frohe Botschaft hört man gern, allein mir fehlt doch ein wenig der Glaube. Ich fürchte nämlich, dass jede Vereinfachung durch dramatisch steigende Qualitätsansprüche des Kunden kompensiert wird. Schauen Sie sich einmal einen ca. zehn Jahre alten Werbespot an und Sie werden feststellen, dass er Ihnen ebenso langweilig wie unprofessionell vorkommt und dass er bestenfalls noch in der Rubrik „unfreiwillig komisch" mitlaufen kann. Professionelle Werbespots kosten heutzutage Millionen – und sowohl die dafür benötigte Zeit als auch die Herstellungskosten sind keineswegs niedriger geworden, eher ist das Gegenteil der Fall. Ich habe Anlass zur Vermutung, dass dies für Distance-Learning-Material nicht anders ist: Der Nutzer wird Produkte, die älter als drei Jahre sind, nicht mehr zur Kenntnis nehmen. Für die Produzenten solchen Materials wird daher der Stress niemals aufhören.

Auf einen wenig zitierten Begleiteffekt von Distance Learning bin ich noch gar nicht eingegangen, nämlich die totale Freudlosigkeit der Präsentation: In „normalen"

Veranstaltungen kann man schon mal spontan und ungestraft einen Witz erzählen. Im Teleteaching ist dafür kein Platz, weil die pure Anwesenheit der Kamera und die grundsätzliche Wiederverwendbarkeit des Materials solche Gelüste im Keim erstickt.

Letztlich ist auch noch der Lernerfolg bei neuen Lehr- und Lernformen und seine „Nachhaltigkeit" (welch, vornehmes Wort) zu hinterfragen. Auch hier wird viel Positives verkündet, aber ich denke, es ist so ähnlich wie wenn Doris Day singt „Move over darling, make love to me": In Wahrheit sind es wenig mehr als leere Versprechungen.

9/2000

Kapitel 37
ILOVEYOU-Viren und anderes Gewürm

Bevor wir zum Titelthema kommen, möchte Alois posthum geziemend darauf hinweisen, dass am WEITUKÄH-Wirbel (Y2K) – wie in einer früheren Glosse vorhergesagt – nichts, aber auch überhaupt nichts, dran war; abgesehen natürlich von der Geldmacherei. Als die ersten Jahreswechselbilder aus Sydney kamen und Australien weder explodierte noch stromlos war, da war der Käse schon gegessen. Natürlich bliesen unsere professionellen Hysteriker zu Rückzugsgefechten und behaupteten, erst beim Wechsel zur GMT-Zeit einige Stunden später werde es so richtig krachen. Tat es aber nicht! Die Schwarzseher prophezeiten daraufhin, bisher habe man unverdientes Glück gehabt, jetzt würde aber am nächsten Arbeitstag, also am Montag, 3. Januar 2000, die unvorbereitete Software kleinerer Firmen den Geist aufgeben, was sie natürlich keineswegs tat. Es folgte eine Vorhersage bzgl. verhungernder Rentner aufgrund fehlerhafter Abrechnungen und somit ausbleibender Zahlungen am Januar-Ende. Den Sozialminister hätten ja vielleicht die auf diese Weise möglichen Einspareffekte interessiert, aber seine Hoffnung (wenn er sie denn hatte) blieb ebenso unerfüllt wie eine Vielzahl von anderen Erwartungen.

Die letzte Ausgabe des „Stern" des Jahres 1999 zeigte auf der Titelseite mehrere gefährlich aussehende Bomben und jammerte in riesigen Lettern: „Warum es doch ernst wird". Das hat möglicherweise die darbende Auflagenhöhe des Blatts kurzfristig gesteigert, aber es war inhaltlich ungefähr so seriös wie die Hitlertagebücher.

Es war genauso wie im August 1999, wo einige blöde Hanseln ein Chaos auf allen Weltmeeren vorhersagten, weil Anfang September 99 die GPS-Systeme (welche auf 1024 Wochen ausgelegt waren und sind) in ihrer Wochenzählung überlaufen und aufs Dramatischste spinnen würden. Die genannten Tuppese (in Aachen wird der Hansel „Tuppes" genannt) wussten mit Sicherheit, dass alle GPS-gelenkten Tanker, Frachter, Kreuzfahrtschiffe, ... hilflos auf dem Meer herumirren und mit weißen Haien oder mit Eisbergen zusammenstoßen würden. Es wurden Horrorszenarien verkündet, die Steven Spielberg mehr als genug Material für seine nächsten zehn Filme liefern können.

Nichts von den Spekulationen bzgl. Weitukäh ist also eingetreten, aber die Schwarzmaler geben nicht auf. Jetzt muss eben der nächste Jahreswechsel als Gefahrenmoment herhalten – und so wird das ad infinitum weitergehen! Hat man es Alois

A. Potton, *Abgründe der Informatik,*
DOI 10.1007/978-3-642-22975-6_37, © Springer-Verlag Berlin Heidelberg 2012

gedankt, dass er frühzeitig auf die unsinnige Manie hingewiesen hat? Keineswegs! Das war zwar zu erwarten, ist aber doch mehr als ärgerlich. Immerhin brachte der Kölner EXPRESS am 12. Januar 2000 folgende Kurzmeldung unter der Überschrift „Alles übertrieben?": „200 Mrd. Mark wurden in den USA gegen Computerprobleme zum Jahreswechsel ausgegeben. Davon waren 20 Mrd. für die Katz, glaubt ein Präsidentenberater". An und für sich ja eine richtige Meldung – bis auf einen offensichtlichen Druckfehler: Bei der zweiten im Beitrag genannten Zahl fehlte eine Null am Ende.

Kurt Geihs, der wie viele andere von mir per Email auf diesen Druckfehler aufmerksam gemacht wurde, schrieb dazu: „Ja . . . aber wir Informatiker profitieren doch alle von dieser Hysterie?!? Jetzt brauchen wir dringend ein neues Boom-Thema". Ebenfalls völlig richtig, aber das neue Boom-Thema ist schon da (genauer gesagt: es war schon lange vor WEITUKÄH anwesend und zeigte ab und zu seine scheußlichen Krallen). Es ist im Gegensatz zu WEITUKÄH viel geheimnisvoller und unangreifbarer: Bei WEITUKÄH kann man immerhin posthum oder vielleicht besser „postjahreswechselmäßig" feststellen, dass der ganze Wirbel lediglich Panikmache war. Beim neuen Boomthema, das sich im Titel der Kolumne andeutet, ist das nicht mehr möglich. Das wird für die Hysteriker daher noch profitabler und noch risikoloser sein!

Der neue Boom wurde nach einigen ersten Betrugsversuchen namens Michelangelo oder Norton aufs Kräftigste eingeläutet durch den Namen ILOVEYOU. Huch, watt wör datt für ene fiese Virus – sagt der Kölner. So richtig was angestellt hat er ja nicht, ich habe jedenfalls nicht viele nachvollziehbare(!) Meldungen betreffs realer Schäden erhalten, und auf Gerüchte gebe ich nix mehr (siehe Weitukäh). Eigentlich war der Virus sogar recht angenehm, denn wenn ich eine Sache aus Faulheit liegengelassen hatte, dann habe ich dringliche Mahnungen gern damit abgewimmelt, dass durch ILOVEYOU leider die betreffenden Dateien zerstört worden seien. Also in mancher Hinsicht gar nicht übel, so ein angeblicher Virus!

Es wurde zum Statussymbol, mindestens eine ILOVEYOU-Nachricht erhalten zu haben. Wer keine bekam, war nicht mehr „in". Einige Kollegen waren äußerst unglücklich, weil sie davon verschont blieben, andere outeten sich prahlend als angebliche Empfänger des Virus. Ob Sie es glauben oder nicht: Alois hat eine ILOVEYOU-Nachricht empfangen – und auch noch von einer Frau, die uns ca. drei Wochen vorher besucht hatte! Aus reiner Neugier habe ich daher verzweifelt versucht, ihn zu knacken. Es ist mir genauso wenig passiert wie dem Virus! Er hatte offenbar weder mich noch meinen Computer angesteckt.

Insgesamt gesehen muss ich aber doch zugeben, dass ILOVEYOU beträchtliche Schäden angestellt hat – indirekt! Irgendein Übermotivierter im Rechenzentrum kam nämlich auf die Schnapsidee, einen besonders scharfen Filter einzubauen, um dem Virus schon beim Eintrittsversuch den Garaus zu machen. Aber die Mitarbeiter des Rechenzentrums sind auch nicht mehr das, was sie mal waren: Jedenfalls gelang dem Übermotivierten zwar die Virusabschottung, aber der „price to be paid" war, dass wir eine Woche lang von jeder Kommunikation mit der Außenwelt abgehängt waren und dass deswegen diverse Termine, Deadlines für Projektmilestone-Dokumente, . . . den Bach runtergingen. Der Virus war also eher harmlos, die wahren Schäden entstanden durch allzu scharfe Auslegung von Antivirus- und Datenschutzgelüsten.

Datenschutz ist eine Zier, doch weiter kommt man ohne ihr! Und weil man datenschutzgarantierende Produkte ebenso unbesehen wie teuer verkaufen kann, wird Alois jetzt endlich eine Firma gründen zum Zwecke des Vertriebs des datenschutz-konformsten aller denkbarer Speichermedien, nämlich WOM, d. h. „Write Only Memory".

12/2000

Kapitel 38
Zertifikate

„Vor den Erfolg haben die Götter den Schweiß gesetzt", so oder so ähnlich lautet das bekannte Sprichwort. Und das stimmt in der Tat, denn der Umgang mit neuen Kommunikationsmedien wird immer komplexer und schweißtreibender.

Eine relativ neue und immer weiter um sich greifende Schikane ist die Einführung von Zertifikaten. Solche Quälereien wurden eingeführt, um den Benutzer dazu zu verdonnern, sich gegenüber „dem System" auszuweisen. Zum Beispiel dann, wenn man zu einer geschlossenen Benutzergruppe gehört und wenn die dort zirkulierenden Dokumente aus einem unerfindlichen Grund vertraulich bleiben sollen. Es gibt ja Firmen, bei denen schon das ansonsten leere Blatt standardmäßig mit dem gefährlich aussehenden Wort „confidential" oder sogar mit „strictly confidential" verunziert wird. Wenn man sich dann nachher die textuell oder bildlich gefüllten Seiten ansieht, fällt es meist ungeheuer schwer, sich vorzustellen, was an diesen Informationen eigentlich vertraulich sein soll und wer durch diese Offenbarungen einen geschäftlichen oder geldwerten Vorteil ziehen könnte. Ich bin davon überzeugt, dass die wirklich wichtigen Dokumente solcher Firmen dadurch gekennzeichnet sind, dass sie im Unterschied zum Confidential-Müll *ohne entsprechende Kennzeichnung* bleiben.

Um also der Kommunikation einen Anstrich von Wichtigkeit oder Seriosität zu geben, muss der Zugang zu ihr deutlich erschwert werden. Man hat sich gefälligst zuerst um ein Zertifikat zu bemühen – denn bereits der Erhalt eines solchen Zertifikats schmeichelt seinem Empfänger bzgl. seiner eigenen scheinbaren Bedeutung. Oh könnte er doch nur mit dem Zertifikat etwas Nützliches anfangen: Es sieht aus wie ÓT@Âyç??ªóÉ (das ist ein beliebiger Ausschnitt aus einem solchen mir kürzlich zugegangenen Machwerk); es wird mir zugestellt über das angeblich nicht abhörsichere Internet (!!!); es ist begleitet von einer länglichen „Anleitung zur Importierung"; und last but not least, es ist völlig nutzlos, weil mir seine Installation auf keine Art und Weise gelingen mag. Der zum Scheitern verurteilte Installations- oder Importversuch beginnt schon damit, dass ich nicht weiß, wo das Zertifikat anfängt bzw. wo es endet, d. h. ob irgendwelche Steuerzeichen vor oder nach der kryptischen Zeichenfolge noch mitzählen oder nicht. Ich komme erst gar nicht bis zu den Instruktionen, wo ich mich durch mysteriöse zusätzlich mitgeteilte Passworte quälen soll (gleich mehrere Passworte sind angedroht, manche davon frei definierbar bzw. sogar nur „unter

A. Potton, *Abgründe der Informatik*,
DOI 10.1007/978-3-642-22975-6_38, © Springer-Verlag Berlin Heidelberg 2012

Umständen" notwendig, na immerhin), die Sache geht schon viel früher schief. Das liegt vermutlich an meiner Dummheit, vielleicht aber auch daran, dass die Anleitung zur Installation in etwa so leicht lesbar ist wie ein Buch von James Joyce, allerdings ist sie ganz erheblich geheimnisvoller und fachidiotischer.

Überhaupt diese Passworte: Wer soll sie sich alle merken? Jeder besitzt eine beachtliche Zahl davon (Kreditkarte, Handy, Rechner, Miles-and-More-Kontostand, Login für Internetzeitungen, . . .). Alle sollen voneinander verschieden sein; sie sollen kompliziert aufgebaut und keinesfalls zu kurz sein, damit sie nur ja kein Unberechtigter durch gezieltes Hacken erraten kann; und sie sollen permanent gewechselt werden. Würde ich diesen Ratschlag befolgen, wäre ich beinahe ununterbrochen am Wechseln und am Auswendiglernen neuer Passworte. Dazu ist eine nicht unbeträchtliche mentale Leistung unabdingbar, unter anderem ein solides Zahlen- und/oder Zeichengedächtnis. Ein solches ist aber sehr selten, sogar und insbesondere bei Mathematikern. Die letztgenannte Spezies behilft sich gern mit den immer gleichen mathematischen Konstanten, im Glauben, das sei sicherer als das eigene Geburtsdatum. Als bei einer Tagung in Asien die Kombination aus einem monsunartigen Regen und einem schrecklichen Gewitter seltsamerweise die Ziffern „1" der Hotelsafes inoperabel machte, fanden ein französischer Teilnehmer und ich heraus, dass wir beide denselben sechsziffrigen Öffnungscode verwendet hatten, nämlich 314159 – also die ersten sechs Ziffern der Dezimaldarstellung von π. Ich verwende diesen Code jetzt nicht mehr, aber das auf diese Weise neu entstandene Problem ist, dass ich meine neuen Codes inzwischen häufiger vergesse und daher den zur Öffnung des Hotelsafes Berechtigten herbeirufen muss (was mir ausgesprochen unangenehm ist).

Am eigenen Rechner kann ich mich immerhin damit behelfen, dass ich meine gesamte Passwortliste unter einer einzigen Datei abspeichere. Wer diese Datei findet, hat natürlich Zugang zu allen meinen Geheimnissen – wenn es denn solche gibt. Aber wenn hinter einem einzigen Passwort gleich mehrere andere versteckt sind: Wozu brauche ich dann eigentlich diese „mehreren anderen"?

Das Leben wird durch die zunehmende Zahl von Zugangshemmnissen (die als wohlwollende Sicherheitsmaßnahmen verkauft werden) nicht leichter. Der Informationstechniker muss schließlich etwas zu tun haben, damit es ihm nicht langweilig wird. Ich habe die oben genannte Zertifizierungsaufforderung, die den Anlass zur vorliegenden Glosse bildete, nach einer Reihe von Knurren verursachenden Selbstversuchen an einen Mitarbeiter weitergegeben. Zu meiner geradezu diebischen Freude musste dieser aber kleinlaut mitteilen, dass er mit den Installationshinweisen nicht klar komme – und das, obwohl er einschlägig auf dem Gebiet „Sicherheit" tätig ist. Das war eine ebenso wohltuende wie tröstliche Erfahrung, sie hat meinen Unmut gegenüber den Zertifikateuren deutlich vermindert und fast vollständig beseitigt.

Und in der Tat muss man ja zugeben, dass die Zertifikate in einer Hinsicht ihren Zweck in geradezu vorbildlicher Weise erfüllen: Sie sind derart komplex, dass man auf ihren Gebrauch lieber gleich verzichtet und sich jeder Kommunikation enthält. Das ist dann in der Tat Datenschutz und -sicherheit in Perfektion. Wahrscheinlich hatten es die Zertifikatserfinder einzig und allein auf diesen Nebeneffekt abgesehen.

Kapitel 39
Ulmer, Berber und Nomaden

Viele hilfreiche Dinge hat die Informationstechnik bereitgestellt, das muss man ihr lassen. Nehmen wir nur einmal die Textverarbeitungssysteme. Auch der Undankbarste wird zugeben, dass z. B. Microsoft Word trotz aller Merkwürdigkeiten doch recht nützlich sein kann. Die Dokumente werden durch Ge- und Missbrauch von Copy and Paste zahlreicher und länger. Ob die Gesamtmenge an *wirklicher Information* sich dadurch in gleicher Weise erhöht, ist eine andere Frage.

Es wäre mir auch deutlich lieber, wenn nicht alle drei Monate eine neue angeblich noch benutzerfreundlichere Version auf den Markt käme. Denn bis ich mich mühsam eingewöhnt habe, gibt es schon wieder eine neue Versionsnummer, ich bin also permanent am Umlernen. Das sture Beharren auf der alten Version ist leider kein praktikabler Ausweg – weil ich mich nicht ohne Not dem Getuschel meiner Umgebung aussetzen möchte.

Dennoch: Moderne Textverarbeitungssysteme erleichtern die Arbeit. Der Gebrauch von Diktiergeräten ist schon so gut wie unbekannt geworden, denn der Chef schreibt ab jetzt alles selbst. Man kann an keiner Sitzung mehr teilnehmen, wo nicht fast alle Teilnehmer eifrig mit ihrem Laptop werkeln. Mittelfristig wird dieser Trend den Berufsstand der Sekretärin ausrotten. Und „Rede"-Beiträge anlässlich von Tagungen werden via Laptop-Tastatur abgeliefert. Für IETF-Meetings ist das längst zum Standard geworden.

Besonders angenehm finde ich aus subjektiver Sicht (und weil ich mich daran gewöhnt habe) die automatische Rechtschreibeprüfung, mit der sich viele leichte Fehler sofort beseitigen lassen. Man wird durch ein unübersehbares rotes Sägezahnbändchen auf die falsche Schreibweise aufmerksam gemacht – und schruppdiwupp ist der Fehler schon korrigiert. Das ist derart bequem, dass man mit der Zeit auf jegliches weitere Korrekturlesen verzichtet. Solche Nachlässigkeit kann dann leider manchmal ärgerlich werden. Vor einiger Zeit schrieb ich z. B. folgende Protokollnotiz: „Leider waren *die Berber* nicht einschlägig qualifiziert". Und wunderte mich dann über leicht säuerliche Kommentare betreffs politisch inkorrekter Behandlung einer nordafrikanischen Bevölkerungsgruppe. Wenn der Schreibfehler zu einem Ergebnis führt, das syntaktisch wie semantisch gesehen grundsätzlich zulässig ist, dann werde ich nicht gewarnt und der Fehler bleibt unkorrigiert. Warten auf inhaltliche Rechtschreibekontrolle ist keine perfekte Lösung, denn auch in ferner Zukunft wird

A. Potton, *Abgründe der Informatik,*
DOI 10.1007/978-3-642-22975-6_39, © Springer-Verlag Berlin Heidelberg 2012

ein noch so schlaues System mit der Interpretation des Satzes „Der Soldat saß auf der Wachstube" seine Schwierigkeiten haben. Die aktuelle Bedeutung und die Silbentrennung des Wortes Wachstube (Wach-Stube oder Wachs-Tube) wird ein unlösbares Geheimnis bleiben. Obwohl: Gibt es überhaupt noch Trennregeln nach Inkrafttreten der Rechtschreibereform?

Die durch meinen Schreibfehler ungewollt betroffenen Berber werden mir hoffentlich verzeihen. Ihre Erwähnung war ein Freudscher Verschreiber im Zeitalter der nomadischen, also berberartigen, Kommunikation. Man hört ja immer mehr von solchen Nomaden, die ziellos herumirren und dabei permanent mehr oder weniger sinnvolle Informationen abrufen, auf die sie angeblich angewiesen sind. Die erhaltenen Auskünfte sind häufig abhängig vom aktuellen Aufenthaltsort, also neudeutsch „location based". Was sollte der Nomade in Tuttlingen auch mit Wasserstandsmeldungen aus Eckernförde anfangen? In einem ziemlich grausamen Werbespot für ein Location-Based-System behauptete der informationsbedürftige Nomade, er möchte wissen, wo das nächstgelegene Theater zu finden sei – und das System versprach dieses zu leisten. Wobei es dem Nomaden anscheinend völlig egal war, ob der aktuelle Spielplan dieses Theaters eine Tragödie von Euripides oder aber eine Comedy von Herbert Knebel im Angebot hatte. Es kam ihm offenbar nicht auf den Inhalt, sondern nur auf die geographische Distanz an. Der Werbespothersteller sollte die Sache doch vielleicht etwas differenzierter betrachten, denn mit derart hirnrissigen Spots wird er sicher nicht zur Erzeugung und zur Verbreitung von Killerapplikationen beitragen können.

Was ich von Location-Based-Systems gern erfahren würde, sind wirklich zielführende Auskünfte – und nicht etwa das, was ich sowieso schon weiß. Es gibt zahllose despektierliche Witze über nutzlose Informationen (zusammen mit der Schlussfolgerung, dass man dann eben einen Microsoftangestellten gefragt habe, weil die Information zwar korrekt, aber inhaltlich wertlos ist). Die dümmste mir untergekommene Bemerkung stammt aber nicht von Microsoft, sondern von einem biederen schwäbischen Polizisten. Und zwar passierte folgendes: Wir fuhren vier Mann hoch zu einem Auswärtsspiel nach Ulm: PKW mit Aachener Kennzeichen, Insassen mit Alemannia-Aachen-Schals und entsprechenden Mützen. Das Ulmer Donaustadion war fast erreicht, wir sahen schon die Flutlichtmasten in etwa 200 Meter Entfernung, aber eben noch nicht den Parkplatz. Anhänger des SSV Ulm strömten in Scharen zum Stadioneingang. Woraufhin besagter schwäbische Polizist auf unsere Frage nach der Lage des Parkplatzes mit treuem Augenaufschlag die Gegenfrage stellte: „Ha no, wo wellet Sie jetz hie"? Bei derart kompetenter Auskunft und bei solch intensivem Mitdenken würde man sich doch lieber einem elektronischen Zielführungssystem anvertrauen, obwohl auch diese bekanntlich nicht ohne Tücken sind.

Nun sollte ich vielleicht über die menschliche Beratung nicht gar so schlecht reden (oder schreiben). Sie könnte ja durchaus hilfreicher sein als das, was die als Call Center bekannt gewordene Seuche bereitstellt. Wenn ich bei solch einer Zentrale anrufe, brauche ich zunächst mehrere Minuten zur Überwindung von Hinweisen wie: „Wenn Sie Informationen zu diesem wünschen, drücken Sie bitte die 1; wenn Sie Informationen zu jenem wünschen, drücken Sie die 2; ...; wenn Sie das Gespräch beenden wollen, drücken Sie die Raute oder legen Sie einfach auf". Im nächsten

Schritt (nein, meistens natürlich zu Beginn des „Dialogs") wird man über die zu verwendende Sprache aufgeklärt, worauf wiederum weitere Alternativen per Zifferdruck auszuwählen sind usw. Diese elektronischen Sprachmenüs behandeln einen wie einen mittelprächtigen Idioten, vom hohen Zeitaufwand einmal ganz abgesehen. Es ist außerordentlich schwierig, als Endresultat einer solchen Menüführung einen echten Menschen an die Strippe zu kriegen – und wenn das wider Erwarten und nach langen Warteschleifen doch gelingt, dann befindet sich dieser menschliche Gegenpartner in Buenos Aires oder in Birmingham und hat von meinem Problem wenig oder null Ahnung.

6/2001

Kapitel 40
EUROphobia

Nach dem von interessierter Seite losgetretenen lächerlichen WEITUKÄH-Wirbel (siehe „Alois Potton" in PIK 3/99 und in PIK 4/00) steht nun die zweite und für lange Zeit wohl auch letzte Mega-Herausforderung des Informationszeitalters unmittelbar bevor: die Einführung der gemeinsamen europäischen Währung. Das Jahrtausendproblem WEITUKÄH (Y2K) ist ja vorhersehbar glimpflich an uns vorübergegangen, auch der Jahreswechsel 2000/2001 hat daran nichts mehr ändern können. Die Krakeeler sind straffrei ausgegangen, nicht einmal ihre wissenschaftliche Reputation ist beschädigt worden (o sancta scientia!), sie haben sich sogar nicht selten gewaltig an der von ihnen verursachten Hysterie bereichert.

Und nun kommt eben der nächste „Hype", nämlich der EURO. Anscheinend arbeiten praktisch alle Softwareentwickler an nichts anderem als an der Lösung dieses Problems. Dabei gibt es doch schon Billigtaschenrechner mit EURO-Taste, die man sehr bald wird wegwerfen können – genauso wie die Jahr-Zweitausend-Rückwärtszähluhren.

An und für sich ist die Sache ganz ähnlich gestrickt wie beim Y2K-Rummel vor zwei Jahren: Es werden diffuse Ängste geschürt, die dann zu einem Brei von Horrormeldungen vermengt werden. Dabei geht man offenbar davon aus, dass der Empfänger entsprechender Meldungen total verblödet ist (diese Unterstellung nehme ich dem Horrornachrichtenproduzenten wirklich übel). Denkbar ist allerdings auch, dass die Produzenten ihrerseits ziemlich niedrige IQ-Werte haben. Es gibt zahllose Beispiele für Meldungen im Zusammenhang mit der EURO-Umstellung, die bestenfalls Kopfschütteln erregen können. Ein meines Erachtens recht bezeichnendes solches Beispiel fand ich in einem jener Käsblättchen, die in ausländischen Touristenzentren verteilt werden und denen gegenüber die Bäckerblume beinahe schon FAZ-Niveau hat. In diesem unsäglichen Publikationsorgan war zu lesen: „Bisher haben deutsche Touristen wenig Probleme mit der Umrechnung der portugiesischen Währung, denn 100 Escudos sind ja praktisch genau eine Mark wert. Nach der EURO-Umstellung wird das deutlich schwieriger werden, denn die Umrechnungskurse in EURO sind bekanntlich sehr krumm". Wenn ich solche Meldungen lese (man mag mich dafür tadeln, dass ich sie überhaupt gelesen habe), dann beginne ich an der Zurechnungsfähigkeit des Autors gelinde Zweifel zu hegen.

Im Vergleich zu Y2K gibt es allerdings doch ein wirklich ernstes Problem mit der EURO-Einführung: Die Umrechnung wird nicht ohne Rundungsprozesse abgehen, und die menschliche Habgier wird dabei eher Aufrundungsoperationen als Abrundungsvorgänge favorisieren. Glücklicherweise ist das DM/EURO-Verhältnis ziemlich unfreundlich gegenüber unverschämten oder unberechtigten Aufrundungsvorgängen, denn eine Mark ist ein bisschen mehr als 50 Cent, weshalb ein Betrag von – sagen wir mal – DM 9,99 (d. h. 5,1078 €) sich hoffentlich zu 4,99 € verbilligen wird. Denn ein aufgerundeter Betrag von 5,49 € wäre eine gar zu unverschämte Preiserhöhung und 5,11 € oder meinetwegen 5,19 € sind psychologisch negativ wirkende Zahlen. Andererseits könnte aber eine Situation eintreten, wo die exakten Preise fröhliche Urständ' erfahren werden, so wie es seinerzeit in der DDR gängige Praxis war. Ich besitze noch einen kleinen Salzstreuer, in dessen Glas die Inschrift „EVP M 0,31" eingraviert ist. Diese ans Absurde grenzende Exaktheit – d. h. die Ziffer 1 in der zweiten Nachkommastelle – ist mir lange sehr sonderbar vorgekommen (und nur deshalb hat der Salzstreuer überlebt), bis mich ein Kenner der Szene darüber aufklärte, dass eben diese Preisgestaltung eine perfekt umgesetzte DDR-typische Absicht war: Es sollte nämlich der Eindruck erweckt werden, die Preise seien aufs Genaueste durchkalkuliert und der Werktätige sei daher sicher, dass er nicht wie im bösen Westen von den Kapitalisten betrogen werde. Das hatte man sich in der Tat psychologisch sehr fein ausgedacht, wobei der Beschiss der Werktätigen rechts der Elbe sich von dem links der Elbe in Wahrheit keineswegs unterschied (wie wir schon damals ahnten und heute wissen).

Es gibt auch Positivbeispiele bzgl. vorbildlicher Preissenkungen durch Abrundung: Die Werbekampagne von PIK (sie hätte mehr Erfolg verdient) offeriert ein Jahresabonnement von PIK zum sagenhaft niedrigen Preis von DM 55,–, also 28,12 €, und – anständig wie die Fachgruppe Kommunikation und Verteilte Systeme nun einmal ist – wurde der entsprechende EURO-Preis freundlicherweise abgerundet zu 28 €. Das hat Nachahmer verdient, aber es ist nicht jeder so fair wie unsere Fachgruppe. Vielleicht war der Werbekampagne ja auch deshalb bisher so wenig Erfolg beschieden, weil die Kunden nur noch darauf warten, dass sie endlich den Umrechnungsgewinn durch Zahlung in EURO einstreichen dürfen. Man sollte es der Fachgruppe und vor allem ihrer Zeitschrift von Herzen wünschen. Verdient hätte sie es jedenfalls, denn allein die vorliegende Glosse ist doch schon den Abonnementpreis wert [oder etwa nicht? ; -)]. Und außerdem hat diese Kolumne einen Herstellungspreis, der umrechnungstechnisch völlig aufkommensneutral ist, d. h. der in DM bzw. EURO denselben Zahlenwert hat. [Für Fünftklässler: Wie hoch ist demnach der Herstellungspreis der „Alois Potton"-Glosse? Rechne!].

Die Presse wird auf jeden Fall bis zur Jahresmitte 2002 viel zur EURO-Umstellung zu schreiben haben, an Meldungen zum Überbrücken der Saure-Gurken-Zeit wird es nicht fehlen. Ich glaube aber, dass die langfristigen Wirkungen nicht viel schwerwiegender sein werden als beim Übergang von vierstelligen zu fünfstelligen Postleitzahlen: Zuerst großes Lamentieren und nach kurzer Zeit ist die Sache ge- und vergessen. In DM oder in EURO zahlen, das wird sehr bald „isomorph" sein. Ich weiß, dass isomorph ein vornehmes griechisches Wort ist, das hauptsächlich von irgendwelchen schussligen Mathematikern benutzt wird, daher gleich die Definition hinterher – produziert von einem alten Schulfreund und in saarländischem Dialekt: „Isomorph ess, wamma ebbes med roda oder med griena Tint schreibd".

Teil V
Bergfest: Unverwechselbare Stilmittel

Mit der laufenden Nummer 40 ist das „Bergfest" erreicht, d. h. die Hälfte der inzwischen immerhin 80 Glossen ist geschrieben und hoffentlich auch gelesen. Es ist daher an der Zeit, eine Art Bilanz zu ziehen. Dabei geht es mir in erster Linie die Stilmittel, welche die Kolumne nach wie vor prägen und ihr eine Art von Unverwechselbarkeit geben sollen. So wie bei Perry Rhodan jede Seite eines Bändchens mindestens zwei martialische englische Floskeln enthalten muss (z. B. „Space-Jet SOF Zero" oder „Smith&Wesson" etc.) oder analog zu den seichten Arztschnulzen „Dr. Norden" oder „Der Bergdoktor", die sich gerade umgekehrt durch das völlige Fehlen irgendwelcher nichtdeutscher Wörter auszeichnen. Oder wie in den leider immer noch neu erscheinenden Pamphleten des Landsers, wo in jedem Heft der Zweite Weltkrieg ein wenig gewonnen wird.

Daher soll in diesem Intermezzo auf deine Reihe von Stilmitteln eingegangen waren, die zum Teil von Anfang an beabsichtigt waren bzw. sich im Laufe der Zeit herausbildeten. Möglicherweise gibt es ja noch weitere unverwechselbare Stilmittel, die nicht einmal der Autor kennt.

Vergleichsweise konstante und überschaubare Länge einer Glosse Es war von Beginn an beabsichtigt, die Glosse vergleichsweise kurz zu halten, damit sie vielleicht auch gelesen werde – also deutlich kürzer als etwa die Konkurrenzglossen von Gunter Dueck im GI-Informatik-Spektrum. Wie sagte schon Goethe: „Ich schreibe Dir einen langen Brief, weil ich keine Zeit habe, einen kurzen zu schreiben". Sie werden verstehen, was ich damit meine und was damit über die Komplexität der beiden Glossenserien gesagt werden soll ;-). Im Idealfall sollte „Alois Potton" ziemlich exakt eine Druckseite der publizierenden Zeitschrift füllen. Das gelang häufig, aber nicht immer, weil ja auch der Inhalt einer Glosse sich nicht sinnvoll beliebig strecken oder verdichten ließ. Aber dank elektronischer Hilfsmittel wurde das gesetzte Ziel – von einzelnen Ausnahmen wie etwa dem aus aktuellem Anlass eingefügten Promotionsgutachtengenerators (Nr. 78) einmal abgesehen - immer besser erreicht.

Exotische Orte Um eine gewisse Weltläufigkeit vorzugaukeln, sollten ab und zu exotische Ortsnamen eingestreut werden. „Exotisch" weniger wegen ihrer geographischen Entfernung, sondern vor allem wegen ihrer vergleichsweisen Fremdartigkeit und des erhofften Überraschungseffekts. Also reichten die Nennungen von

Erkelenz bis Eichstätt, von Kusel bis Kuala Lumpur, von Montabaur bis Munnari und von Maputo bis Timor Leste (obwohl die letztgenannte Lokation ja eigentlich ein Land ist).

Gepflegte Vorurteile gegen Landsmannschaften Ziemlich regelmäßig wurden und werden deutsche Volksgruppen aufs Korn genommen, also Bayern, Rheinländer, Pfälzer und Saarländer. Mit Vorliebe aber die beiden letzten, denn Alois Potton ist zwar Wahlrheinländer (weshalb die Rheinländer meist recht gut bei ihm wegkommen), wurde aber als Saarländer geboren. Und bekanntlich bilden (siehe Zornsches Lemma, Nr. 29) die gegenseitigen Einschätzungen der Angehörigen einer Volksgruppe eine teilweise geordnete Menge oder einfacher gesagt eine Hackordnung, wobei der Berliner den MeckPommler verachtet, dieser wieder auf den Sachsen herabschaut und so weiter. Ganz unten auf dieser Hackordnungsleiter stehen die Saarländer unmittelbar hinter den Pfälzern (genauer gesagt den Westpfälzern aus Pirmasens oder aus K-Town, d. h. aus Kaiserslautern). Weil aber nun jede/r noch ein scheinbar tiefer stehendes Huhn braucht, auf dem sie/er herumhacken kann, verachtet der Saarländer den Pfälzer genauso wie umgekehrt, womit sich auf den beiden untersten Stufe der Leiter ein Pingpongeffekt ergibt. Alois Potton outet sich in seinen Glossen häufig als Saarländer und hackt auf den Pfälzern herum – nicht zuletzt und vor allem wegen deren Unfähigkeit zum Gebrauch eines Genetivs oder auch von einem Dativ, welche beiden Fälle dann wiederum bei Alois übertrieben oft und häufig gar gestelzt zum Einsatz kommen (um nicht zu sagen „des Einsatzes bedürfen").

Literarische Anwandlungen und lateinische Floskeln Ein weiteres Mittel zur Abgrenzung gegenüber „den Pfälzern" ist für Alois der Hinweis auf seine humanistische Schulbildung, die ja in Informatikerkreisen so häufig nicht vorkommt. Also wimmelt es bei ihm nur so von „cui bono" und von „ceterum censeo" oder von „caveat"s..

Auf derselben Rille angesiedelt ist die häufige Erwähnung von Schriftstellern, die Alois besonders mag. Vom leider allzu früh verstorbenen Robert Gernhardt über Fritz W Bernstein und Otto Julius Bierbaum bis hin zu James Joyce (den aber Alois eigentlich denn doch nicht wirklich mag, weil der zwar Guinness trinkt, aber ansonsten zu kompliziert ist), Karl Kraus, Roda Roda und und und. Mit Freude werden auch wirklich bizarre zeitgenössiche Typen wie Thomas Kapielski plagiatfrei zitiert. Auch das soll die Überlegenheit des Saarländers gegenüber dem Pfälzer belegen (mit anderen Volksgruppen will es der Saarländer lieber nicht aufnehmen).

Ein Schmankerl am Ende jeder Glosse Um die Erinnerung an die gerade gelesene Glosse zu festigen, sollte jede Glosse mit einem kurzen überraschenden oder interessanten Text, also mit einem „Schmankerl", enden. Manchmal war das etwas Literarisches, in anderen Fällen eine Absurdität aus dem täglichen Informatikleben (z. B. am Ende der letzten Glosse, also Nr. 80). In einigen Glossen gelang das Vorhaben – man muss es leider zugeben – nicht wirklich. Manchmal waren es auch von Alois Potton selbst verfasste Gedichte, etwa nach Nr. 23 („das Internet als Kostensenker"), in Nr. 36 („Teleteaching"; dort allerdings wie auch in Nr. 31 *am Anfang* des Texts stehend), vor allem aber im vierzehnzeiligen(!) Schüttelreimgedichts am Ende der sehr bissigen und – wie von fremder Seite bestätigt wird – anscheinend

besonders gut gelungenen Glosse 61 („Genderwahnsinn"). Der Leser mag ja zu diesem Gedicht stehen wie er will. Die Fachschaft Mathematik/Physik/Informatik der
RWTH Aachen rügte mich deswegen in scharfer Form, weil sie – irrigerweise! –
glaubte, der Wissenschaftsrat würde der RWTH jetzt den Elitestatus entziehen. Das
genaue Gegenteil war der Fall: der Wissenschaftsrat amüsierte sich köstlich über das
Machwerk und verteilte eher Plus- als Minuspunkte dafür (was Alois als ehemaliges
Mitglied des Wissenschaftsrates – also dem Rat mit dem total antiquierten „e" in
„-rates" - aus absolut zuverlässiger Quelle weiß).

Aber ein gerütteltes Maß an Zeit hat diese Schüttelreimerei gekostet. Wer das
nicht glaubt, der möge es doch bitte einmal selbst versuchen.

Kapitel 41
Standardisierung

Überall fehlt es an standardisierten Lösungen: Steckt man zwei x-beliebige Komponenten zusammen, die angeblich zueinander passen, dann werden sie zuerst nicht und später – wenn überhaupt – nur mit großer Mühe und nach Erledigung ebenso verwirrender wie schweißtreibender Operationen zusammenarbeiten. Für Produkte verschiedener Hersteller gilt das quasi per Naturgesetz, aber auch bei absoluter Herstellertreue ist man vor Überraschungen keineswegs gefeit. Außerdem hat Herstellertreue ihren Preis.

Woran liegt es eigentlich, dass Standards sich so zäh entwickeln und nur unter unendlichen Mühen am Markt durchgesetzt werden können? Man denke nur an IPv6, wo der letztendliche Markterfolg ja bisher alles andere als gesichert ist.

Einer der wichtigsten Gründe für das regelmäßige Scheitern auch der bestgemeinten Standardisierungsbemühungen scheint mir darin zu liegen, dass an solchen Initiativen viele (in der Regel allzu viele) so genannte Experten beteiligt sind, aber eben längst nicht alle, die sich für Experten halten. Zu den prominentesten Beispielen vergeblicher Liebesmüh' gehört zweifelsfrei die Rechtschreibereform. An ihr wirkten zahllose Germanisten mit, und zwar so viele, dass die Sache immer unübersichtlicher und unsystematischer wurde, weil jeder Beteiligte eigene Vorschläge einbrachte, die nur schwer unter einen Hut zu bringen waren. Die Angelegenheit wäre dagegen nach kurzer Zeit ausgestanden gewesen, wenn sie von wenigen „Machern" verantwortet worden wäre – genauso wie bei Programmkomitees, wo die insgesamt geleistete Arbeit sich mit wachsender Zahl von Komiteemitgliedern drastisch verschlechtert; in einer früheren Kolumne dieser Serie wurde darüber ja bereits berichtet. Man hätte zur Vereinfachung der Rechtschreibung zum Beispiel den außerhalb des deutschen Sprachraums völlig unbekannten Buchstaben „ß" ersatzlos abschaffen können und sollen, so wie es die Schweizer vorexerziert haben. Das Weinen über den Verlust dieses Buchstabens wäre zu verschmerzen gewesen, und mit den wenigen Zweifelsfällen wie „Busse" oder „Masse" hätten wir ebenso wie die Schweizer ganz gut leben können. Stattdessen hat man aber nur eine Teilabschaffung des „ß" angeordnet. Die diesbezügliche Regelung sagt, wenn ich richtig informiert bin, dass nach kurzen Vokalen dieser Buchstabe durch ein Doppel-s zu ersetzen sei, ansonsten bleibe alles wie bisher. Aber zeichnet sich denn z. B. im Wort „heiß", dessen Schreibweise sich nicht geändert hat, die Vokalkonfiguration durch

A. Potton, *Abgründe der Informatik*,
DOI 10.1007/978-3-642-22975-6_41, © Springer-Verlag Berlin Heidelberg 2012

übermäßige Länge aus? Na gut, wird mir der an der Reform beteiligte Germanist sagen, diese Sonderfälle musst Du eben auswendig lernen. Warum er aber diese Ausnahmeregeln eingeführt hat, verrät er mir leider nicht.

Desaströser noch für den Erfolg der Reform war die Tatsache, dass insgesamt gesehen nur ein verschwindend geringer Bruchteil aller real existierenden Germanisten mitbestimmen durften, denn so große Säle gibt es ja auf der ganzen Welt nicht, um auch nur 5 % der Germanisten aufnehmen zu können – von den für die häufigen Meetings anfallenden Reisekosten ganz zu schweigen. Konsequenterweise war und ist die große Masse der Germanisten wegen ihrer Nichtberücksichtigung in diesem erlauchten Reformgremium schwer beleidigt. Diese große Masse (fast hätte ich Meute gesagt) bildet sozusagen die keineswegs schweigende überwältigende Mehrheit. Jedes Mitglied dieser Mehrheitsfraktion wird Ihnen – egal ob gefragt oder ungefragt – haarklein erklären, was für ein unsäglicher Quatsch diese Rechtschreibereform sei. Er wird Ihnen zahllose Beispiele für in der Tat merkwürdige neue Schreibweisen vorführen. Und er wird Ihnen erzählen, was er anders gemacht hätte und was unter Garantie zum Erfolg der Maßnahme geführt hätte. Aber leider ... und daher sei er gegen die Reform. Folglich lehnen fast alle Schreibkundigen die Reform ab, weil sie wegen ihrer Nichtberücksichtigung bei dieser Jahrhundertaufgabe empört sind. Damit ist die Akzeptanz zum Teufel: Jeder darf munter so schreiben, wie er möchte: alt oder neu, es kommt nicht drauf an. Die FAZ schreibt wieder nach alter Sitte, andere Zeitungen versuchen sich an der neuen Version, wieder andere mengen Altes und Neues fröhlich durcheinander. Eigentlich ist dieser unbeabsichtigte Kuddelmuddel ganz angenehm, man könnte das Scheitern der Standardisierung sogar (ein Widerspruch in sich!) als Standard bezeichnen. Die Koexistenz verschiedener zulässiger Schreibweisen wird hoffentlich den Schülern kommender Generationen das Schreiben erleichtern, weil es die Zahl der möglichen Rechtschreibfehler verringert. Und deshalb wird man weniger Deutschlehrer brauchen. Ich habe den finsteren Verdacht, dass die Reform absichtlich gegen die Wand gefahren wurde, um diesen Einspareffekt zu erzielen. Das Scheitern war also ein geplanter finsterer Akt diverser Kultusministerien – über alle Parteigrenzen hinweg.

Es gibt viele weitere Gründe dafür, dass Standards sich nur schwer durchsetzen. Aus Platzgründen muss ich mich auf einen zufällig ausgewählten Aspekt beschränken – und zwar auf die Problematik der Optionen. „The option is the enemy of the standard!" Denn Optionen sind mit versuchsweise geborenen Standards in ähnlicher Zahl verbunden wie Flöhe mit einem ungepflegten Hund. Und das in bester Absicht, denn man möchte doch jede Anforderung jedes Kunden bestmöglich bedienen. Und dann wundert man sich, wenn sich solche optionsüberhäuften Wunderwerke partout nicht verkaufen lassen. Dabei kann man das bereits durch ein einfaches Beispiel erklären. Angenommen, man möchte ein Standardfahrrad konstruieren, das folgende Eigenschaften hat: Es soll optional Dreirad, Rennrad, Hollandrad und Tandem sein. Außerdem soll es einfach und schnell in eine andere Variante umkonfiguriert werden können. Was wird das zwangsläufige Ergebnis solcher Konstruktionsbemühungen sein: Ein Produkt, das schwerfällig, absurd teuer und potthässlich ist. Und fahren wird ein solches „Fahrrad" schon gleich gar nicht.

12/2001

Kapitel 42
Die neue deutsche Furchtsamkeit

Der Verlag, der denselben Namen hat wie das zu Ende gegangene ereignisreiche Jahr 2001, hat ein Buch herausgegeben, das sämtliche Glossen und Parodien von Umberto Eco aus den Jahren 1963–2000 enthält. Eine wirklich wunderschöne und lehrreiche Monographie. Ich will ein Zitat daraus verwenden, das laut Umberto Eco auf den amerikanischen Humoristen Shelley Berman zurückgeht. Dieser Weise hat vorhergesagt, man werde demnächst ein Sicherheitsauto erfinden, bei dem die Türen sich nur von innen öffnen lassen. In der Tat scheint der Zeitpunkt für solche Absurditäten zumindest im Kommunikationsbereich unmittelbar bevorzustehen, denn Sicherheitsbedenkenträger haben Hochkonjunktur.

So versucht zum Beispiel unser Rechen- und Kommunikationszentrum mit großem Erfolg, den Ausbau und die Nutzung eines Funknetzes durch vielfältige administrative und technologische Regularien einzuschränken und praktisch zu verunmöglichen. Mit Erfolg deshalb, weil das Rechenzentrum ja sowieso das Sagen hat und weil gegen angeblich sicherheitssteigernde Maßnahmen niemand etwas einwenden darf. Lieber lässt man die gekauften, aber nicht installierten Komponenten im Keller verrosten. Die Schikanen reichen dabei von Brandschutzbestimmungen über Reichweitenbegrenzung bis hin zu ausgefeilter Anmeldebürokratie und Netzordnungseinhaltungsrichtlinien. Das Ganze trägt den hehren Titel „Sicherheitskonzept", ist aber wie gesagt in Wirklichkeit nicht viel mehr als eine Nutzungsverhinderungsstrategie. Zur partiellen Ehrenrettung unseres Rechenzentrums darf gesagt werden, dass nicht alle Schikanen von dieser einzigen Institution zu verantworten sind. Es sind viele andere daran beteiligt: Bauamt, Liegenschaftsverwaltung, Personalrat, die Verwaltung ganz allgemein, . . . Alle verbünden sich (jeder mit der scheinbar besten Absicht) zu einer höchst unheiligen Verhinderungsallianz.

An Argumenten für die Einführung zusätzlicher hemmender Vorschriften ist kein Mangel: Vermuteter Aufruf von Informationen zweifelhaften, schädlichen oder ekelerregenden Inhalts; Schädigung der Unterhaltungsindustrie durch unlizensiertes Kopieren von Filmen und Musiktiteln, die ihre Gestehungskosten noch nicht eingespielt haben; Ablenken der Studierenden von ernsthaftem Büffeln durch weltweit verteiltes Computerspielen; Abwehr gezielter Einbruchsversuche. . . . Das absurdeste Nutzungsverhinderungsargument kam aber denn doch wieder von einem Mitarbeiter des Rechenzentrums, der meinte, ein Unternehmen mit mehreren Standorten an

A. Potton, *Abgründe der Informatik*,
DOI 10.1007/978-3-642-22975-6_42, © Springer-Verlag Berlin Heidelberg 2012

unterschiedlichen Enden des ziemlich weitläufigen Universitätsgeländes könne sich
durch illegale Nutzung des Funknetzes einen Vorteil erschleichen (weil ja dann ein
Großteil der Kommunikationskosten des Unternehmens wegfallen würde). Nun zeigt
zwar eine ausführliche Sichtung des Grundbuchs, dass es ein solches Unternehmen
nicht gibt, aber das gilt nicht: Was nicht ist, kann ja schließlich noch werden! Der Nut-
zungsverhinderungsmissionar ekelt sich vor keinem noch so dummen „Argument",
wenn er nur zusätzliche Hemmschwellen einbauen kann.

Die meisten Schikanen werden gerechtfertigt und gefördert durch die diffusen
Ängste, die seit dem 11. September 2001 in Deutschland herumgeistern und zu einer
noch dumpferen Furchtsamkeit als bisher schon geführt haben. Überall wird Böses
vermutet. Es grassieren wildeste Spekulationen und Gerüchte über Sicherheitsmän-
gel und über bereits entstandene unermesslich hohe Schäden. Neulich nahm ich an
einem Vortrag teil, wo jemand behauptete, allein im Jahre 2000 sei durch Sicherheits-
lücken ein Schaden in Höhe von 1,7 Mrd. $ entstanden. Es war nicht herauszufinden,
auf welche Kontinente sich diese Meldung bezog; ebenfalls nicht, welche Art von
Mängeln und von Schäden denn gemeint sein könnten; auch nicht, von wem und
an wen Regressforderungen gestellt und ob diese in voller Höhe bezahlt wurden. Es
war eines der immer häufiger werdenden leichtfertig hingehauenen Statements, die
aus zwei Gründen Ärgernis erregend sind:

Erstens wird die Gültigkeit einer solchen Botschaft apodiktisch in den Raum gestellt. Ich soll an sie glauben wie an die heilige Dreifaltigkeit. Hinterfragen ist nicht
erwünscht oder nicht erlaubt, denn die genannte Zahl ist natürlich weder belegt noch
belegbar. Ich halte es für enorm schwierig oder für so gut wie ausgeschlossen, den
zum Beispiel durch die Zerstörung einer Datei entstandenen Schaden in Euro und
Cent einigermaßen verlässlich anzugeben – von wenigen Ausnahmen einmal abgesehen. Zu den Privilegien der Sicherheitsbedenkenträger gehört, dass sie mit nicht
belastbarem Zahlenmaterial arbeiten dürfen. Die Suche nach wirklich nachprüfbaren
Beispielen für böswillig angerichtete Schäden ist ähnlich erfolgversprechend wie das
Aufspüren von weißen Raben.

Zweitens ist die Präzision der Zahl 1,7 (d. h. die Angabe der Nachkommastelle)
ärgerlich und bösartig zugleich. Sie suggeriert nämlich, dass die angebliche Scha-
denshöhe akribisch genau recherchiert wurde – was keineswegs der Fall ist, siehe
oben. Hätte man statt 1,7 zum Beispiel die deutlich rundere Zahl 2 oder das Wort
„mehrere" hingeschrieben, dann würde das bedeuten, dass der wirkliche Schaden
irgendwo zwischen 0 und 4 Mrd. $ liegen könnte – jedenfalls so ungefähr. Die Zahl
1,7 soll aber den Eindruck einer Genauigkeit erwecken, die nicht einmal ansatzweise
vorhandenen ist (wobei die Nachkommastelle zwar zugegebenermaßen viel Geld ist,
aber insgesamt gesehen doch nicht viel mehr als die berühmten Peanuts).

Es ist ein echtes Kreuz mit diesen Sicherheitsbedenkenträgern. Oh hätten sie doch
wenigstens eine etwas bessere Kenntnis von den Sagen des klassischen Altertums.
Aber daran mangelt es ihnen nicht selten, denn: Wenn der Bedenkenträger wieder
einmal die von ihm vermutete Verseuchung eines Systems durch Viren oder durch
trojanische Pferde anprangern möchte, dann gebraucht er mit Vorliebe Formulierungen wie: „Da sitzt ein Trojaner drin". Nein, lieber Bedenkenträger, im trojanischen
Pferd saßen nicht die Trojaner, sondern die Griechen!

Kapitel 43
Vom Entropietod des Konferenzwesens

Vor Ihnen (zur Erklärung: vor dem Leser des damals aktuellen Zeitschriftenhefts) liegt ein Themenheft jener Sorte, die dem Verlag und den Herausgebern manchmal Bauchschmerzen bereiten. Es verlangt vom Leser nämlich Nachdenken, Grundlagenwissen und auch einige theoretische Vorkenntnisse. Der Verlag fürchtet dann (vielleicht nicht ganz unbegründet), dass der eine oder andere Leser solche Hefte ignoriert und eventuell sogar sein Abonnement kündigt. Daher sind wir recht sparsam mit solchen Heften geworden. Eigentlich ist es ja pervers, wenn man sich vor anspruchsvollen Themen wegen des eventuell drohenden Volkszorns fürchtet. Es ist eine Art von Minderwertigkeitskomplex gegenüber despektierlichen Äußerungen bzgl. „Greek letter papers", wobei in diese Kategorie alle Manuskripte fallen, die irgendwelche Formeln beinhalten. Allerdings ist das Aufbegehren gegen griechische Buchstaben nicht ganz unberechtigt (natürlich gilt das nicht für die Beiträge des vorliegenden Hefts!). Theorielastige Konferenzen sind in die Krise geraten, wie sich z. B. an den Teilnehmerzahlen vieler Veranstaltungen unschwer ablesen lässt, vor allem aber an der quasi totalen Abstinenz nichtuniversitärer Teilnehmer. Ich habe mir über die Gründe dieser Entwicklung ein paar krumme Gedanken gemacht und glaube, dass die Krise sowohl logisch begründet als auch unvermeidlich ist. Weiterhin bin ich zur Überzeugung gelangt, dass praxisorientierte Konferenzen zwangsläufig infiziert und ebenfalls in den Abgrund gerissen werden, was eine Art von Entropietod des Konferenzwesens ist. Im Folgenden will ich versuchen, meine Vermutung zu begründen.

Nehmen wir irgendeinen komplexen technischen Prozess, etwa den Aufbau des Telefonsystems oder die Konzeption von Rechnernetzen. Bei diesem schwierigen Vorgang wird zuerst hemdsärmlig herumgewurschtelt. Nicht selten entstehen die ersten Konzepte dadurch, dass die Zeit einfach reif für die neue Entwicklung ist. Amerika wäre auch ohne Christoph Columbus spätestens im Jahr 1515 entdeckt worden (sag' ich mal so, weil mir das Gegenteil ja niemand beweisen kann). Und das WWW wäre auch ohne Tim Berners-Lee entstanden. Das Verständnis des oben genannten komplexen technischen Prozesses wird meist positiv beeinflusst durch wenige Gurus, welche die Problematik von der Pike auf kennen und sich ein paar grundsätzliche Gedanken machen. Dadurch entsteht eine nützliche Strukturierung, die aber noch relativ grob ist und häufig nicht über einfache Dreisatzrechnungen oder Pi-mal-Daumen-Abschätzungen hinausgeht.

A. Potton, *Abgründe der Informatik,*
DOI 10.1007/978-3-642-22975-6_43, © Springer-Verlag Berlin Heidelberg 2012

Der nächste Schritt besteht darin, dass die Schüler der Gurus diese beerben. Die Schüler haben von der eigentlichen Fragestellung noch viel mitbekommen (nicht mehr ganz so viel wie der Guru, aber immerhin). Zum Ausgleich dafür sind sie mathematisch gebildeter. Statt Dreisatz verwenden sie z. B. Warteschlangentheorie – in einer noch halbwegs verständlichen Form. Die Erfolge sind enorm (weniger für die Produktgestaltung als für das allgemeine Verständnis der Abläufe), die Fachwelt jubelt, die Anzahl der Konferenzen nimmt ebenso dramatisch zu wie die der Anhänger dieser Vorgehensweise.

Die dritte Generation – also die Enkel – wird bereits dominiert von Leuten, die das eigentliche Problem nur noch ansatzweise kennen, statt dessen aber mehr Zeit zur Beschäftigung mit mathematische Finessen hatten. Das von den Enkeln erzeugte Formelwerk für die Beschreibung des Gesamtsystems ist deutlich komplexer und unüberschaubarer. In gewissem Sinne sind die Analysen sogar realitätsnäher, denn die Untersuchungen der Väter und der Söhne enthielten noch eine Reihe von allzu groben Vereinfachungen. Der Preis für die genauere Nachbildung der Realität besteht allerdings in einem dramatischen Anstieg der Kompliziertheit der Formeln, die sich häufig nur noch auf Supercomputern auswerten lassen. Für diesen höheren Aufwand ist der ihn erzeugende Enkel natürlich nicht verantwortlich zu machen, denn seine Formeln sind korrekt und die Welt ist eben kompliziert – eigentlich noch viel komplizierter, denn auch der Enkel muss noch vereinfachende Annahmen machen, weshalb er am Ende jeder seiner Veröffentlichungen mit weiteren künftig zu erstellenden noch realitätsnäheren und noch schwierigeren Formelgebäuden droht. Es ist evident, dass die Öffentlichkeit durch solch komplexe Formeln verwirrt wird und sie ebenso wie die genannten Drohungen zu ignorieren beginnt.

Der bisherige noch halbwegs akzeptable Vorgang gerät nun aber in die Hände der Urenkel, welche vom ursprünglichen Problem absolut keinen Schimmer mehr haben, dafür aber aufs Genaueste mit dem mathematischen Firlefanz ihrer Vorgänger vertraut sind. Weil sie sich profilieren müssen (was nur durch das Verfassen eigener Manuskripte möglich ist), verfallen sie auf die Idee, das Gedankengebäude der Enkel durch immer abenteuerlichere mathematische Klapparatismen zu verfremden und noch verwirrender zu gestalten. Irgendwelche Ähnlichkeiten mit konkreten Fragen sind weder vorhanden noch beabsichtigt, sondern werden allenfalls als störend empfunden. Spätestens ab diesem Zeitpunkt führen die Thesen der Urenkel ein von der Außenwelt unbeachtetes Eigenleben.

Die finale Stufe besteht in der Infizierung bzw. der feindlichen Übernahme von Veranstaltungen: Weil es immer weniger Spezialkonferenzen gibt, die sich mit irrelevant gewordenen Themen beschäftigen, reichen die Urenkel ihre überschüssigen und überflüssigen Manuskripte jetzt bei anderen Gelegenheiten ein. Sie konkurrieren dort mit Beiträgen, die zwar vielleicht viel nützlicher, aber eher schlicht gestaltet sind. Das Ende ist absehbar und unvermeidlich: Die nutzlosen, aber mathematisch exzellent geschriebenen Papiere werden die Oberhand gewinnen. Und als Konsequenz werden sich noch weniger Praktiker zur Teilnahme an einer solchen Konferenz anmelden (geschweige denn einen eigenen Beitrag dazu anbieten), und die Veranstaltungsreihe wird letztendlich eingestellt werden müssen. Vielleicht ist es ja auch nicht schade drum.

Kapitel 44
Der Bachelor, ein armer Hund?

An den deutschen Universitäten rumort es: Zu lange Verweilzeiten, zu hohe Abbrecherquoten, zu viel Theorie und zu wenig Praxis, immer weiter sinkendes Niveau, zu geringe Internationalisierung, . . . Insgesamt also: zu wenige echte Reformen. Daher greift jetzt ein Reformationsgeist um sich, der den von Martin Luther deutlich in den Schatten stellt. Frei nach dem Motto: Alles muss umgestaltet werden, dann wird's schon besser werden.

Paradebeispiel für solche Perestroika-Ansätze ist die unausweichliche Ablösung des guten alten Diploms durch gestufte Studienabschlüsse: „Bachelor-Master-Konzept" nennt man das. Am anglosächsischen Wesen soll die Welt genesen! Und gegen die neue Idee ist ja zunächst auch nichts einzuwenden: Bisher musste man sich nämlich mühsam über das Vordiplom zum Diplom kämpfen. Und das schwer zu erringende Vordiplom war – im Sinne einer Einstellungsvoraussetzung bei einem Arbeitgeber – rein gar nichts wert. Daher mussten sich alle Studierenden nach Möglichkeit das Diplom ertrotzen, was zu manchem Missmut und vor allem zu volkswirtschaftlich unvernünftig langen Studiendauern führte – sofern das Studium überhaupt erfolgreich abgeschlossen werden konnte, denn nicht wenige blieben dabei auf der Strecke.

Ab sofort soll aber alles viel besser werden: Das Vordiplom wird ein wenig verändert, d. h. kosmetisch aufgepäppelt. Es erhält den hochtrabenden Namen „Bachelor" und wird dadurch angeblich zu einem berufsbefähigenden Abschluss. Der Großteil der Studierenden soll mit diesem Abschluss die Hochschule verlassen, nur die kleine *wirklich* an Wissenschaft und Forschung interessierte Minderheit erklimmt die nächste Stufe zum Master bzw. zum PhD (der sich seinerseits dazu anschickt, den Doktortitel abzulösen).

Soweit so gut (oder so schlecht). Die ganze Hochschulszene ist in freudiger Aufbruchstimmung ob dieser neuen Entwicklung. So richtig wissen tut es zwar noch niemand, ob denn der Bachelor wirklich so ein durchschlagender Erfolg wird, d. h. ob die Arbeitgeber ihn tatsächlich als berufsqualifizierenden Abschluss (vor allem bezüglich des Einstellungsgehalts) anerkennen werden. Erste Erfahrungen, z. B. aus der Chemie, stimmen da eher skeptisch. Dort verdrängt der Bachelor die bisherigen Laboranten (zu schlechteren finanziellen Bedingungen), keineswegs aber die Diplomierten oder gar die Promovierten – weil in der Chemie ja sogar das Diplom wertlos ist und jeder seinen Doktor bauen muss.

A. Potton, *Abgründe der Informatik*,
DOI 10.1007/978-3-642-22975-6_44, © Springer-Verlag Berlin Heidelberg 2012

Was ist überhaupt so ein Bachelor? Die großen Englisch-Englisch-Lexika bieten als interessanteste von mehreren Erklärungen die folgende an: „A young male fur seal kept from the breeding grounds by older males". D. h. ein Bachelor ist im wahrsten Sinne des Wortes ein armer (See)-Hund!

Der Bachelor-Master-Wahn hat aber noch andere Konsequenzen: Mit dieser Umstellung kann der Wunsch zu verstärkter internationaler Ausrichtung en passant befriedigt werden. Wenn die Titel der neuen Studienabschlüsse englischsprachig sind, können auch die Lehrveranstaltungen in eben dieser Sprache abgehalten werden. Zwar eher in Form von Pidgin-Gestammel als in Oxford-Cambridge-Diktion, aber immerhin. Das eröffnet zudem (im Prinzip) die Möglichkeit, sich die weltweit besten und höchstmotivierten Studierenden heranzuholen statt sich allein auf die pisa-geschädigten deutschen Abiturienten zu beschränken. Allerdings gilt das nur bedingt, denn die wirklich bestqualifizierten Inder und Chinesen werden sich bevorzugt in Richtung USA und Großbritannien orientieren statt nach Deutschland, wo Busse, Bahnen oder Speisekarten ohne Kenntnis der deutschen Sprache von arg eingeschränkter Benutzbarkeit sind.

Die Umstellung auf englischsprachige Lehrveranstaltungen hat aber tatsächlich deutliche Vorteile. Vorlesungen über Software Engineering werden drastisch präziser und kürzer, weil sich im Englischen nicht annähernd so gut schwafeln lässt wie im Deutschen. Und das grauenhafte Durchmischen mit englischen Fachbegriffen hat wegen der zwangsläufigen Vereinheitlichung dann endlich ein Ende. Sie war auch wirklich nicht mehr zu ertragen, diese entsetzliche Mischung von deutschen Sätzen und englischen Idiomen wie etwa die folgende, die ich (Ehrenwort!) bei einem kürzlichen Firmentreffen mitstenografiert habe und die ich hiermit auszugsweise wiedergebe: „Wir müssen das protecten, was wir schon invested haben. Das ist im Mind Set von diesen Leuten drin. Man muss sich darauf spezialisieren, zwischen Netzwerken zu interworken. Denn es ist ein Unding, wenn man immer von einem Network zum andern pollen muss – mit allen Functionalities, vom High End bis zum Low End. Das Billing und Accounting muss man so machen, dass man immer online ist. Das ist ebenfalls eine Opportunity, die wir nutzen müssen. Denn das wäre nochmals ein Fill In. Auch müssten irgendwelche Recovery Server initialisiert werden, damit wir wirklich right in time sind. So ähnlich wie man das mit dem Wireless ad-hoc gemacht hat. What ever! Wir sollten auch was für die Applications tun. Auch dorthin gehen, wo man nicht immer die gesamten Footprints hat. Die Thematik ist zu clustern. Und insgesamt müsste **unter** (!) das noch eine **Über**schrift (!) drüber!"

So einen höheren Blödsinn wird es also nach konsequenter Ver-Englischung nicht mehr geben. Das ist eigentlich fast zu bedauern.

Aber nicht nur wegen der Bachelor-Master-Story sind wir auf dem Weg zum einheitlich schlechten Englisch („the most spoken language of the world is bad English"). Auch Beobachtungen wie der folgende CeBIT-Dialog sind eindeutige Indizien für den unaufhaltsamen Vormarsch der englischen Sprache:

Moderator: „Welches Feature an einem Handy wäre für Sie am wichtigsten"?
Kandidatin: „Also am wichtigsten wäre für mich, dass es eine Spracheingabe hätte".
Moderator: „Aha, ähemm, dann sollte es also quasi voice enabled sein"?

9/2002

Kapitel 45
Drängler, Dussel, Diktatoren

Die neuen Kommunikationstechniken – allen voran natürlich das Internet – machen Abläufe dramatisch viel schneller: Postlaufzeiten entfallen, Korrekturen von Manuskripten lassen sich im Nullkommanix erledigen. Alles wird viel besser. Da sollte man meinen, die gewonnene Zeit könne jetzt zum Relaxen genutzt werden. Man könnte sich jetzt also theoretisch gesehen mehr Zeit lassen und die pünktliche Ablieferung etwa eines Gutachtens immer noch schaffen. Die Deutsche Bahn verwendet solche Strategien listigerweise dadurch, dass sie ihre Pünktlichkeit durch Verlängerung der Fahrzeiten zu verbessern sucht (aber auch damit ist sie, wie jeder leidvoll weiß, nicht gerade erfolgreich). So brauchte zum Beispiel der schnellste Zug für die Strecke Aachen – Köln im Jahre 1960 gerade mal 36 min, heute geht das laut Fahrplan bestenfalls in 43 min.

Also: Internet müsste nervenschonend wirken. Merkwürdigerweise ist aber das genaue Gegenteil der Fall: Die kürzeren Bearbeitungsvorgänge sowie die quasi entfallenden Zustellzeiten führen zu immer größerer Hektik.

Beispiel 1: Ich erhalte die Bitte zum Verfassen eines Gutachtens zu mehreren preiswürdigen Arbeiten an einem Mittwoch zusammen mit der in freundlichem aber bestimmten Ton gehaltenen Aufforderung, die Beurteilungen doch bitte per Fax(!) bis zum darauf folgenden Samstag zu übermitteln. Überflüssig zu sagen, dass es sich bei den zu begutachtenden Manuskripten um nicht ganz einfach zu lesende Wälzer von im Schnitt 200 Seiten Umfang handelt. Der Absender dieser Nachricht hat offenbar den Einsendern von Manuskripten generös Extrazeit zugeteilt, die er mir dann zum Ausgleich abzieht. Dieses Drängeln (mir gegenüber) zusammen mit der Großzügigkeit (für die Gegenseite) ist ein Versuch zur Veränderung der Hackordnung, der mich einigermaßen missmutig stimmt. Es ist schwer vorstellbar, dass das ohne Folgen für die Sorgfalt der Begutachtung und auch für die Freundlichkeit der Beurteilung bleiben wird.

Beispiel 2: Die Vorabinformationen zur Vorbereitung auf eine Programmausschusssitzung einer Tagung (nennen wir sie mal KiVS) erreichen mich am Vorabend der betreffenden Sitzung um 18.23 Uhr. Die Sitzung selbst beginnt am nächsten Morgen um 9 Uhr und ist durch mehrstündige Zugfahrt zu erreichen, aber nicht zwischen 18 Uhr abends und 9 Uhr morgens, denn die Nachtzüge sind ja weitgehend eingestellt

A. Potton, *Abgründe der Informatik,*
DOI 10.1007/978-3-642-22975-6_45, © Springer-Verlag Berlin Heidelberg 2012

worden. An diesem einigermaßen dussligen Vorgang freut mich, dass der Verfasser der betreffenden Nachricht offenbar annimmt (oder es mir wenigstens zutraut), dass ich nach 18 Uhr noch im Büro bin bzw. noch spät abends zu Hause meine elektronische Post lese. Weniger dagegen gefällt mir, dass die Nachricht für ihren eigentlichen Zweck von geringem Nutzen ist – wegen der genannten Erreichbarkeitsprobleme.

Nicht nur diese beiden Beispiele zeigen, dass die Benutzung des Internet immer nervenaufreibender wird. Bedauerlicher noch sind Vorgänge, die mir wie eine Fata Morgana die Möglichkeit des Erhalts sagenhafter Reichtümer suggerieren und die sich dann aber doch nicht in die Tat umsetzen lassen. Mir jedenfalls werden beinahe täglich als top-secret zu behandelnde Nachrichten von Witwen afrikanischer Diktatoren zugestellt, wonach ich der geeignete Partner sei, um die vom verblichenen Diktator ins Ausland transferierten, dort gebunkerten, aber wegen geänderter Politik dieses Auslands jetzt gefährdeten vielen Milliarden von US-Dollars auf mein Konto zu überweisen, wofür ich dann ca. 25 % der Transfersumme als Aufwandsentschädigung erhalten werde. Das klingt sehr reizvoll und ist eine sehr verlockende Versuchung, aber die als Waffengeschäft deklarierte Herkunft der Milliarden lässt mich (noch?) zögern. Ungefährlicher war da schon die überaus erfreuliche Nachricht, wonach ich als einer von mehreren Tausend zufällig aus allen Kontinenten gezogenen Kandidaten (die alle nichts von ihrem Glück wussten und keinen Einsatz für die Teilnahme zahlen mussten!) einen der Hauptpreise in einer niederländischen Lotterie gewonnen habe. Um die immerhin 120 Mio US-$ (was ja eigentlich Peanuts im Vergleich zum Nachlass afrikanischer Diktatorenwitwen ist, aber immerhin) einsacken zu können, müsse ich folgendes tun:

1. Eine Firma mit mindestens drei Beschäftigten gründen, denn die Lotterie sei ein Beitrag zur Reduktion der Arbeitslosigkeit.
2. Ein Konto eröffnen oder den Scheck direkt in den Niederlanden abholen.
3. 750 US-$ an Bearbeitungsgebühr zahlen.

Diese Bedingungen kamen mir so akzeptabel vor, dass ich in der Tat geantwortet habe und die vollständige und umgehende Erfüllung zusagte. Den Scheck wollte ich persönlich abholen und statt der lumpigen 750 $ an Bearbeitungsgebühr erklärte ich mich generös damit einverstanden, das Verfahren zu vereinfachen und eine deutlich höhere Summe, nämlich immerhin 2.000 $, direkt von der auf dem Scheck einzutragenden Summe in Abzug zu bringen. Leider ist bisher aus der Transaktion noch nichts Konkretes geworden, meine Antwort muss wohl verloren gegangen sein. Es ist aber auch ein Kreuz mit der Unzuverlässigkeit von Best-Effort-Diensten. So hat mir also die nicht garantierte Zustellung der elektronischen Post ein nicht unbeträchtliches Zusatzeinkommen versaut.

12/2002

Kapitel 46
KWOSS

Alle Welt redet heutzutage über Dienstgüte, neudeutsch „Quality of Service", abgekürzt QoS = KWOSS. Und von KWOSS-Diensten werden nicht nur Qualitäten,
sondern sogar Garantien(!) verlangt. Dabei ist das mit Garantien so eine Sache: Es
gibt Hersteller von Matratzen, die dem Kunden eine zwanzigjährige Garantie auf ihre
Produkte versprechen. Mich hat es schon immer brennend interessiert, was passieren
würde, wenn man ca. 18 Jahre nach dem Kauf mit solch einem hinreichend ver-
sifften Matratzenexemplar beim Produzenten aufkreuzen und die Garantieleistung
einfordern würde (?!). Ich bezweifle, dass jemals jemand die Kühnheit zu einer
solch verwegenen Aktion besessen hat. Wahrscheinlich wäre so etwas auch faktisch
unmöglich. Es ist nämlich ziemlich sicher, dass der Matratzenhersteller innerhalb
des 18-Jahres-Zeitraums in Konkurs gegangen ist oder mindestens insolvent wurde.
Letzteres ist ja momentan große Mode: Wer nicht insolvent ist, der ist überhaupt
nicht mehr „in". Weil man also ernsthaft in Erwägung ziehen muss, dass Hersteller
während der Garantiezeit den Weg zum Konkursrichter antreten müssen, sollte man
sich vielleicht ernsthaft fragen, ob in der heutigen Zeit die sechsmonatige Garantie
auf einen Siemensstaubsauger noch irgendeinen real existierenden Wert hat.

Wenn wir aber schon bei zweifelhaften Garantieversprechungen sind, verdient
hier eine ähnlich dubiose Offerte von Lotto-Faber erwähnt zu werden. Bekanntlich
ist Faber diejenige Institution, die im Auftrag des Kunden unübliche (weil auf
Geburtstage, Glücks- oder Unglückszahlen, einfach zu erkennende Muster und so
weiter verzichtende) Lottozahlenkombinationen tippt und die im Gewinnfall höhere
Auszahlungen einstreicht als wenn man eine nahe liegende Kombination gewählt
hätte, bei der man sich den Gewinn mit unzähligen Mitspielern teilen muss. Lotto-
Faber behauptet also für diverse seiner Systemwetten: „Bis zu drei Gewinne sind
garantiert". Aber halt: „Bis zu drei . . .", heißt das nicht „kleiner oder gleich drei"?
Und enthält die diese Bedingung erfüllende Zahlenmenge nicht auch die Zahl Null?
Und null Gewinne zu garantieren, das kann doch wirklich nicht schwer fallen! Das
heißt also, dass Lotto-Faber seine Garantieversprechungen mit Leichtigkeit einhalten
kann, ganz erheblich leichter als das KWOSS-geplagte Internet.

Eine ähnliche Konfusion von unteren und oberen Grenzen wie bei Lotto Faber
hat sich vor nicht allzu langer Zeit ein Ministerpräsident des Landes Sachsen-Anhalt
geleistet (ich weiß nicht, ob er diese Position noch inne hat und möchte seinen

A. Potton, *Abgründe der Informatik,*
DOI 10.1007/978-3-642-22975-6_46, © Springer-Verlag Berlin Heidelberg 2012

Namen auch aus diesem Grund gern verschweigen). Er sagte jedenfalls anlässlich seiner Regierungserklärung: „Die Anzahl der Ministerien soll nicht vergrößert, sondern maximal auf 7 als untere Grenze verringert werden". Na ja, eine Verringerung auf maximal 7 als untere (!) Grenze, das muss man sich gleich mehrfach zu Gemüte führen. Vielen herzlichen Dank übrigens an Herrn Ministerialdirigent Dr. Dr. Maibaum vom Sächsischen Staatsministerium für Wissenschaft und Kunst für den diesbezüglichen Hinweis.

Wenn wir nun schon einmal dabei sind, dann verdient zur Ehrenrettung der Politiker aber doch festgehalten zu werden, dass auch andere Personen des öffentlichen Lebens manchmal Merkwürdiges von sich geben. So fiel mir z. B. kürzlich ein Exemplar von DB-mobil in die Hände und zwar die Ausgabe 1/2003. Ich vermute, Sie kennen das Traktätchen, das in Intercityzügen ausliegt und mit dem die Deutsche Bahn die Kunden während des häufigen Stillstands auf freier Strecke zu besänftigen oder ihre Langeweile zu mindern versucht. Bahnchef Hartmut Mehdorn beklagt sich im genannten Heft zum wiederholten Male über die Ungleichbehandlung der Verkehrsträger und führt folgendes Beispiel an: „Man nehme die Verbindung Frankfurt/Main-Zürich: Wer auf dieser Strecke ins Flugzeug steigt, bekommt sein Ticket unbelastet von Mineralölsteuer, Ökosteuer und Mehrwertsteuer. Die umweltverträgliche Bahn hingegen, die zwischen beiden Städten mehrmals täglich den ICE pendeln lässt, muss ihren Kunden alle diese Abgaben aufbürden". Nun gut, das mit der Ungleichbehandlung ist ja irgendwie nicht ganz von der Hand zu weisen, aber Moment mal: Ist es denn möglich, dass die Strecke zwischen Frankfurt/Main und Zürich immer noch nicht elektrifiziert ist – wo wir doch ein so starkes Süd-Nord-Gefälle in Deutschland haben? Auch glaube ich mich zu erinnern, dass ich diese Strecke schon mit einem E-Lok-getriebenen Zug befahren habe. Aber wieso denn dann Mineralölsteuer? Ich sehe ja irgendwie ein, dass Radlager etc. ab und an mal geschmiert werden müssen, doch habe ich die Aufwendungen für Schmiermittel (genauer gesagt für Schmieröl, denn andere Schmiermittel könnten in der Tat sehr kostenträchtig sein) bisher für einen vergleichsweise marginalen Anteil an den Betriebskosten gehalten. Offenbar ist die Lage der Bahn wirklich außerordentlich ernst, wenn jetzt schon solch kleine Beträge kritisch hinterfragt und steuerbefreit werden müssen.

Aber es gibt auch etwas Erfreuliches über das inzwischen offenbar deutlich verbesserte Kundenbewusstsein der Deutschen Bahn zu vermelden: In der PIK-Ausgabe 4/02 (Erscheinungsdatum 15. Dezember 2002) hatte ich Klage darüber geführt, dass die schnellste Verbindung zwischen Köln und Aachen 43 min brauche, dass aber vor drei Jahrzehnten bereits 36 min dafür ausgereicht hätten. Und siehe da: Genau einen Tag später, nämlich zum neuen Fahrplan, der am 16. Dezember 2002 in Kraft trat, hat die Bahn doch tatsächlich die schnellsten Züge auf der genannten Strecke wieder auf 36 min beschleunigt. Diese so nicht erwartete prompte Wirkung meiner Kolumne hat mich stark beeindruckt, ja fast umgehauen. Obwohl: An den realen Fahrzeiten hat sich durch die neuen Fahrplanangaben nur wenig oder nichts geändert.

6/2003

Kapitel 47
Von PIK zu PIC?

Es ist soweit: Eine weitere Bastion ist gefallen, nämlich das Festhalten der PIK an Beiträgen in deutscher Sprache! Das übrigens sehr gut gelungene (Themen)-Heft 2/2003 ist nämlich – abgesehen vom Inhalt natürlich – nur dem/der verständlich, der/die mit dem Angelsächsischen einigermaßen vertraut ist. Ich hatte den Eindruck, dass die deutschen Themen am Ende des Hefts zum Beispiel über „Innovation und intellektuelles Eigentum" oder über „Informationsmanagement als Teil der Unternehmensführung" ein wenig provinziell wirkten – vielleicht deswegen, weil die englische Sprache vornehmer ist, jedenfalls in unserer Branche.

Englischsprachige Manuskripte lassen sich für deutsche Autoren offenbar leichter schreiben als solche in der Muttersprache, weil sie nicht diese unsägliche Mischung aus deutschen und englischen Textbausteinen aufweisen und den Verfasser von der Entscheidung befreien, ob er nun „Support" oder „Unterstützung" schreiben soll bzw. ob er für „Payload" eine halbwegs passende deutsche Alternative findet. Letzteres ist gar nicht so einfach, denn „Bezahl-Last" als wörtliche Übersetzung ist ja nun nicht gerade ein gängiger Begriff, obwohl er den Sachverhalt irgendwie treffender als die englische Formulierung wiedergibt. Ein weiteres Plus für englischsprachige Manuskripte ist, dass sie – zumindest theoretisch – eine größere internationale Sichtbarkeit haben, obwohl ja eine wissenschaftliche Veröffentlichung im Mittel nicht mehr als 1,5 Leser hat unter Einschluss des Autors (wenn man einschlägigen Statistiken glauben darf).

Aber es spricht auch einiges gegen den neuen Trend. Nicht alles muss in englischer Sprache publiziert werden. Schließlich gibt es immer noch deutsche Tageszeitungen, obwohl wir den in Flugzeugen manchmal ausliegenden International Herald Tribune nicht verschmähen (der kostenlose Zugang zu einem interessanten Nachrichtenmagazin wird uns im Zeitalter der Billigflieger leider abhanden kommen). Trotzdem wird man kaum auf die Idee verfallen, diese Zeitschrift zu abonnieren. Also sollten deutsche (Fach)-Zeitschriften auch weiterhin ihre Leser finden.

Das wichtigste Argument gegen die Umstellung von PIK zu PIC (Practice of Information and Communication) scheint mir aber zu sein, dass man dadurch freiwillig ein Alleinstellungsmerkmal aufgibt, denn deutschsprachige Fachzeitschriften sind inzwischen selten geworden. Und diese Sonderstellung wird noch einzigartiger, weil sich der Erzrivale „it + ti" mit Wirkung von Heft 1/2003 in „it – Information

A. Potton, *Abgründe der Informatik,*
DOI 10.1007/978-3-642-22975-6_47, © Springer-Verlag Berlin Heidelberg 2012

Technology" umbenannt hat. Gerade jetzt hätte PIK einen Kontrapunkt setzen können. Stattdessen machen wir es der „it + ti" einfach nach! Nicht die Umstellung an sich ist verwerflich, sondern der Umstellungszeitpunkt. Wenn wir wenigstens vor(!) der „it + ti" gewesen wären!

Verantwortlich für die neue Sprachregelung war der enorme Druck, den die beiden (deutschen!) Herausgeber mit ihrer Forderung bzgl. durchgängig englischer Sprache auf die Redaktion mit Hans Günther Kruse als Verantwortlichem ausübten: „Kruse, friss oder stirb" – und da hat Kruse halt gefressen. Und das trotz der Tatsache, dass an fast allen Beiträgen des Themenhefts deutschkundige Autoren beteiligt sind – in mehreren Fällen sogar ausschließlich solche! Die Heftherausgeber haben sich bei ihrer Druckausübung auf den armen Herrn Dr. Kruse möglicherweise etwas zu stark vom Familiennamen eines der Manuskriptautoren („Z. Despotovic") beeinflussen lassen.

Es stellen sich jetzt viele neue Fragen: Sollen, müssen, werden wir ab sofort auch bei Nichtthemenheften englischsprachige Manuskripte bringen? Vielleicht sogar bevorzugen? Wird die Zahl deutschsprachiger Beiträge überhaupt noch ausreichen, um PIK-Hefte zu füllen? Vielleicht könnten wir auch – wie etwa im Lufthansa-Inflight-Magazin – jeden Artikel in deutscher und in englischer Sprache herausgeben (:-).

Unter Abwägung aller Pro- und Contra-Argumente verdient eine erfreuliche Eigenschaft englischsprachiger Manuskripte festgehalten werden: In ihnen haben Bandwürmer wie Schemakorrespondenzeditor, Prozessdefinitionsevolutionsseite, Tripelgraphgrammatikenspezifikation, Reaktivrektifikationskontrolle oder Prozellmodelldefinitionsprozess keine Chance. Ich versichere an Eides statt, dass die genannten Ungetüme aus seriösen Meetings eines DFG-Sonderforschungsbereichs stammen, wobei den Erzeugern dieser Absurditäten nicht die geringste ironische Absicht zu unterstellen ist. Dabei sind diese Konstrukte noch rein gar nichts im Vergleich zu dem, was ein Landwirtschaftsminister aus Mecklenburg-Vorpommern (MeckPomm) dem Parlament vorgelegt hat, nämlich ein „Rinderkennzeichnungs- und Rindfleischetikettierungsüberwachungsaufgabenübertragungsgesetz".

Beiträge in englischer Sprache wären deutlich kürzer als deutschsprachige, weil die mittlere Wortlänge kleiner würde. Das geht schon los mit „I" statt „Ich", „We" statt „Wir" usw.; „Du" statt „You" ist eine der seltenen Ausnahmen. Mysteriöse Schachtelungen unverständlicher Nebensätze wären dann nur noch in begrenztem Umfang möglich. Zum Ausgleich könnten wir mehr Artikel pro Heft bringen und die Wartezeit bis zum Erscheinen eines Manuskripts deutlich verkürzen. Aber: Würden wir dann überhaupt noch genug Material haben??

In Heft 1/2003 hätte die englische Sprache bereits Wirkung gezeigt, denn dort geriet das Geleitwort ungewöhnlich lang. Normalerweise sollte eine Seite reichen, aber dieses erstreckte sich ohne rechte Not über zweieinhalb Seiten. Konsequenz dieses Geleitgeschwafels war, dass für „Alois Potton" kein Platz mehr war. Das Fehlen der Kolumne fiel einer prominenten Leserin auf, die deswegen – was mich sehr freute – bei der Redaktion protestierte.

Das englischsprachige Geleitwort zu Heft 2/2003 enthält ebenso viel Information wie das von Heft 1/2003, kommt aber mit einer einzigen Seite aus, weshalb „Alois Potton" wieder aktiv werden musste oder durfte. Ob das ein Plus- oder ein Minuspunkt für das betreffende Heft war, darüber mag sich der „geneigte Leser", wie H.-G. Kruse ihn zu nennen pflegt, seine eigenen Gedanken machen.

Kapitel 48
SPAM

Eine Drecklawine überrollt uns ähnlich den Schlammfluten, welche nach der Schneeschmelze diverse Alpentäler heimsuchen und unpassierbar machen. Die neue Lawine ist elektronisch und wir verdanken sie der Leichtigkeit des Versendens von Nachrichten an viele Adressaten gleichzeitig. Das hat viele zwielichtige Gestalten dazu veranlasst, aller Welt diverse Angebote zweifelhaften Inhalts zu machen. Woher wissen die Absender dieser Nachrichten eigentlich, dass ich Interesse oder Bedarf an diesen Angeboten habe? Nun gut, den Anlass dazu habe ich vielleicht schuldhaft dadurch gegeben, dass ich mir vor geraumer Zeit einmal eine ähnliche Nachricht aus Schusslichkeit oder auch aus Neugier angesehen habe. Ich geb's ja zu. Aber fragen tue ich mich doch, woher diese Müllschleuderer wissen, dass ich diverse körperliche Gebrechen habe und dass ich zudem total verschuldet bin. Ich vermute einmal, dass die Verursacher der SPAM-Flut dies eben nicht wissen, sondern dass sie einfach nur die Streubreite maximieren und wie mit einer Schrotflinte losballern in der Hoffnung, vielleicht doch irgendetwas oder irgendjemanden zu treffen. Leider sind Spam-Produzenten (noch?) schwer zu entlarven bzw. müssen wenig für den Vertrieb ihres Schrotts bezahlen, sonst würden sie es ja aufgeben.

Einen nahe liegenden und auch zumindest partiell wirksamen Schutz gegen die Schrottnachrichten bieten Filter, die aber ihre Tücken haben. Werden sie zu lasch eingestellt, dann nützen sie nicht viel. Werden sie dagegen zu scharf konfiguriert, dann kommen auch wichtige Nachrichten nicht mehr beim Empfänger an. Es sind mir Leute bekannt, die ihre Filter so konfigurieren, dass sie nur noch Nachrichten von Absendern durchlassen, die von ihnen als vertrauenswürdig akkreditiert wurden. Aber abgesehen davon, dass auch diese Schutzmauer durch gemeine Tricks umgangen werden kann, schränkt solches Verhalten die Kommunikation vielleicht zu sehr ein. Obwohl: die Theorie „Six degrees of separation" besagt, dass jeder jeden weltweit(!) erreichen kann – über maximal 6 Bekanntschaftsrelationen; man bezeichnet das auch als Small-World-Effect. Also käme ich mit höchstens sechs solcher Beziehungen von Kalterherberg bis nach Zentralpatagonien oder bis in die innere Mongolei; man mag es nicht glauben. Aber wenn die Six-Degrees-Theory auch nur ansatzweise zutrifft, dann könnte man den Spam-Filter schärfstmöglich einstellen und nur die wirklich vertrauenswürdigen Nachbarn als Kommunikationspartner akzeptieren. Diese wären dann für den Weitertransport der Nachrichten zu anderen Adressaten zuständig und

A. Potton, *Abgründe der Informatik,*
DOI 10.1007/978-3-642-22975-6_48, © Springer-Verlag Berlin Heidelberg 2012

so weiter. Es entstünde auf diese Weise ein veritables ad-hoc-Netz. Ob so etwas allerdings praktisch funktionieren würde, müsste noch näher untersucht werden, denn wenn die 6-degrees-theory stimmt, dann muss es ja auch Zeitgenossen geben, die sowohl edle Menschen kennen als auch Spam-Produzenten (denn auch diese müssten ja über maximal sechs Zwischenschritte erreichbar sein). Und damit würde uns auch der schärfste Filter vor Spam nicht schützen können.

Da das Filtern nach Absenderadressen also problematisch ist, bleibt wohl nichts anderes übrig als Nachrichten inhaltsbezogen zu überprüfen und bei hinreichenden Verdachtsmomenten als Spam zu klassifizieren und zu verwerfen. Das ist bereits gängige Praxis und die Spam-Produzenten scheinen das auch schon zu wissen, denn warum sonst kämen sie auf die Idee, zwischen die Buchstaben gewisser Worte – etwa den Produktnamen eines Stärkungsmittels – Punkte oder andere Sonderzeichen zu setzen, um die automatische Erkennung des Produktnamens zu erschweren. Diese simplen Tricks kennen aber auch die Hersteller von Spam-Filtern, weshalb sich die SPAMmer wieder Komplizierteres einfallen lassen usw. Ein echtes Hase-und-Igel-Spiel, das vermutlich Arbeitsplätze schafft und daher positive Auswirkungen auf die Konjunktur haben sollte. Dieser Umstand verdient bei allem Negativem, was sonst so über Spam gesagt wird, auch mal als positive Randerscheinung vermerkt zu werden.

Während ich mich also durch Filter gegen allzu viel Spam noch mehr oder weniger gut schützen kann (trotzdem muss ich viel Zeit damit verbringen, Nachrichten in den Papierkorb zu transportieren), bin ich gegen eine andere Klasse von Unsinnsnachrichten beinahe hilflos. Ich will versuchen, mein Dilemma an einem Beispiel zu verdeutlichen: Es kann insbesondere im Kontext großer EU-Projekte vorkommen, dass man sich in einem Netzwerk wiederfindet, an dem man aus irgendeinem Grund interessiert ist, z. B. in einem „Network of Excellence". Ach wie schmeicheln uns dieser Name und die Tatsache, dass wir ebenso wie ca. 65 andere Institutionen mit zusammen schätzungsweise 1000 so genannten Experten zu diesem illustren Kreis gehören dürfen! Zwar mindert die übergroße Zahl der Experten den Exklusivitätsanspruch ein wenig, aber immerhin, es ist eine Ehre. Ich habe keinen Schimmer davon, wie die konkrete Arbeit in einem so riesigen Gebilde organisiert werden soll, aber darüber haben sich auch die Initiatoren dieser Idee offenbar keine Gedanken gemacht. Hauptsache, es gibt Geld. Da sich die ca. 1000 Leute nur selten treffen können (denn so viel Geld kriegen wir ja nun wieder auch nicht), läuft die Kommunikation vorwiegend elektronisch. Und wenn der Gesamtkoordinator des Exzellenznetzes eine Frage an alle Gruppenmitglieder stellt, dann erfolgen die Rückmeldungen nicht etwa durch „Antwort an den Absender", sondern vorwiegend durch „Antwort an alle". Von diesen „allen" werden dann wieder sehr viele eine Rückfrage stellen – ebenfalls an alle – und so fort. Folglich steigt die Zahl der versendeten Nachrichten quadratisch oder im schlimmsten Fall sogar exponentiell mit der Zahl der Teilnehmer an – und so gut wie alle Nachrichten sind für mich völlig wertlos. Es ist Spam der schlimmsten Sorte und wird nur noch getoppt von den zahllosen verzweifelten Versuchen, mich zum Besuch einer an Teilnehmermangel leidenden Konferenz zu motivieren.

Übrigens: Was haben Monty Python's Flying Circus und SPAM miteinander gemein? Die Antwort auf diese Frage findet man zum Beispiel auf http://www.pcwelt.de/ratgeber/online/31248/2.html.

12/2003

Kapitel 49
Drittmittel

Die vorliegende Ausgabe ist von den bisherigen 49 Kolumnen diejenige, die am knappsten vor ihrer Drucklegung geschrieben wurde. Dass Alois derart in Zeitnot geriet, hat mehrere Gründe.

Erstens: Viele zugkräftige Themen sind bereits verbraucht. Der Unternehmensberater wurde ebenso auf die Schippe genommen wie die Frauenbeauftragte (pardon: die Gleichstellungsbeauftragte); gelästert wurde über Viren ebenso wie über Standards oder auch über Fax-Geräte; der inzwischen (wegen der Kolumne?) längst aus der Mode gekommene ATM-Würfel wurde fröhlich veräppelt usw. usw. Jeder Beitrag hat ein Thema vernichtet, welches sich zum Persiflieren eignete. Inzwischen scheinen aber offenbar nicht mehr so viele neue Trends zu entstehen wie man für vier Beiträge pro Jahr bräuchte oder es fehlt mir die Gabe, neue (Fehl)-Entwicklungen zu identifizieren und geeignet zu verarbeiten.

Zweitens: Die rechte Lust zum Schreiben will sich weniger und weniger einstellen, denn die Rückmeldungen der Leser fehlen. Keiner äußert sich. Niemand schreibt einen Leserbrief. Oder werden diese mir vorenthalten, um mich zu schonen?

Drittens (und das ist der wichtigste Grund): Es fehlt die Zeit, denn Alois ist wie alle Kollegen praktisch rund um die Uhr auf der verzweifelten Jagd nach Drittmitteln, die immer schwieriger wird. Woran mag es liegen, dass uns die traditionellen Drittmittelgeber von der Fahne gehen? Gehen wir sie doch einmal der Reihe nach durch:

An vorderster Front für jeden Drittmittelbegierigen muss natürlich die Deutsche Forschungsgemeinschaft (DFG) mit ihren diversen Fördermöglichkeiten stehen. Zunächst einmal das Normalverfahren, wo man selbst die abenteuerlichsten Ideen als Projekte beantragen darf und auch bewilligt erhält, wenn sie nur qualitativ hochwertig genug sind. Das Normalverfahren ist ein Förderinstrument, um das man Deutschland weltweit beneidet. Nur: der Futtertrog ist viel zu klein und sein jährlicher Aufwuchs ist kaum noch als nennenswert zu bezeichnen. Andererseits gibt es immer mehr Ferkel, die aus diesem Trog saufen wollen. Also ist die Bewilligungsquote auf einen deprimierend niedrigen Wert gesunken, der den Aufwand zur Erstellung eines Antrags kaum noch rechtfertigt.

A. Potton, *Abgründe der Informatik,*
DOI 10.1007/978-3-642-22975-6_49, © Springer-Verlag Berlin Heidelberg 2012

Eine andere DFG-Förderschiene sind Schwerpunktprogramme, die zu aktuell besonders heißen Themenbereichen ausgeschrieben werden. Gegenüber dem Normalverfahren hat diese Förderart den schwerwiegenden Nachteil, dass man zur Teilnahme an zahllosen Berichtskolloquien verpflichtet ist. Und die werden nicht immer an Orten ausgerichtet, wo der sprichwörtliche Bär tanzt.

Die mutigste und aufwändigste Förderart ist der Versuch zur Einrichtung eines Sonderforschungsbereichs (SFB). Nehmen wir mal an, wir hätten eine Idee für eine attraktive SFB-Thematik und wir hätten auch schon hinreichend viel Vorarbeiten dazu geleistet. Dann haben wir uns geeignete Partner vor Ort suchen und (was ganz erheblich viel schwerer ist) wir müssen jede Menge Trittbrettfahrer fernhalten. Wir müssen uns darauf einstellen, dass beliebig viel Häme auf uns wartet, wenn die SFB-Einrichtung nicht gelingen sollte. Im Erfolgsfall wird die Anerkennung viel bescheidener ausfallen.

Ein besonders zahlungskräftiger Sponsor für Drittmittelprojekte könnte und sollte „die Industrie" sein – und das war sie auch bis vor nicht allzu langer Zeit. Aber diese Quelle scheint weitgehend versiegt zu sein – und wenn sie noch sprudelt, dann liefert sie nur Vorhaben von sechs oder zwölf Monaten Laufzeit und mit der Verpflichtung, in diesem Zeitraum etwas schnell Zusammengehauenes praktisch ohne Forschungsinhalt abzuliefern. Und das zu – an Industriemaßstäben gemessen – geradezu jämmerlichen finanziellen Konditionen. Es ist beinahe aussichtslos, kompetente Leute für solche Schnellschüsse zu begeistern. Das vorhersehbar schlechte Resultat eines solchen Vorhabens reduziert die Begeisterung des industriellen Partners zur Bewilligung von Folgeprojekten. Ein Teufelskreis!

Die möglichen Drittmittelgeber sind mit den bisher genannten Alternativen längst nicht erschöpft. Anzubieten sind noch (die Liste ist unvollständig): Diverse Stiftungen, der Bund, die Länder und nicht zuletzt die Europäische Union, weil auf nationaler Ebene überall grausam gespart wird und man uns auf die EU verweist, wo Deutschland schließlich Nettozahler sei und deshalb möglichst viel durch Projekte und auf diese Weise entstehende Beschäftigungsverhältnisse zurückgeholt werden müsse. Also besteht eine moralische Verpflichtung zum Einwerben von EU-Projekten. Die Chancen dazu sind scheinbar auch nicht schlecht, denn die Zahl der Ausschreibungen ist hoch. Allerdings ist der Umfang der zugehörigen Dokumente so gewaltig, dass auch der Gutwilligste den Überblick verlieren muss. Mal angenommen, wir hätten uns mit einem dieser Projektaufrufe hinreichend angefreundet. In einem solchen Fall müssen wir versuchen, ein Konsortium auf die Beine zu stellen oder einem bereits existierenden solchen beizutreten. In beiden Fällen riskieren wir, dass unser Status nicht mehr ist als der eines Unterauftragnehmers, was unsere Stellung im Konsortium nicht gerade stärken wird. Da EU-Projekte aus unerfindlichen Gründen immer größer werden, besteht das Konsortium immer aus Dutzenden von Beteiligten aller europäischen Regionen und ist daher völlig handlungsunfähig. Abgesehen natürlich von der Ausrichtung zahlloser Projektmeetings, die ebenso lang wie ergebnisarm sind. Immerhin lernt man auf diese Weise halb Europa kennen, vor allem aber Brüssel, diese steingewordene Rache der Bürokraten. Vieles verbreitet in Brüssel eine Art von Endzeitstimmung: Die seelenlosen EU-Gebäude, die Scheußlichkeit der EU-Cafeterien (oder heißt es Cafeterias?), der grauenhafte Kaffee und die lauwarmen kohlensäurefreien Wässerchen, ... Am schlimmsten aber – wer's einmal erlebt hat, wird es bestätigen – ist das Umsteigen im Bahnhof Bruxelles Nord (wahlweise Brussel Noord): die pure Apokalypse! Bruxelles Midi (bzw. Brussel Zuid) ist kaum weniger schrecklich. Da verzichtet man besser von vornherein auf Drittmittel aus EU-Projekten.

9/2004

Kapitel 50
ConfTools

Neue Möglichkeiten verleiten den IT-Experten häufig zu missbräuchlicher Nutzung, die nicht selten bizarre Ausmaße annimmt. Ich will das an einigen Beispielen zu belegen versuchen. Das erste davon ist nicht IT-bezogen, aber immerhin zahlentheoretisch und besonders absurd. Es hat mit Bahnhöfen zu tun, genauer gesagt mit dem Hauptbahnhof von Stolberg (Rheinland). Zunächst einmal ist es erstaunlich, dass dieses mickrige Gelände mit seinen wenigen Gleisen den großmächtigen Titel Hauptbahnhof führen darf. Die Berechtigung dafür wird wohl daraus hergeleitet, dass es einen zweiten noch winzigeren Haltepunkt in der Kupferstadt Stolberg gibt. Größenwahnsinnig ist aber auf jeden Fall die Nummerierung der drei Bahnsteige, die es dort gibt. Sie lautet nämlich: 1, 2 (soweit noch ganz normal) und – man kann es nicht glauben – 43 (!). Welcher Wahnsinnige kann auf eine solche Schnapsidee verfallen? Dieser Mensch wollte vielleicht beweisen, dass er bis weit über 10 hinaus zu zählen in der Lage ist.

In der IT-Branche gibt es zahlreiche andere Beispiele für missbräuchliche Verwendung neuer Werkzeuge, ohne dass sich der „Experte" vorher überlegt hat, ob er diese auch zielgerichtet anwenden kann. Ein Musterbeispiel dafür lieferte (leider) unsere geliebte KiVS-Konferenz und zwar mit dem Begutachtungsmechanismus der für die KiVS 2005 in Kaiserslautern (Westpfalz) eingereichten Manuskripte. Die Organisatoren hatten ein Tool erworben, das dem PC-Mitglied angeblich die Arbeit erleichtern soll. Dieser Effekt wurde aber nur sehr bedingt erreicht, denn zahllose Schlampereien vergällten dem PC-Mitglied jegliche Lust, sich dieses Werkzeugs zu bedienen. Wieso? Zunächst wurde die im Original möglicherweise englischsprachige Bedienungsanleitung ins Deutsche zu übersetzen versucht, wobei natürlich der Konflikt zwischen hochdeutsch und pfälzisch vorprogrammiert war. Dieser zeigte sich neben diversen Schreibfehlern vor allem darin, dass der Pfälzer des Genitivs nicht kundig ist, weil er ihn durch generelle Verwendung des Dativs, also durch „dem sein(e)", zu ersetzen pflegt: „Ei horschemo, do kimmt e Fuxx, dem sei Ausdinschdung kunschd diräggd schnubberä". Nun ist der Pfälzer zwar des Genitivs unkundig, aber er weiß von dessen Existenz, weshalb er versucht, einen solchen an Stellen einzubauen, die seiner nun wirklich nicht bedürfen. Die sprachliche Qualität des Begutachtungsformulars war also entsprechend erbärmlich.

A. Potton, *Abgründe der Informatik*,
DOI 10.1007/978-3-642-22975-6_50, © Springer-Verlag Berlin Heidelberg 2012

Schlimmer aber waren die sachlichen Unerträglichkeiten. So suggerierte das Formular, man könne pro Kriterium 1 bis 10 Punkte vergeben (was dabei die beste bzw. die schlechteste Note sein sollte, wurde nicht verraten). Die folgenden genaueren Ausführungen ließen aber nur die Wahl einer der Schulnoten 1 bis 6 zu. Es wurde ferner verkündet, die ersten fünf Kriterien würden mit jeweils 10 % gewichtet und die abschließende Empfehlung, die man mit der mir bisher völlig unbekannten pfälzischen Wortschöpfung „Ausschlagurteil" umschrieb, mit den restlichen 50 %. Ich habe versucht, mir interessehalber die ersten fünf Kriterien anzusehen, aber irgendwie wollte es mir nicht gelingen, mehr als vier davon zu finden. Ob man in Nordrhein-Westfalen anders zählt oder rechnet als in der Pfalz? Oder meinetwegen in Bayern? Es scheint mir fast danach auszusehen, denn in einem ZDF-Bericht über Probleme mit betrunkenen Oktoberfestbesuchern antwortete ein bayrischer Polizist auf die Frage, ob er denn nicht Milde walten lassen und auch mal Fünfe gerade sein lassen könne, wie folgt: „Jo mei, I ko sogar amol Zähni grode sein loss'n". (Und das ist wirklich so gesagt worden und keinerlei Antubajuwarismus, ich schwöre!).

Das KiVS-Formular hatte weitere Ungereimtheiten, zum Beispiel wollte die zur Pflicht gemachte Änderung des zugeteilten Passworts ums Verrecken nicht gelingen, aber aus Fairnessgründen will ich nicht die KiVS allein anprangern, sondern noch eine andere Konferenz, diesmal eine internationale, die in Berlin stattfand und wo ich ebenfalls die Ehre hatte, dem Programmkomitee anzugehören. Selbstverständlich wurde auch dort ein professionelles Werkzeug benutzt. Und die Kriterien (deren Anzahl übrigens von den Berlinern korrekt berechnet wurde, na immerhin) wurden natürlich gewichtet; so etwas ist ja modern geworden. Allerdings: sieh' mal einer an, die Gewichte waren ausnahmslos gleich groß – und wenn das mal kein Quatsch ist, dann weiß ich es auch nicht mehr, denn: Wenn alle Menschen auf der Welt permanent gleichviel wiegen, wozu braucht man dann noch Personenwaagen? Auf diese einfache Analogie sind die Berliner aber offenbar nicht gekommen. Nun gut: Wäre die Konferenz auf Ostberliner Gelände ausgerichtet worden, dann hätte man ja noch zur Entschuldigung anführen können, dass im Kommunis- und/oder im Sozialismus eben völlige Gleichheit herrschte und dass deswegen auch die Gewichte identisch sein mussten (obwohl: nach unbestätigten, aber verlässlichen, Gerüchten waren ja auch im Sozialismus einige noch deutlich gleicher als andere). Aber diese mögliche Entschuldigung scheidet aus, weil die Konferenz auf dem Gebiet der früheren selbstständigen politischen Einheit Westberlin stattfand.

Die Verantwortlichen für den Einsatz des Berliner Konferenztools wurden außerdem durch den Begriff „Threshold" auf eine harte Probe gestellt. Dieser Schwellwert konnte nämlich für jedes der zahlreichen Beurteilungskriterien vorgegeben werden, aber auch hier wurde einfach immer derselbe Wert genommen, was erwiesenermaßen keinen rechten Sinn macht. Außerdem hatte ein Unterschreiten dieser Schwelle in dem einen oder dem anderen Fall – wie sich später herausstellte – keinerlei Auswirkungen auf die Annahme oder die Ablehnung eines Manuskripts.

Diese und ähnliche Schusseligkeiten halte ich für ärgerlich, denn für die großmächtigen Konferenztools wird wohl einiges an Geld hingeblättert und deshalb tragen sie dazu bei, die bereits jetzt astronomisch hohen Tagungsgebühren weiter zu verteuern. Löbliche Ausnahme: Die dreitägige Konferenz „IT and Sport" im September 2004 an der Sporthochschule Köln verlangte gerade mal 100 € (!!) an Gebühren inklusive Tagungsband und zweier exzellenter Buffets. Wenn das ohne Defizit gelang, darf man durchaus mal hinterfragen, wofür denn die ansonsten üblichen exorbitant hohen Gebühren ver(sch?)wendet werden!

12/2004

Teil VI

Oktoberrevolution: Die Exzellenzinitiative

Die deutsche Forschungs- und Entwicklungslandschaft hatte sich (Stand: 2005) in den letzten Jahrzehnten des vorigen Jahrtausends durch zunehmende Gleichmacherei und durch Billigkonkurrenz aus fernen Ländern ungünstig entwickelt: Rechner wurden schon lange keine mehr in Deutschland gefertigt und im Bereich der Software drohte man mittelfristig ebenfalls den Anschluss zu verpassen.

Diese nicht mehr zu übersehende oder zu vertuschende Beobachtung veranlasste dann eine Parforce-Aktion der Bundesregierung zur erhofften Wiederherstellung der Wettbewerbsfähigkeit: Die Exzellenzinitiative wurde mit großem Buhei aus der Taufe gehoben. Eine kleine Zahl von wissenschaftlichen Universitäten und Hochschulen sollte über einen begrenzten Zeitraum viel zusätzliches Geld erhalten. Bei genauerem Hinsehen stellten sich diese Zusatzmittel allerdings gemessen am regulären Etat als eher bescheiden heraus, aber das Label „Exzellenz" oder „Elite" war halt so wichtig, dass man sich auch ganz ohne Mittel um eine solche Auszeichnung bemüht haben würde.

Voraussetzung für den Erhalt dieser Zusatzmittel und für den Elite-Heiligenschein war (und ist), dass man den Wettbewerb um mindestens eines der wenigen Exzellenz-cluster gewinnen musste und auch mit dem Antrag auf mindestens eine der finanziell deutlich kleineren Graduiertenschulen erfolgreich war. Diese beiden Bedingungen waren aber nicht einmal zusammengenommen ausreichend zur Verleihung des Heiligenscheins: Es musste nämlich auch noch ein schlüssiges und nachhaltig erscheinendes Konzept zur Weiterentwicklung der gesamten Institution her nach dem Motto: „Stärken stärken und Schwächere auf das Niveau der Starken heben". Dass Letzeres eigentlich unmöglich war, stellte sich alsbald heraus. An der RWTH Aachen zum Beispiel, die sich natürlich an diesem Exzellenz-Hype leidenschaftlich beteiligte, gab und gibt es zwei unverkennbare Schwächen, die teilweise miteinander zusammenhängen:

- Die bereits im nationalen Umfeld eher bescheidene Reputation der philosophischen Fakultät (denn welcher Spitzenkulturwissenschaftler geht schon an eine eher kulturlose Technikerschmiede wie sie die RWTH nun einmal ist?).
- Und zum Zweiten der traditionell grausam niedrige Frauenanteil im Lehrkörper (und auch bei den Studierenden mit Ausnahme der philosophischen Fakultät).

Diese Schwachpunkte waren und sind natürlich bekannt, weil unübersehbar. Und die oberste Heeresleitung versuchte daher mit allen sinnvollen und nicht selten auch mit ziemlich fragwürdigen Mitteln hier Abhilfe zu schaffen. Glosse 63 („Genderwahnsinn") berichtet darüber mit einem Schüttelreim am Ende der Glosse.

Trotzdem war die Exzellenzinitiative ein gewaltiges und auch positives Signal zum Aufbruch an deutschen Universitäten. Zahllose Anträge wurden vorbereitet und zum kleineren Teil auch ausformuliert. Es bildeten sich neue Koalitionen in der Hoffnung, an scheinbar gewaltige Zusatzmittel zu gelangen. Man verschloss die Augen davor, dass diese neuen Verbrüderungen von sich bisher eher misstrauisch beäugt habenden und enorm futterneidischen Personen unvermeidlich den Keim für spätere brutale Verteilungskämpfe in sich bargen – natürlich nur dann, wenn der gemeinsame Antrag bewilligt wurde – und „gemeinsam" musste er unbedingt sein, denn der Begriff „interdisziplinär" war das Zauberwort und zum Öffnen der Türen, also zur letztendlichen Bewilligung des Antrags, zwar nicht hinreichend, aber doch absolut notwendig.

Für den Antrag selbst gab es nur wenige Vorschriften: Die Thematik war beliebig, wobei natürlich einige Themenbereiche deutlich chancenreicher waren oder wenigstens zu sein schienen als andere. Vorgegeben war nur der maximale Umfang, was aber auch keine wirkliche Einschränkung war, denn in den beliebig langen Anhängen konnte man so viel an Zusatzinformationen unterbringen wie man nur wollte. Und die Anhänge fielen daher immer sehr lang aus, denn wie schon Goethe wusste, lässt sich langes Gebrabbel deutlich schneller und leichter erzeugen als konzise und prägnante Formulierungen.

Damit aber die Zeichenzahl des Antrags durch Verwendung einer mikroskopisch kleinen Schrift nicht ins Uferlose ausartete, wurden auch Schriftsatz und –größe vorgegeben, nämlich als „Arial 11". Also nicht etwa „Helvetica" oder „Geneva" (schließlich sind wir in Deutschland und nicht in der Schweiz) und auch nicht „Times New Roman" (das wäre zu italienisch-unseriös gewesen). Und „Letter Gothic" ging natürlich aus naheliegenden Gründen überhaupt nicht. Deshalb eben „Arial 11", auch wenn dies vielleicht ein Kniefall vor der mächtigen Firma Microsoft war, in deren Umfeld die Schriftart „Arial" ja angeblich entstanden ist. Mir war es eigentlich egal und ich beurteilte es höchstens eher positiv, denn Arial kommt ja vielleicht von „Aries", also dem Sternzeichen des Widders, in dem ich geboren bin. Daher gingen wir die Sache freudig an und die erfolgreiche Einwerbung eines Exzellenzclusters (was aber später dann doch einige unangenehme Seiteneffekte mit sich brachte; siehe Nr. 69) schien uns auch in unserer Begeisterung zu bestätigen.

Kapitel 51
25 Jahre KiVS

In Berlin (West) und nur in Berlin sollte sie stattfinden, unsere KiVS-Tagung. An Berlin (Ost) war ja aus Wessi-Sicht vor 25 Jahren (Stand:2005) noch gar nicht zu denken und andere Lokationen der alten Bundesrepublik sollten als Veranstaltungsort auf immer und ewig ausgeschlossen sein. Und die KiVS sollte vom Niveau (das sowieso!) und auch von der Teilnehmerzahl her eine gleichfalls im Frühjahr organisierte kommerzielle Konkurrenzveranstaltung, deren Namen ich hier nicht nennen will, deutlich übertreffen. Diese Ziele wurden auch zeitweise erreicht, denn in der Berliner Frühzeit hatte die KiVS locker und leicht 750 zahlende Teilnehmer, viele davon aus der Industrie. Heute sind uns leider die Industriellen weitestgehend abhanden gekommen und die Teilnehmerzahl erreicht nur noch Bruchteile früherer Werte – mit sinkender Tendenz.

Auch der Schwur des ewigen Verbleibens in Berlin hielt nicht lange, denn bereits im Jahr 1984 wagte Baden-Württemberg eine Palastrevolution, indem aus einer damaligen Position der Stärke heraus beantragt wurde, die KiVS 1985 in Karlsruhe auszurichten zusammen mit dem Versprechen, dies werde ein einmaliges Verlassen des angestammten Tagungsorts bleiben. Dabei hatte man aber das Ausmaß des Beleidigtseins der Berliner gewaltig unterschätzt: Berlin weigerte sich nämlich (und weigert sich immer noch hartnäckig), die KiVS noch einmal auszurichten. Daher musste schon 1987, nachdem sich Berlin trotz mancher Schmeicheleinheiten widerspenstig zeigte, Aachen kurzfristig als Notstopfen in die Bresche springen – und rückblickend auch ganz erfolgreich. Es gab die schönste aller Abendveranstaltungen – nicht zuletzt wegen des Auftritts der Bewegungsgruppe „Mobile" von der Deutschen Sporthochschule Köln. Die Begeisterung und die strahlenden Augen (auch fotografisch dokumentiert) von Radu Popescu-Zeletin sind unvergessliche Highlights. Allerdings haben wir Radu ja wie so viele andere seit diversen KiVSen nicht mehr als Teilnehmer begrüßen dürfen. Vielleicht deshalb, weil die KiVS nicht mehr in Berlin stattfindet. Wenn Radu Berlin verlässt, dann gleich richtig, also nicht in die langweilige BRD, sondern direkt nach Fernost, nach Afrika oder nach US. Ich kann das kompetent beurteilen, denn ich verhalte mich ähnlich und treffe Radu häufiger im Ausland als zuhause. Anlässlich der Aachener Tagung konnte sich Nina Gerner (jetzt: Nina Kalt) vor Begeisterung über das Konzert im Aachener Dom nicht mehr einkriegen. Und Werner Zorn wankte in dichtem Schneetreiben und bei eisiger Kälte

A. Potton, *Abgründe der Informatik*,
DOI 10.1007/978-3-642-22975-6_51, © Springer-Verlag Berlin Heidelberg 2012

gewärmt durch diverse Promille ohne Mantel und Jacke vom nicht mehr existierenden Leierkasten zurück zu seinem Hotel. Er überstand das aber ohne ernstliche Erkrankung und erhielt auch Jacke, Mantel, Portemonnaie und Kreditkarten zurück, so ehrlich sind halt die Aachener.

Ach ja, gefeiert wurde bei den KiVS-Veranstaltungen schon immer heftig, vielleicht um sich von der Ereignislosigkeit der Provinzstädte abzulenken. Ganz schlimm war es 1989 in Mannheim, nachdem Berlin wieder einmal verweigert hatte. Paul Kühn verlor damals, wie er mir nachher gestand, beinahe seinen Führerschein und der Autor dieser Zeilen sprach dem von Hans Meuer überreichlich angebotenen Alkohol so sehr zu, dass er morgens um drei die Glasscheibe der Eingangstür des Central-Hotels stark beschädigte, ohne allerdings Einlass zu erhalten. Die Übernachtung erfolgte darauf in der (im wahrsten Sinne des Wortes zugigen) Vorhalle des Mannheimer Hauptbahnhofs. Erst um sechs Uhr morgens gelang der Eintritt durch die nun wieder aufgesperrte Hoteltür und im Frühstücksraum wurde an vielen Tischen die Frage, welcher Idiot denn die Tür ramponiert habe, leidenschaftlich diskutiert, blieb aber zum Glück unbeantwortet.

Apropos Hans Meuer: Anlässlich der ersten KiVS in den neuen Bundesländern (Chemnitz 1997), wo wir von einem nicht erwarteten Ausmaß an Weiberfastnacht überrascht wurden, verlor er nach nicht unerheblichem Alkoholgenuss seine Brille und tat sich auch sonst körperlich ziemlich weh. Die Brille fand sich wieder, die lädierten Knochen brauchten einige Zeit bis zur Heilung. Es gelang mir ebenfalls in Chemnitz, eine meiner früheren Studentinnen (Sabine Breuer) zu bewegen, bei der Preisverleihung für die beste Diplomarbeit dem Preisüberreichenden, nämlich Wolfgang Effelsberg, gemäß rheinischer Tradition seine teure Krawatte abzuschneiden. Der ungläubige Blick von Wolfgang wird jedem, der dabei war, ewig in Erinnerung bleiben.

Und mit was für Themen wir uns in der KiVS-Frühzeit herumgeschlagen haben! Bildschirmtext, multifunktionale Endgeräte, X.25, ATM, . . . Alles aus heutiger Sicht absolut nicht mehr vorzeigbar und bestenfalls noch Schmunzeln oder Depressionen auslösend. Da haben es die Mathematiker oder Physiker schon besser, deren Ergebnisse aus dem Jahr 1920 immer noch gewisse Relevanz haben. Muss man sich dann nicht automatisch fragen, welcher Staub in fünf Jahren auf den Vorträgen der KiVS 2005 liegen wird?

Und was ist eigentlich mit dem Namen „KiVS"? Er war lange umstritten, denn „Kommunikation in verteilten Systemen" legt zu viel Betonung auf „Kommunikation" und zu wenig auf „verteilte Systeme", so wie es ja in Thomas Manns Klassiker „Lotte in Weimar" mehr um Goethes Geliebte „Charlotte Kestner, geb. Buff" geht als um das öde Nest „Weimar". Die Lösung und gleichsam der Stein der Weisen war, die Fachgruppe, welche die KiVS organisiert, einfach in KuVS umzutaufen (Kommunikation und verteilte Systeme). Dem Stellenwert der verteilten Systeme innerhalb der KiVS hat dieser gemeine Trick wenig oder nichts genutzt, was zum Beispiel Kurt Geihs immer wieder beklagt.

So, das war mein sehr persönlich gefärbter Rückblick auf 25 Jahre KiVS. Es gäbe noch viel mehr zu erzählen, aber Heinz-Gerd Hegering und Hans Günther Kruse haben mir wie üblich nur eine Seite zugestanden. Daher als Abschluss noch ein kurzes Gedicht zum „Silbernen", das zwar sonderbar ist, aber dafür war es um so schwerer:

Schon fünfundzwanzig Jahre giff's
nun uns're heißgeliebte KiVS.
Erzeugt (als Resultat des Suffs?)
von einer Gruppe namens KuVS.
Der Inhalt des Jub'läumsheffs
wurde verfasst von KuVSen-Chefs.
Ein starkes Heft ist es, ein straff's;
das reimt sich gut, da seid Ihr baff(s).
Es hat'ne Menge Lesestoffs.
Dass es gefallen tat: Ich hoff's!

3/2005

Kapitel 52
Felix East Asia

Es gibt ein Problem, auf das ich bereits vor einem Jahr hingewiesen habe: Die IT-Themen werden langsam rar. Entweder sie sind schon abgearbeitet oder ich erkenne die neuen Trends nicht mehr (ich kann doch nicht permanent über die Unternehmensberater herziehen, das wäre ja albern). Nebenbemerkung: „Neue Trends", das ist ja ein Duplikat wie „weißer Schimmel". Mehrere Leser haben mir dankenswerterweise gut gemeinte Ratschläge für neue Themen gegeben, thanks in particular to Manfred Paul and to Werner Gora. Die Schwierigkeit mit der praktischen Umsetzung ist aber, dass diese Vorschläge für eine praktische Umsetzung nur bedingt taugen, denn das Verfassen der Kolumne ist schwieriger als vielleicht vermutet wird. Ich jedenfalls brauche eine Art Urknall oder einen Kickstart, danach geht es ziemlich leicht, aber ohne Urknall ist es eine pure Quälerei mit vorhersehbar jämmerlichem Resultat, so sehr ich mich auch anstrenge. Und besagter Urknall lässt sich eben nicht erzwingen.

Also muss ich diesmal und vielleicht auch fürderhin (ein wahrlich vornehmes Wort!), weil ich die Kolumne doch besserer Einsicht zum Trotz immer noch nicht aufgeben will, andere Themen wählen. Und das fällt mir bedeutend leichter als das sture Beharren an IT-Fragen. Zum Beispiel will ich diesmal etwas smalltalken über Konferenzen im und über zugehörige Reisen ins Ausland. Ich liebe solches und schäme mich auch ein klein wenig dafür, aber nur ein winziges bisschen. Und ganz besonders gern reise ich, auch wenn ich jetzt bei vielen Lesern Neid errege, nach Südostasien. Zum Ausgleich verkneife ich mir die Bush-geschädigten langweiligen Vereinigten Staaten so oft wie möglich – leider gelingt das aber nicht immer. Also viel lieber auf nach Südostasien, denn dort wird man noch beinahe behandelt wie ein König. In Nordamerika ist man ein „weißer Neger" und in Deutschland ist es auch nicht viel besser, also flüchte ich, so oft ich kann. In etwas gewagter Abwandlung eines bekannten Zitats könnte man sagen: „Bella gerant Bush and Company; tu, Felix East Asia, smile".

Und erst die Konferenzen in Südostasien! Sie beseitigen für einige Zeit den Minderwertigkeitskomplex, wonach Europa gegen diese Länder keine Chance mehr hätte (was ja für die Produktion von Massengütern wie Fernsehgeräten und evtl. auch von Autos inzwischen wirklich zutrifft). Aber intellektuell werden wir mit Indien und China noch einige Jährchen mithalten können, davon bin ich überzeugt – und ich weise jeglichen Verdacht von mir, ein Chauvinist oder gar ein Rassist zu sein. Auch unseren Kinder und Kindeskindern wird das noch einige Zeit lang gelingen, äwwer sicher datt (sagt der Kölner) – allerdings mit einer Einschränkung: Sie werden

A. Potton, *Abgründe der Informatik,*
DOI 10.1007/978-3-642-22975-6_52, © Springer-Verlag Berlin Heidelberg 2012

den Konkurrenzkampf nur dann erfolgreich bestehen, wenn sie Grundlagenkonzepte und logisches Denken lernen und diese Kenntnisse für neue Herausforderungen anwenden statt dass sie sich auf das bloße Einpauken und auf das Beherrschen von kurzlebigen Software-„Lösungen" beschränken (was ja leider von nicht wenigen Industrievertretern immer noch als Traumziel einer guten Ausbildung angesehen wird).

Mein optimistischer Blick in die Zukunft gründet sich auf folgende Beobachtung: Bevor ein Inder selbstständig auf einen halbwegs originellen Ansatz kommt, wird die Erde aufhören, sich zu drehen (es gibt Ausnahmen, aber wirklich nur ganz wenige). Die Angehörigen dieser Nation können zwar besser auswendig lernen als unsereins und im Nachahmen sind sie ebenfalls schwer zu übertreffen. Aber einen Gedanken fassen, der nur einen Millimeter „off the beaten track" ist, das gelingt ihnen nicht: No chance! Das erleben deutsche Hochschullehrer Tag für Tag bei Prüfungen in internationalen Bachelor- und Masterstudiengängen. Und erst recht auf Tagungen in Asien. Deswegen bin ich immer ganz hochgestimmt und sogar überdreht, wenn ich von dort zurückkomme.

Aber nicht nur die Aufenthalte in Asien sind wundervoll, sondern auch die langen Reisen dorthin und zurück. Auf einer meiner jüngsten Flüge dorthin (ich sage absichtlich nicht: auf meinem letzten Flug . . . , did you get my point?) ergatterte ich – Sie mögen es für eine pure Nebensächlichkeit halten, aber ich achte auf solche Kleinigkeiten – eine Dose Castle-Bier echt aus Südafrika. Nicht etwa die übliche Amstel- oder Heineken-Brühe. Das rettete schon mal den halben Flug, obwohl der mit seiner 3-4-3-Bestuhlung in der Holzklasse einer Boeing 777 weniger Freiraum bietet als einem Huhn bei engster Käfighaltung zugestanden wird. Neben dem Genuss des exotischen Biers – ich sammle solche Genüsse – fand ich eine geradezu wundervolle Aufschrift auf der Dose, nämlich: „Brewed in perfect balance to satisfy a South African thirst". Da war ich aber von den Socken! Ich feixte innerlich und stellte mir sofort folgende Fragen:

- What is the definition of a South African thirst?
- What is the difference between a South African thirst and a German or a Russian one?
- How to model the thirst arrival process?
- Can we assume that interarrival times between South African thirst attacks are exponentially distributed; and if yes, with which parameter?
- Do we observe single thirst arrivals or is there also a possibility for multiple thirst arrivals?
- How to simulate the thirst arrival and service process with ns-2?
- Can we use semantic web services in order to distinguish a South African thirst from an Italian one?

Questions over questions. And no answers!

Anyway: I was really amused (unlike the UK queen with Charles and Camilla). Thus a simple can of beer and a small sentence printed on it makes me happy on an otherwise rather uncomfortable flight. You will admit that it is very easy to satisfy your good old Alois Potton.

Kapitel 53
Die Exzellenz-Cluster-Initiative

Mit den deutschen Universitäten steht es nicht zum Besten (oder schreibt man das Wort „besten" ab sofort mit kleinem Anfangsbuchstaben? Verfluchte Rechtschreibreform!). Der schlimme Zustand der Universitäten ist seit ewigen Zeiten bekannt – und es gab und gibt ungezählte selbst ernannte Experten, die daran herumdoktern und uns permanent neue Reformen verordnen, ohne dabei aber nachhaltige Erfolge zu erzielen. Vielleicht wäre eine Nicht-Veränderung zielführender als ständig neue „Ideen", welche die Lage graduell immer weiter verschlechtern. Dieser Änderungswahn hat vergleichbare Wirkungen wie bei meinem Rechner: Sobald der Systemadministrator drangegangen ist mit dem Versprechen, eine garantiert noch viel tollere und schnellere neue Software zu installieren, arbeitet das Gerät langsamer als vorher. Die gefühlte Geschwindigkeit des Rechners ist sozusagen ein eindeutiger Beleg für die gut gemeinten, aber manchmal etwas übermotivierten Aktivitäten unseres Systembetreuers.

Mit den Universitäten verhält es sich genauso: Einmal wird Gleichmacherei verordnet, dann wieder sollen die Unterschiede herausgearbeitet und besonders gute Lokationen mit Extramitteln belohnt werden, getreu dem Motto: „Der Teufel scheißt auf den dicksten Haufen". Momentan scheinen Regierung und Opposition hier wieder einmal die Rolle des genannten Teufels einnehmen zu wollen. „Eliteuniversität" nennt man das. Und exakt zehn Universitäten wollte man mit diesem schmeichelhaften Hochglanzlabel auszeichnen – genau wissend, dass dies so nie und nimmer funktionieren würde. Denn zur erfolgreichen Umsetzung dieses Gedankens hätte man ja die Zustimmung aller sechzehn Ministerpräsidenten der Länder gebraucht. Und 16 ist nun mal größer als 10, weshalb dieser Ansatz unmöglich funktionieren konnte, denn jeder einzelne Ministerpräsident musste doch bedient werden und natürlich Bayern und Baden-Württemberg gleich mehrfach. Aber entweder sind die Grundrechenarten in der Politik nur unzureichend bekannt (PISA gilt nicht nur für deutsche Grund-, Haupt- und Gymnasialschüler, sondern a fortiori auch für deutsche Politiker) oder die Politik hatte aus purer Niedertracht diesen Köder ausgelegt. Wissend, dass er nicht essbar sein würde. Diese Gemeinheit wäre ihr (der Politik nämlich) durchaus zuzutrauen.

Mit dem Trick der Eliteversprechung konnte man die Universitäten erst einmal eine Zeitlang ruhig stellen. Das war wohl auch das vorrangige Ziel der Übung. Diverse

A. Potton, *Abgründe der Informatik,*
DOI 10.1007/978-3-642-22975-6_53, © Springer-Verlag Berlin Heidelberg 2012

Monate später kam man dann zur nahe liegenden Erkenntnis, dass das Konzept der Eliteuniversität gar nicht so genial ist, denn schließlich kann keine einzige Universität von sich behaupten, in jeder Disziplin Spitzenleistungen zu erbringen. So mag ja, um ein Beispiel zu nennen, die KU Eichstätt (KU = Katholische Universität = offizieller Titel von Eichstätt) vielleicht in der katholischen Theologie brillieren, aber schon bei den evangelischen Theologen sind dort Schwächen unübersehbar – die sich schon darin zeigen, dass es im stockkatholischen Altmühltal die evangelische Theologie überhaupt nicht gibt.

Wenn also keine Universität in ihrer Gesamtheit elitär ist (das würde nicht einmal für Harvard oder für Stanford gelten), dann kann sie aber durchaus hervorragende einzelne Fachbereiche haben oder – noch besser – exzellente interdisziplinäre Zusammenarbeit zwischen Bereichen, die man stärken sollte. Das neue Zauberwort heißt „Exzellenzclusterinitiative". Damit sind scheinbar alle Probleme gelöst. Zumindest können die Universitäten auf diese Art und Weise für einen gewissen Zeitraum mit sich selbst beschäftigt werden – so wie das in den vergangenen Jahren erfolgreich durch den von oben verordneten Zwang zur Umstellung weg vom Diplom und hin zu Bachelor/Master gelungen ist. Eine andere beabsichtigte(?) und berechtigte Hoffnung war, dass sich einzelne Fachbereiche durch die Verordnung zur Ablieferung eines gemeinsamen Antrags aufs Gründlichste zerfleischen werden. Denn der Kampf um die virtuellen Fleischtöpfe (gerade mal bestenfalls 30 über die Republik hinweg und das für alle zig Disziplinen zusammen) und die frühzeitige Verteilung der Felle von noch nicht einmal am fernen Horizont sichtbaren – geschweige denn bereits erlegten – Bären ist bestens dazu geeignet, eine zuvor ggf. bestehende positive Zusammenarbeit zwischen Kollegen aufs Gründlichste zu ruinieren.

Ich hatte in diesem Zusammenhang einen furchtbaren Traum, nachdem ich über diese ganze Bredouille zu lange nachgedacht und aus Verzweiflung dem Alkohol allzu reichlich zugesprochen hatte. Es erschien mir nämlich, nachdem ich unruhig eingeschlafen war, eine wunderschöne Fee und sprach also zu mir: „Lieber Alois, ich sehe, dass Du Dir große Sorgen machst um den Zustand der Universitäten. Und schau einmal, ich habe eine gute Nachricht für Dich – aber leider auch eine etwas weniger gute. Die gute Nachricht ist: Es wird eine Exzellenzclusterinitiative kommen und eine zugehörige Ausschreibung – und ihr werdet dabei sein".

Da begann ich im Schlafe laut zu jubeln, worauf mich die gute Fee vorsichtig daran erinnerte, dass sie ja auch noch eine etwas weniger gute Nachricht für mich in petto habe. Dieses konnte mich aber überhaupt nicht mehr schockieren, denn die erste Botschaft war doch so überaus positiv. Trotzdem fragte ich nach, was es denn mit der schlechten Nachricht auf sich habe. Da antwortete die Fee: „Es ist eine Exzellenz-Cluster-Initiative, also ein Dreikomponentenkleber. Aber ihr könnt leider nur jeweils zwei von den drei Komponenten haben. Viel Glück bei der Auswahl". Dieses verkündete mir die gute Fee und sie entschwand.

Erst als sich meine Verblüffung gelegt hatte und ich schweißgebadet aufwachte, begann ich mir die drei Alternativen und die daraus entstehenden Konsequenzen klarzumachen:

Entweder man ist als Initiative exzellent, aber dann ist man kein Cluster (sondern lediglich eine Bande von Einzelkämpfern, für die eine Förderung sich nicht lohnt).

Oder man wird als Cluster initiativ, aber dann ist man kein bisschen exzellent (sondern bestenfalls eher mittelmäßig).

Oder zum Dritten: Man kann ein wirklich exzellentes Cluster sein, aber dann wird man ganz sicher nicht initiativ.

9/2005

Kapitel 54
Alois ist stolz auf sich!

In der Tat, Alois ist stolz auf sich. Nicht zuletzt wegen der offenbar gelungenen Kolumne zum Thema „Exzellenz-Cluster-Initiative". Viele Kollegen und sogar Rektoratsvertreter haben sich erfreut oder begeistert gezeigt. Allgemeines Schulterklopfen! „Wie mähdzde dat eijendlisch, Jong?". Gut, in Aachen sind solche Beiträge geduldet bzw. erwünscht, sogar im Rektorat. Vielleicht sieht das in anderen deutschen Landen etwas anders aus. Aber ich will die Gelegenheit nutzen, um einmal ein paar Tricks zu verraten, die beim Anfertigen einer solchen Kolumne nützlich oder notwendig sind. Möglicherweise hole ich mir durch diese Offenlegung Konkurrenz ins Haus, aber das macht nichts. Hier kommen also gleich vier Tricks:

Sammeln Sie gute Witze und verfremden Sie diese

Am besten hierfür eignen sich jüdische Witze, denn die sind am intelligentesten und gleichzeitig am gemeinsten. Ein Beispiel in verkürzter Form: Einstein trifft Hitler und sagt zu ihm: „Die Christen in Deutschland haben drei Eigenschaften: intelligent, ehrlich, nationalsozialistisch". Hitler freut sich wie ein Schneekönig über das unerwartete Kompliment. Darauf Einstein: „Aber man kann immer nur zwei von diesen drei Eigenschaften haben". (Und so weiter) ... Soweit also der Witz. Und jeder Kundige sollte jetzt erahnen, dass dies die Steilvorlage für die letzten Absätze der Kolumne zur Exzellenz-Cluster-Initiative war. Also geklaut, ich geb's ja zu! Denselben Kunstgriff habe ich übrigens schon mehrfach verwendet, z. B. mit ODP (Open Distributed Processing) oder mit SSE (Software Systems Engineering). Das geht alles sehr schön und lässt die Leute schmunzeln.

Beobachten Sie Absurditäten des täglichen Lebens, insbesondere der IT-Szene

Auch hier ein Beispiel: Ich war neulich Gutachter für Forschungsprojekte in Norwegen. Kann ich nur empfehlen, denn Norwegen ist außerordentlich reich! Also eine diesbezügliche Einladung keinesfalls ablehnen! Kollege Kühn sollte ebenfalls dabei sein, hatte aber übersehen, dass auch für ihn das Jahr nur 365 oder 366 Tage hat, d. h. es gab einen Terminkonflikt (wobei ich an Kühns Stelle die anderen Termine hätte sausen lassen). Für die Evaluation kamen die umfangreichen Unterlagen zuerst per Electronic Mail, dann auch mit normaler Post. Das im Flugzeug mitzunehmende Gepäck geriet dadurch bedenklich an die Gewichtsobergrenze, denn zusätzlich zum

A. Potton, *Abgründe der Informatik,*
DOI 10.1007/978-3-642-22975-6_54, © Springer-Verlag Berlin Heidelberg 2012

gewaltigen Papierberg mussten ja auch noch diverse Bierflaschen mitgenommen werden, denn Norwegen ist nicht nur sehr reich, sondern alkoholmäßig noch sehr viel teurer. Nach der Begutachtung wollte ich – ordentlich wie ich nun einmal bin – die Papierversion der Unterlagen wieder einpacken. Dieses wurde mir aber untersagt. Die Dokumente seien streng vertraulich! Das Verbot machte mein Rückgepäck leicht wie eine Feder, denn die Bierflaschen waren ja inzwischen auch entsorgt. Aber ich frage mich jetzt doch, wie ich mit der Vertraulichkeit der mir per Emails zugestellten Projektbits und -bytes umgehen soll. Der Vorgang könnte den Anstoß zu einer Kolumne über Sinn und Unsinn von Vertraulichkeit, von Datenschutzmaßnahmen usw. werden. Das liegt also auf Halde und muss noch geeignet bearbeitet werden.

Merken Sie sich ärgerliche Ereignisse und persiflieren Sie diese später

Diese Methode soll natürlich auch durch ein Beispiel belegt werden, das bisher aber noch nicht verwendet wurde. Unsere Philosophen würden vornehmer formulieren: „ein Exempel, das noch der Umsetzung bedarf". Also: Wenn ich vom Rheinland nach München fliege (muss man als Rheinländer ziemlich oft), dann pflege ich ein kleines Radiogerät mitzunehmen. Der Schweizer würde sagen: einen kleinen Radio. In Köln oder Düsseldorf ist das kein Problem, aber auf dem Rückweg macht die Handgepäckkontrolle jedes Mal einen furchtbaren Aufstand. Man verlangt von mir, dass ich das Radio (bzw. den Radio) einschalte und eine dieser grauenhaften Schnulzen von BR 1 abspiele. Diese Unsymmetrie der Kontrolle scheint mir sinnlos. Vor nicht allzu langer Zeit platzte mir deswegen der Kragen und ich verstieg mich dummerweise zu folgender Äußerung: „Lieber Herr Kontrolleur, Sie scheinen zu glauben, die Tatsache, dass dieses Gerät Volksmusik dudelt, sei ein Beleg für die Abwesenheit von Plastiksprengstoff. Da sind Sie leider schief gewickelt. Es würde mir nämlich leicht gelingen, den Sprengstoff dekorativ um den Lautsprecher zu platzieren und der Radio würde trotzdem spielen". Diese zugegebenermaßen pampige Rede war ein schwerer Fehler, denn jetzt verfiel der Kontrolleur erregt in sein oberbayrisches Idiom: „Jo Herrschaftsseitn, jedz wui I Eana amol zeign, wos a Kondrolln üs". Sprach's und zerlegte mich in einem fensterlosen Nachbarraum nach allen Regeln der Kunst, geschlagene zwanzig Minuten lang. Das war nicht angenehm und wegen Zeitknappheit mit einer privaten PKW-Fahrt zur bereits auf dem Vorfeld wartenden Maschine gekoppelt. Weniger nett waren die bösen Blicke der Flugzeuginsassen, die sich zu Recht über diesen saumseligen Passagier beschwerten.

Registrieren Sie Widersprüchliches

Ein letztes kleines Beispiel: Im Zuge der Ausarbeitung von Studienordnungen für immer neue Studiengänge im In- und Ausland (ca. ein neuer Studiengang pro Monat) hatten wir kürzlich einen Vorgang betreffs eines internationalen Studiengangs in einem südostasiatischen Land (ich erinnere in diesem Zusammenhang an die vorvorige Kolumne „Felix East Asia"). Es ging um die Frage, ob eine bestimmte Lehrveranstaltung verpflichtend (also „mandatory") oder frei wählbar (also „elective") sein solle. Ein ewiges Hin und Her: Der Vorteil von „mandatory" ist, dass man alle Studierenden sieht und entsprechend schikanieren kann. Der Charme von „elective" liegt umgekehrt darin, dass man die Sache ab und zu auch mal ausfallen lassen darf, ohne dass es jemand merkt. Der Gordische Knoten konnte nach langer Diskussion nur durch einen unserer asiatischen Partner durchtrennt werden, der mit entwaffnendem Lächeln die Lösung fand: „Then we will make the course mandatory elective". So einfach ist das! Zur Nachahmung dringend empfohlen. Von Asien lernen, heißt siegen lernen.

12/2005

Kapitel 55
Die Flatrate und andere Flachheiten

Flatrate ist ein Spezialtarif, der wie viele andere solcher Tarife (all-you-can-eat, Monatskarte, Ehe) das Ereignis total entwertet. Diese Erkenntnis stammt nicht von mir, sondern ist aus TITANIC (Dezemberheft 2005) entnommen. Es scheint mir aber nahe liegend zu sein, dass an dieser Weisheit etwas dran ist: Was nichts kostet oder was fixe Kosten verursacht, ist nichts oder wenig wert. Als gesichert kann gelten, dass die Flatrate eine Abkehr vom Gebot der Datensparsamkeit im Gefolge haben wird. Überlegungen zur strukturierten und effizienten Erstellung von Programmcode oder von Webseiten oder von was auch immer werden hinfällig und sogar als dumm oder einfältig verspottet werden. Dabei würde uns etwas Datensparsamkeit ganz gut zu Gesicht stehen. Denn dieses Prinzip würde so manchen Höchstleistungsrechner entbehrlich machen, wenn man dort nämlich bessere Programmiersprachen, leistungsfähigere Compiler und weniger altmodische Programme einsetzen würde anstatt dieselben uralten Codes mit immer mehr Mega-, Giga-, Tera-, Peta-, Exa-, Zetta- und Yotta-Flops durchzunudeln – um dann doch den Tsunami nicht vorhersagen zu können. Übrigens: der Name „Flop" als Bezeichnung für eine Gleitkommaoperation (pro Sekunde), ist das nicht ein frappierendes Indiz für die vermutete Nützlichkeit solcher Rechenoperationen – sozusagen eine wirklich gelungene Freudsche Fehlleistung? Nebenbei bemerkt: Die Umkehrungen zu Mega, ... Yotta heißen Mikro, Nano, Pico, Femto, Atto, Zepto und Yocto. Hätten Sie's gewusst? Wahrscheinlich nicht, aber Wikipedia weiß alles!

Im Englischen hat das Wort „flat" (was im Deutschen einfach nur „flach" bedeutet) zwei recht interessante Nachbarn mit geringer Hammingdistanz. Für Nichtexperten: Dieser Abstand ist ein Maß für den Unterschied zweier Zeichenketten, im einfachsten Fall für die Anzahl unterschiedlicher Bits von gleichlangen Binärfolgen. Es gibt in der englischen Sprache das Verb „to flatten", was so viel heißt wie flachmachen oder zerdeppern – und es gibt das ganz ähnlich aussehende Wort „to flatter", was nichts anderes bedeutet als „sich einschmeicheln". Beides scheint mir als Erklärung für die Flatrate ganz passend, denn offensichtlich will sich der Netzbetreiber durch das Angebot eines Flatrate-Tarifs beim Kunden einschmeicheln und ihn dadurch einlullen. Andererseits kann die Flatrate aber durch regelmäßige Wiederkehr den Nutzer aber auch flachmachen, zumindest finanziell. Ich kann mich zwischen „flatter" und „flatten" als Ausgangspunkt für die Bezeichnung „Flatrate" nicht richtig entscheiden.

A. Potton, *Abgründe der Informatik*,
DOI 10.1007/978-3-642-22975-6_55, © Springer-Verlag Berlin Heidelberg 2012

Flach ist auch mancher andere Aspekt der Informations- und Kommunikations-technik, zum Beispiel die Form diverser Adressen – zum Beispiel der MAC-Adressen von Ethernet. Ein flaches, also nicht-hierarchisches, Schema hat den Vorteil, dass man bei einem Umzug seine Adresse einfach mitnehmen kann. Problematisch dage-gen ist, dass man den Benutzer oder das Gerät schwerer lokalisieren kann, weil man aus der Adresse nicht mehr ableiten kann, ob er auf den Cocos- und Caiman-Inseln beheimatet ist oder nicht doch vielleicht in Biele- oder Bitterfeld. Obwohl: so groß sind die Unterschiede zwischen den genannten Lokationen ja nicht.

Flach werden – hardwarebezogen – die Bildschirme, und das ist nun ein Effekt, gegen den wirklich kaum etwas einzuwenden ist.

Flach wird zweifelsfrei auch das Niveau der neu eingerichteten Bachelor/Master-Studiengänge im Bereich Informatik/Informationstechnik sein, denn allzu viel Lehrstoff muss dort in immer kürzerer Zeit in die Studierenden hineingepresst werden, um sie durchlaufzuerhitzen und schnellstens berufsfähig zu machen. Be-rufsfertig werden sie dann erst durch intensives industrielles Training. Dort (nämlich in der Industrie) kann man das ja sowieso besser als in den Universitäten, wo die fachidiotischen (oder flachidiotischen, um beim Thema zu bleiben) Professoren den Studierenden nur unnütze Flausen in den Kopf setzen. Durch die neuen Studien-gänge werden die Universitäten unweigerlich zu F(l)achhochschulen. Umgekehrt werden die Fachhochschulen aber auf diese Weise keineswegs zu Universitäten: Ei-ne Loose-Loose-Situation für beide Parteien! Ach ja: Die Fachhochschulen sind ja absolut happy wegen der für sie scheinbar grandiosen Entwicklung aufgrund der Ni-vellierungen im deutschen Hochschulwesen. Folglich haben sie sich im Englischen bereits vornehm umbenannt. Sie heißen jetzt „University of Applied Sciences" und sind sehr stolz darauf. Ich weiß ja nicht, wer ihnen diese Umbenennung erlaubt hat, aber erstens ist Name nicht mehr als Schall und Rauch (Goethe, Faust I) und zweitens zeigt eine genauere, wenngleich etwas fiese, Interpretation dieser Bezeichnung doch des Pudels Kern (ebenfalls Goethe, Faust I): „Universität der angewandten Wissen-schaften", das heißt doch, dass man die Wissenschaften (wieso eigentlich steht hier der Plural?) lediglich anwendet – und das bedeutet im Umkehrschluss, dass man eben selbst keine Wissenschaft(en) betreibt. Also doch eine insgeheime Verbeugung vor den altehrwürdigen Universitäten? Ich weiß es nicht und ich will es auch gar nicht wissen.

Ach ja, weil mir zum Thema „flach" nun doch nicht genug einfällt, um eine ganze Seite zu füllen – und weil ich weiter oben die flachidiotischen Professoren erwähnte: Früher gab es an den Hochschulen ordentliche und außerordentliche Professoren, wobei die dienstlichen Verpflichtungen für beide Sorten gleich groß waren (und sind). Heute unterscheidet man die Professorentypen nur noch durch seelenlose Buchstaben- und/oder Ziffernkombinationen. Aber das Gehalt der außerordentlichen Professoren war und ist eben niedriger. Warum dann die beiden unterschiedlichen Bezeichnungen? Ganz einfach: der außerordentliche Professor heißt so, weil er noch nichts Ordentliches geleistet hat. Der ordentliche Professor hingegen verdient seinen Namen deswegen, weil ihm noch nichts Außerordentliches gelungen ist.

Kapitel 56
Pyrrhus-Siege

Pyrrhus (wie mag sich der Kerl eigentlich nach der Rechtschreibereform schreiben, vielleicht Piruss oder so?) war König der Molosser und Hegemon des Epirotenbundes. Er lebte von 319 bis 272 vor Christus (die Ossis würden sagen v. u. Z. = vor unserer Zeitrechnung) und sein Name wäre längst vergessen, wenn er nicht zwei unangenehme Eigenschaften gehabt hätte. Erstens hatte er Schweißfüße. Diese Erkenntnis ist das Hauptresultat einer an der Universität SFUSF2 (**S**chweiß**f**uß-**U**niversität **S**an **F**rancisco; Außenstelle **S**uomi, **F**innland) kürzlich entstandenen PhD-Thesis im Fachbereich Alte Geschichte. Zweitens aber – und das hat ihn noch viel berühmter gemacht – hatte er die für ihn sehr unangenehme Marotte, dass er seine Schlachten zwar häufig siegreich bestritt, dass die Siege in Wirklichkeit aber eindeutige Niederlagen waren – Pyrrhus-Siege eben.

Ähnliche Pyrrhus-Siege sind bei der berühmt-berüchtigten Exzellenzinitiative zu befürchten. Wir (der Kundige wird wissen, welche Universität damit gemeint ist) waren enorm geplättet und gebauchpinselt, als wir feststellten, dass nicht weniger als sechs der noch verbleibenden 80 von ursprünglich 319 Anträgen aus unserer Feder stammen – und Alois ist sogar sowohl an einer Graduiertenschule als auch an einem Exzellenzcluster beteiligt. Nie und nimmer hatten wir von solch einer Erfolgsquote zu träumen gewagt. So weit, so gut; jedenfalls scheinbar. Wir waren anfangs hochgradig begeistert – nicht zuletzt auch in ehrfürchtiger Berücksichtigung der bereits versenkten Konkurrenz, denn von Kiel bis Konstanz hatte ja jeder mindestens einen solchen Antrag gestellt. Und zu sehen, dass quasi der gesamte (!) Osten abgeraucht ist, wenn man die Humboldt-Universität als nicht wirklich dem Osten zugehörig bezeichnet, sondern ihr den Status „Ehrenwessi" zukommen lässt: Dieses hat uns beinahe schon wieder den Glauben an die zurückkehrende Fairness im deutschen Begutachtungssystem wiedergegeben. [Oder doch nicht ganz, denn es waren ausschließlich internationale Gutachter beteiligt, die zum größten Teil den Unterschied zwischen Ossi- und Wessiland ebenso wenig kennen wie sie über Einzelheiten von Ossetien oder Wesseling informiert sind].

Aber nun ist natürlich eine furchtbare Menge an Arbeit für die Vollanträge zu leisten, von denen immer noch 50 % den Jordan runtergehen werden. Ein solcher Absturz in letzter Sekunde wäre natürlich fatal, aber eine Bewilligung könnte beinahe denselben Effekt haben! Vor allem für diejenigen, die nicht direkt von der Bewilligung profitieren würden – und das sind ja fast alle, denn das Cluster bedient nur einige wenige! Vorboten dafür, dass diese Befürchtung nicht ganz unberechtigt sein könnte, gibt es bereits. Zum Beispiel hatten wir Mitte März 2006 die Begehung eines so genannten Transferbereichs. Dabei geht (oder besser: ging, denn die DFG wird dieses Konzept wegen seiner Untauglichkeit wieder einstellen) es um die Fortsetzung eines regulär ausgelaufenen Sonderforschungsbereichs mit dem Ziel der Umsetzung der Ergebnisse in die Praxis. Nun war ich zwar am SFB beteiligt, am Transferbereich aber nicht mehr, denn es gelang mir irgendwie nicht, die dafür erforderliche Industriebeteiligung aufzutreiben. Dieses war aber weniger der eigenen Unfähigkeit zuzuschreiben als meiner Schüchternheit, denn ich hätte, wie sich herausstellte, durchaus auch mit der Bäckerei Brammertz aus Würselen als Kooperationspartner antreten können. Die meisten der Transferprojekte hatten nämlich mehr oder weniger nur Windeier als Partner. Hier ist ein besonders drastisches Beispiel:

Die großmächtige Bayerische Asphalt- und Seifen-Fabrik in Louisport (also Ludwigshafen) verstieg sich zu folgender wörtlicher (orthographisch und stilistisch nicht ganz astreiner) Zusage: „Die BASF Aktiengesellschaft wird sich an dem Transferprojekt in Form regelmäßiger, zwei- bis dreimal jährlich stattfindender Treffen und Workshops beteiligen. Dies entspricht einer Beteiligung in einem Umfang von einem halben Personenmonat pro Jahr über die Projektlaufzeit von drei Jahren". Wenn dieser Letter of Intent nicht eine arge Frechheit ist, dann weiß ich es nicht mehr! Die Beteiligung an zwei bis drei Treffen (die ja jeweils im Einzelfall bestenfalls zwei Tage dauern) als halben Personenmonat zu bezeichnen, das ist schon hart. Fünf Tage pro Jahr(!) herumsitzen ist für diese gebeutelte Industrie offenbar schon ein halber Personenmonat. Man komme mir nur nicht mit der faulen Ausrede, die Teilnahme an einem solchen Workshop koste ja schließlich Zeit für Vor- und für Nachbereitung und die lange Reisedauer etc. Man wundert sich über gar nichts mehr. Ich hätte also nur die Bäckerei Brammertz um das Verfassen eines solchen Briefs bitten und ihr zusichern sollen, sie müsse nichts Ernsthaftes für das gemeinsame Projekt tun; das hätte als Industriepartnerschaft funktioniert.

Aber nun zurück zum Pyrrhus-Sieg: Die Gutachter aus deutschen Landen reisten zur Evaluation des Transferbereichs an. Und das waren sehr berühmte Gutachter. Man wusste oder konnte mit an Sicherheit grenzender Wahrscheinlichkeit vermuten, dass sie ebenfalls an Exzellenzclusteranträgen beteiligt waren. Aber mit einiger Wahrscheinlichkeit gehörten ihre Anträge zu den 239 bereits abgelehnten Vorhaben. Und dann sitzt so ein Gutachter im Zug auf dem Wege zur Begehung; wissend, dass wir im bisherigen Verlauf überraschend erfolgreich waren und dummerweise unsere noch keineswegs feststehende Exzellenz auf der Homepage der Universität großspurig verkünden. Da wird sich dieser Gutachter doch denken: „Jetzt wollen wir denen einmal zeigen, was eine Harke ist. So exzellent sind die nämlich auch wieder nicht!" Und wird er dann nicht den armen Transferbereich bestrafen, obwohl der für die Exzellenzcluster überhaupt nichts kann?

Es steht zu befürchten, dass an solchen Revanchefouls kein Mangel herrschen wird, sollten wir auch die Endausscheidung der Cluster erfolgreich bestehen. Daher bleibt es gewaltig spannend und hochinteressant. Ob das allerdings immer positiv ist, darf durchaus bezweifelt werden, denn ein chinesischer Fluch oder besser gesagt eine arge Verwünschung lautet: „Mögest Du in interessanten Zeiten leben".

Kapitel 57
Θ bar

Das Tagungsgeschäft liegt danieder. Die inflationäre Zunahme von Veranstaltungen hat keineswegs zur Qualitätsverbesserung beigetragen, sondern das Gegenteil ist der Fall. Das Produkt von Veranstaltungszahl und Registrierungen ist konstant, was eigentlich eine triviale Erkenntnis ist, weil sich das Budget der in Frage kommenden Teilnehmer/innen nicht ins Uferlose steigern lässt. Folglich kommen zu den meisten Tagungen selten mehr Teilnehmer als das Veranstaltungsprogramm an Vorträgen ausweist. Würde man alle Vortragenden zusammenzählen (manche Beiträge haben ja fünf oder mehr davon), dann käme man auf ein Vielfaches von Teilnehmern, die eigentlich anwesend sein müssten, aber niemals sichtbar werden. Diese Abstinenz erklärt sich leicht aus besichtigungstechnischen Gründen (schließlich möchte man sich ja auch die kulturellen und sonstigen Highlights des Veranstaltungsorts und seiner Umgebung antun) und vor allem aus marktwirtschaftlicher Sicht, denn für den Autor eines Manuskripts ist es entschieden billiger, zuhause zu bleiben (und den Tagungsbeitrag zähneknirschend zu zahlen) als sich die zum Teil sehr weite, teure und mit Jetlag verbundene Anreise sowie die abenteuerlich hohen Übernachtungskosten anzutun. Besonders clevere Spezis in dieser Beziehung sind Koreaner und Taiwanesen, die unbedingt eine gewisse Anzahl an Veröffentlichungen brauchen und eine gut dotierte Position quasi automatisch erhalten, wenn die notwendige Zahl von Publikationen erreicht ist. Als Veröffentlichung zählen für Angehörige dieser Nationalitäten in erster Linie vor allem solche, die mit den vier Buchstaben „IEEE" als veranstaltender Organisation gekennzeichnet sind, aber auch andere Veranstalter erfreuen sich inzwischen eines sehr guten Zuspruchs. Das wiederum begeistert die Ausrichter der Veranstaltung ungemein, denn auf diese Weise kann die Annahmequote im niedrigen zweistelligen Bereich gehalten werden, was dann als hervorragendes Qualitätsmerkmal missdeutet wird.

Das Niveau der meisten Sitzungen einer Konferenz kann nur bedingt als hochrangig gelten. Handelt es sich doch in der Mehrzahl der Fälle um Fingerübungen für gerade laufende Diplomarbeiten oder Dissertationen, wobei häufig ohne allzu viel Nachdenken an einem speziellen Parameter herumgedoktert wird – wobei dann im Gegenzug andere und vielleicht viel wichtigere Kenngrößen unbeachtet bleiben. Großen Erkenntnisgewinn bringen solche Etüden (wie sehr habe ich diese im Violinunterricht gehasst!) nur in den seltensten Fällen – und dass ein solch rares Ereignis

A. Potton, *Abgründe der Informatik*,
DOI 10.1007/978-3-642-22975-6_57, © Springer-Verlag Berlin Heidelberg 2012

einmal vorkommt, darauf kann man sich keinesfalls verlassen. Weshalb sich denn mancher den Besuch von Konferenzen ganz allgemein lieber verkneift.

Also sind die „normalen" Vorträge auf Konferenzen bezüglich ihres Erkenntnisgewinns durchaus zu hinterfragen und erst recht die Posterdemos, die ja im Klartext nichts weiter als abgelehnte Manuskripte sind, wobei man aber auf den Autor als zahlenden Teilnehmer nicht verzichten wollte. Hüten Sie sich auf Tagungen vor Leuten, die mit Behältnissen herumrennen, die Botanisiertrommeln nicht unähnlich sind. Laut Wikipedia sind Botanisiertrommeln länglich-zylindrische Gefäße, die meist an einem Riemen über der Schulter getragen werden. Sie enthalten Poster und der Botanisiertrommelträger wird Sie mit Erklärungsversuchen überschwemmen, sofern Sie auch nur das geringste Interesse vortäuschen sollten.

Bleiben also die Hauptvorträge (vornehmer als „Keynote Talk" bezeichnet). Vermitteln diese denn richtungweisende Erkenntnisfortschritte für die nächsten Jahrzehnte oder wenigstens für den nächsten Fünfjahresplan? Das kann man so allgemein nicht sagen, denn sehr oft werden sie von einem ganz anderen als vom angesagten und im Programm ausgedruckten Referenten gehalten. Statt des hochberühmten Obertiers eines globalgalaktischen Unternehmens wird der Keynote Talk von einem Chargierten der Hierarchieebene drei, vier oder fünf zum Besten gegeben, wobei dieser Chargierte erst unmittelbar vor der Veranstaltung von seinem Glück erfuhr und einen entsprechend begrenzten Informationsstand über den Inhalt des Referats an den Tag legt.

Aber manchmal erblühen sie dann doch, die Rosen an verdorrten Dornensträuchern, d. h. die Ereignisse, die einen für den Besuch einigermaßen bescheidener Veranstaltungen mehr als entschädigen. So etwas widerfuhr mir kürzlich anlässlich einer Tagung, die früher auch schon bessere Zeiten gesehen hat, an der ich aber wegen diverser angeflanschter Meetings teilnehmen musste. Das erfreuliche Ereignis war einer dieser Keynote Talks, der sogar vom eigentlichen Autor zum Vortrag gebracht wurde, was aber die Sache nicht besser machte. Inhaltlich konnte der Beitrag nicht eben vom Hocker reißen. Der Vortragende war Grieche und es war mir bis dato nicht bewusst, dass die griechische Sprache der englischen so eng verwandt ist. Insgesamt war für mich mit dem Beitrag wenig anzufangen, er hatte wenig – wenn überhaupt – mit Kommunikationstechnik zu tun. Es ging um irgendwelche Optimierungen, Zielfunktionen und so. Aber irgendwie musste das Ganze doch etwas mit unserer Materie zu tun haben, denn der Vortragende schien sich laufend auf Karlsruher Arbeiten zu beziehen. Jedenfalls murmelte er fortwährend etwas von „Zitterbart" oder so, obwohl Martina gar nicht bei dieser Konferenz gesichtet wurde. Es dauerte eine ganze Weile, bis ich hinter die Sache kam: Auf Karlsruher Professorinnen wurde nicht wirklich Bezug genommen, sondern eine vom Autor krampfhaft zu optimieren versuchte Zielfunktion hieß ⊖ bar (d. h. „Thieta bar", mit stark ausgeprägtem führenden „tie eitsch", unsereiner würde „Täta quer" sagen). Für mich hat dieses kleine Ereignis dazu geführt, dass ich meinen Frieden mit der Tagung gemacht habe und dass ich mich schon heftig auf weitere Veranstaltungen freue, die mit so netten unerwarteten Nebeneffekten aufwarten.

Kapitel 58
Anspruch und Wirklichkeit ...

klaffen oft meilenweit auseinander. Das möchte ich an zwei Beispielen belegen, wobei eines meinem Steinbruch von Alois-Potton-Ansätzen entstammt und schon sehr lange dort herumliegt, weil es bisher keine Gelegenheit zur Verwertung gab. Es handelt sich um eine Werbefotografie, die Gertrud Höhler und ihren unsäglichen Sohn Abel angeblich beim Schachspiel zeigt. Gertrud Höhler, wer kennt sie noch? Es ist die von den Narren (im wahrsten Sinne des Wortes) des Aachener Karnevals-Vereins vor diversen Jahren ausgewählte „Ritterin wider den tierischen Ernst", die dann aber eine so blamable Leistung bot, dass sie sich nie mehr zur Rückkehr in den Narrenkäfig traute, obwohl ihr das ja fürstlich honoriert würde. Geschäftlich war (oder ist?) sie wohl als Politik- oder als Unternehmensberaterin unterwegs, was eigentlich schon alles besagt.

Die besagte Werbefotografie zeigte eine Pose, in der Gertrud mit ihrem unsäglichen Sohn Abel angeblich eine Art Schachspiel zelebriert. Der Anspruch hierbei war, das sich das beworbene Produkt (ich weiß gar nicht mehr, was das war und will es auch lieber nicht wissen) besser verkaufen ließe, allerdings war die Wirklichkeit zumindest für mich und wohl auch für andere Schachspieler durchaus kontraproduktiv. Denn: Müsste nicht unten rechts ein weißes Feld sein? Auf dem Foto war besagtes Feld aber kohlrabenschwarz, womit indirekt schon einer der Gönner von Frau Höhler genannt ist. Die auf dem Brett dargestellte Schachposition war offenbar von einem wahnsinnig gewordenen Roboter aufgebaut worden: Die beiden Opponenten hatten sich gegenseitig die falschfarbigen Figuren geklaut, die schwarzen Läufer standen beide auf weißen Feldern, und der König von Gertrud war offensichtlich bereits schachmatt, obwohl sie noch munter einen Zug am machen war. Wenn Gertrud oder ihr Sohn Abel oder der Fotograf auch nur eine minimale Ahnung vom Schach gehabt hätten, dann hätten sie so eine idiotische Stellung nicht zugelassen. Es wäre ja ein Leichtes gewesen, zum Beispiel eine zentrale Position von Aljechin – Capablanca (Buenos Aires, 1927) nachzustellen. Auf diesen Gedanken kamen aber offensichtlich weder Gertrud nach Gertruds Berater, weil sie offenbar zu scharf auf schnell verdientes Geld waren. Apropos: Wie heißt eigentlich der Genitiv von Gertrud: Gertruds, Gertrud's, Gertrudens, Gertruden's, ... (???). Die letztgenannte Variante würde mir am besten gefallen, weil sie dem Bierstüber'l am nächsten käme, das ich neulich

A. Potton, *Abgründe der Informatik*,
DOI 10.1007/978-3-642-22975-6_58, © Springer-Verlag Berlin Heidelberg 2012

mit Freude in Eichstätt fotografierte. Der geneigte Leser wird sich fragen, was mich denn ausgerechnet in das Kaff Eichstätt verschlagen hat. Hier muss ich gestehen, dass ich auf den ADAC-Reiseführer „City Guide Deutschland" hereingefallen bin, der dem Nest Eichstätt eine Besichtigungsdauer von immerhin drei Stunden zubilligt. Zum Vergleich: Für Köln werden gerade einmal zweieinhalb Stunden angesetzt, für Frankfurt (Main) bzw. Düsseldorf zwei und für Aachen ebenso wie für Stuttgart nur eineinhalb Stunden. Einsamer Rekordhalter ist Potsdam mit nicht weniger als fünf Stunden. Das beweist wieder einmal, wie betriebsblind die ADAC-Leute sind, wenn es nicht unmittelbar um den fahrbaren Untersatz geht. Wegen des großartigen Doms und wegen des Bierstüber'ls habe ich den Abstecher nach Eichstätt trotzdem nicht bereut. Und um auf Gertrud Höhler zurückzukommen: Ihr Renommee ist durch ihre Ritterrede und mehr noch durch ihre Schachposition (die sie ja ungeprüft zuließ) aufs Gründlichste ruiniert. Kohl, Köhler, Höhler: Gibt es da noch eine Steigerung? Wohl kaum.

Mein zweites Beispiel für das Auseinanderdriften von Anspruch und Wirklichkeit stammt aus Südostasien. Das ist bekanntlich meine bevorzugte Destination. Die Rente in Bangkok verjubeln, das wär's doch! Aber vor die Rente haben die Götter bekanntlich den Schweiß gestellt. Soll heißen: Es sind noch einige Jahre bis dahin zu malochen. Was man aber auch partiell in thailändischen Gefilden erledigen kann. Und das ist durchaus empfehlenswert. Weil Deutschland „dort unten" noch als Vorbild gilt und weil man zum Beispiel Studiengänge und gewaltige Prachtbauten errichtet, wenn irgendein deutscher Staatssekretär ein Kooperationsabkommen unterzeichnet hat. In unserem Fall wurde ein zehngeschossiger(!) Neubau angesagt mit einem Werbeplakat von nicht weniger als 8 × 10 Quadratmetern, das folgende Inschrift trägt: „The International . . . . Construction: . . . . Duration: 1 March 2005–21 October 2006". Und spätestens hier sollte man stutzig werden, denn: Sollte es nicht genau anders rum sein, d. h. präzises Anfangsdatum, aber relativ ungenauer Endzeitpunkt? So wie man im Verlauf eines Bundesligaspiels eben exakt die Anstoßzeit kennt – z. B. 15 Uhr 31 min und 20 s. Aber den Zeitpunkt des Abpfiffs kann man nur ungenau vorhersagen, etwa: 17 Uhr und 20 min. Manche Dinge sind eben sicherer als andere, wie sich zum Beispiel auch im uralten römischen Rechtsgrundsatz manifestiert, der da lautet: „Mater semper certa, pater saepe incertus". Obwohl sich ja auch diese Unsicherheit heutzutage aufgrund von DNA-Tests etwas relativiert hat. Beim genannten Fertigstellungstermin verblüfft auch, dass der 21. Oktober 2006 ein Samstag ist – und da hätten unsere Gewerkschaften schon darauf bestanden, dass man stattdessen den 20. oder den 23. Oktober angibt. Aber Gewerkschaften sind in Thailand so gut wie unbekannt, zumindest sind sie machtlos. Fakt ist aber, dass Mitte September 2006 nicht einmal der Rohbau ansatzweise fertig gestellt war und es waren auch bedenklich wenige Aktivitäten erkennbar, die auf große Eile hätten schließen lassen. Außerdem sollten im Oktober auch noch Neuwahlen stattfinden, wenn sie nicht wieder durch den überraschend friedlich verlaufenen Militärputsch verschoben worden wären. Der überpreußisch exakte Fertigstellungszeitpunkt 21. Oktober kann also getrost ins Reich der Fabel verwiesen werden. Aber: Ist das so schlimm? Keineswegs! Man hat schon mal damit begonnen, die Plakatwand tiefer

zu hängen und quasi ebenerdig aufzustellen. Dort ist sie zwar hinter diversem Ge-
büsch mit Mühe noch sichtbar, aber die üppige Vegetation und der tropische Regen
werden schon ihr Übriges tun, um sie bald völlig unkenntlich zu machen. Und wer
dann später eine Nachfrage dazu stellen sollte, der wird als unangenehmer deutscher
Querulant verachtet und ignoriert werden.

12/2006

Kapitel 59
KiVS in Bern

Die KiVS-Tagung findet 2007 zum ersten Mal im Ausland statt, genauer gesagt in der Schweiz und sogar in der Bundeshauptstadt Bern. Die Geschichte wiederholt sich: Begann doch die KiVS-Tradition in der (damals sich allerdings noch nicht Bundeshauptstadt schimpfen dürfenden) Lokalität namens Berlin – um übrigens nie wieder dorthin zurückzukehren. Und auch die meisten von uns werden es nicht mehr erleben, dass die KiVS noch einmal in Bern aufschlagen wird, denn dazu gibt es doch allzu viele Klein- und Mittelstädte im deutschsprachigen Raum, die sich Universität nennen dürfen und die nach der vielleicht zweifelhaften Ehre der KiVS-Organisation gieren.

Also Bern: Was fällt uns dazu ein? Natürlich der berühmte Berner Sennenhund; dann der Flughafen Bern-Belp, der ähnlich frequentiert und genauso notwendig ist wie der von Saarbrücken-Ensheim; auch das Berner Roeschti; vor allem aber das Gerücht oder die Tatsache einer geradezu unerträglichen Langsamkeit, wozu Google nicht weniger als 10.600 Einträge anbietet; was aber nicht gar einmal übermäßig viel ist, denn der Berner Sennenhund bringt es auf geschlagene 486.000 Treffer, die meisten davon wohl Hundefotos aus zahllosen Familienalben. Viel mehr weiß man außerhalb des von den Schweizern als Sauschwaben bezeichneten Alemannenreichs nicht von der Berner Befindlichkeit. Ziemlich unspektakulär also, was auch schon dadurch dokumentiert wird, dass das KiVS-Programm für informatisch/physikalische Sehenswürdigkeiten bereits eine minimale Anpassung im Alphabet vornehmen musste: Statt BERN wird listigerweise CERN besichtigt.

Hat ja auch was für sich, eine solche Bodenständigkeit. Man wird nicht dauernd belästigt (so wie in deutschen Universitätsstädten) von der unsäglichen Einfallslosigkeit gewesener Schüler, die glauben, auf ihr Abitur stolz sein zu müssen und dieses durch ebenso fade wie witzlose Heckscheibenaufkleber auf dem väterlicherseits gesponserten fahrbaren Untersatz mitteilen. Einige Beispiele gefällig (allesamt in den letzten Wochen gesehen)? ABIpunktur, ABIagra, Westminster ABI, Fluch der KABIbik, RABInson Crusoe, ABIKINI, ABIos Amigos. Ist das nicht entsetzlich? Andererseits ist auch darauf zu hoffen, dass in Bern (welche Sprache bzw. was für ein Deutsch ist dort eigentlich angesagt?) scheinbar intellektuelle Auswüchse von vornehm klingen sollenden Formulierungen seltener sind als etwa die folgenden (gesammelt auf einer Sitzung des Wissenschaftsrates über Medienwissenschaften

A. Potton, *Abgründe der Informatik*,
DOI 10.1007/978-3-642-22975-6_59, © Springer-Verlag Berlin Heidelberg 2012

im Februar 2007): „modellplatulistisch", „neue Konsoziationsformen als Konstituens oder als Definiens aufnehmen", „struktureller Präsentismus", „hybridisieren und damit zum Nullpunkt bringen", „eine Befreiung von der Last, den Weltgeist zu tragen", „ist nicht zwingend der Oblivio anheimzustellen" oder gar „sprunghafter Ad-hocismus". Da lobe ich mir dann doch die ganz normalen „Ad-hoc-Netze", deren absolute Blütezeit aber auch schon ein wenig vorbei zu sein scheint.

Apropos „Ad-hoc": Was lehrt uns Programm der KiVS 2007? Man kann zu unserer Konferenzreihe ja stehen wie man will, aber eins ist sicher: Bereits die Sitzungsüberschriften der KiVS verraten die aktuellen Trends und die vielleicht nie Wirklichkeit werdenden Spekulationen der nächsten Dekade. Diesmal ist der Trend völlig eindeutig (ebenso wie es in den Achtziger Jahren für den damaligen „Hype" Bildschirmtext galt): Es geht um Mobilität, denn nicht weniger als acht(!) Sitzungen – von den Keynotes ganz abgesehen – sind mit Sensor, Ambient, Peer-to-Peer, Mobile, Ad-hoc, … betitelt. Ansonsten findet man die üblichen Verdächtigen wie etwa „Dienstgüte" – sozusagen Business as Usual. In der genannten Dienstgütesitzung ist ein Beitrag aus Ilmenau annonciert, der schon deshalb interessant zu werden verspricht, weil sein Titel „A Transparent QoS aware Mobility Management" ziemlich phantasielos mit „T-QoMIFA" abgekürzt wurde, wobei sich mir das große „I" nur mühsam erschließt und das große „FA" schon gar nicht; vielleicht heißt es „Frisch Ans Werk" oder so. Seit Goethes Ableben scheint den Ilmenauern ein wenig die Kreativität abhanden gekommen zu sein. Vielleicht sollten sie einmal eine der wenigen Behausungen in Ilmenau (etwa die Wanderhütte am Fuße des berühmten Kickelhahns) aufsuchen, die per Plakette stolz verkünden: „Hier schlief Goethe nicht!". Dabei kann es aber doch auch der Osten weniger langweilig: Ein neu eingerichtetes Graduiertenkolleg in Rostock hat nämlich die wunderschöne Abkürzung „dIEM oSiRiS" und das steht für (man beachte die listige Groß- bzw. Kleinschreibung einzelner Komponenten) „die Integrative Entwicklung von Modellierungs- und Simulationsmethoden für Regenerative Systeme". Ist das nicht eine sehr originelle Kombination von lateinisch und ägyptisch, vielleicht die erste solche Verbindung seit Cäsar und Kleopatra? Also wirklich: Alle Anerkennung! Hoffentlich werden die Stipendiaten des Kollegs vergleichbar exzellente Forschungsleistungen erbringen.

Ansonsten wirkt das KiVS-Programm betulich wie eh und je. Große Scharen von industriellen Anwendern dürften sich damit nur schwerlich locken lassen, aber vielleicht liege ich mit dieser Vermutung ja auch gründlich daneben. Am besten – mit einigem Abstand – im Programm gefällt mir das ausgezeichnet gelungene Logo der Universität Bern, also „u^b" mit der erklärenden Fußnote für den Exponenten „b". Da hat ein guter Designer einen genialen Einfall gehabt und sich diesen auch anständig bezahlen lassen.

Der silicon.de Event-Kalender für die wichtigsten (sic!) IT-Events im Frühjahr 2007 listet die folgenden zu KiVS zeitnahen Großereignisse auf:

- DOAG SPECIAL INTEREST GROUP (SIG) ORACLE TEXT/INTERMEDIA, 22. Februar, InterCityHotel Airport, Frankfurt.
- TAGUNG IT-CONTROLLING, 22. + 23. Februar, Fachhochschule Bonn-Rhein-Sieg, Sankt Augustin.

- DATA MANAGEMENT KONGRESS 2007, 26. Februar–1. März, Dorint Hotel, Köln.
- CATALOGDAYS 26. Februar–1. März, Düsseldorf, Frankfurt, Stuttgart, München.

Die KiVS wird schlicht und ergreifend totgeschwiegen. Ich kann mir nicht helfen: Wir machen da offensichtlich etwas falsch!

3/2007

Kapitel 60
Die Initiativstrafe und andere Gemeinheiten

Eines der wenigen Überbleibsel aus der ehemaligen DDR ist die „Initiativstrafe". Ansonsten ist ja fast nichts geblieben außer dem Sandmännchen, dem Ampelmännchen, dem grünen Pfeil und der Wortschöpfung O-Saft (und meinetwegen noch „Plaste und Elaste", aber auch das ist schon grenzwertig, weil beinahe ausgestorben). Übrigens: Woran kann man sprachlich einen Ossi eindeutig von einem Wessi unterscheiden? Zwei Antworten (die erste wurde mir zugetragen, die zweite ist meine eigene Entdeckung): Antwort 1 lautet: Wenn jemand „auf dieser Strecke" sagt, ist es ein Ossi oder eine Ossine. Antwort 2 ist subtiler, will ich mal als Eigenlob behaupten: Wenn jemand ein Vorhaben beschreibt und dabei das Wort „Zielsetzung" in den Mund nimmt, ist es ein Wessi; sagt er oder sie aber „Zielstellung", ist es garantiert jemand aus dem Osten. Das habe ich schon x-mal getestet – und ich bitte Sie herzlich, es selbst zu überprüfen. Sie werden sehen oder hören, dass die Aussage richtig ist. Was wieder einmal zeigt, dass es bis zum wirklichen Zusammenwachsen von West und Ost noch seine Zeit brauchen wird.

Aber zurück zur Initiativstrafe. Was ist das? Ganz einfach: Sie sitzen in einer Arbeitsgruppe, die ein schwieriges Problem behandelt, aber irgendwie nicht richtig weiter kommt. Plötzlich haben Sie einen Geistesblitz und können wieder einmal Ihren Mund nicht halten. Sie sagen also: „Sollte man nicht ... eine Unterarbeitsgruppe einrichten ... oder die statistischen Daten der Jahre 2001–2005 auf irgendwelche Auffälligkeiten überprüfen ... oder oder oder". Kaum haben Sie diesen unglückseligen Vorschlag gemacht, bereuen Sie ihn auch schon, denn postwendend haben Sie den Auftrag zur Umsetzung der von Ihnen vorgeschlagenen Initiative an der Backe. Da das natürlich viel zusätzliche Arbeit ohne Ehr' und Dank (siehe weiter unten) und somit die gerechte Bestrafung für naiv-vorlautes Verhalten ist, spricht man (oder sprach man im DDR-Jargon) von Initiativstrafe. Im Westen kennt man solches in abgewandelter Form vom Skatspiel, wo auf die Frage, wer denn die Karten für das nächste Spiel zu mischen habe, zurückgeraunzt wird: „Immer die Sau, die grunzt".

Lose gekoppelt mit der Initiativstrafe ist die Demotivation, die auch den Engagiertesten nach einiger Zeit unweigerlich trifft. Typisch dafür ist folgender Ablauf: Sie arbeiten in einem großen Team intensiv an einer für Ihr Unternehmen ziemlich wichtigen oder gar kriegsentscheidenden Thematik mit und opfern dafür viele Samstage und Sonntage Ihrer karg bemessenen Freizeit – das alles natürlich ehrenamtlich.

A. Potton, *Abgründe der Informatik,*
DOI 10.1007/978-3-642-22975-6_60, © Springer-Verlag Berlin Heidelberg 2012

Und die genannten Mühen nehmen Sie zunächst mit Freude auf sich, denn allein die Teilnahme an diesem Arbeitsteam ist eine Auszeichnung. Es besteht nämlich bestenfalls aus 10 % aller Mitarbeiter des Unternehmens, dem Sie angehören. Als kleine Entschädigung für Ihre freiwillig geleistete Arbeit erwarten Sie zumindest eine namentliche Erwähnung in der umfangreichen Abschlussdokumentation, um Ihre(n) Lebenspartner(in) zu beeindrucken oder für die verminderte samstägliche und sonntägliche Lebensqualität zu entschädigen (wobei es durchaus zweifelhaft ist, ob eine solche Nennung von Ihrem Partner/Ihrer Partnerin als angemessene „Entschädigung" akzeptiert wird). Aber was passiert: Kurz vor Abschluss der ganzen Sache werden die über den aktuellen Zustand informierenden Umläufe oder Emails seltsamerweise spärlicher und wenn Sie das Abschlussdokument erhalten, stellen Sie fest, dass darin nicht alle Namen aus dem beteiligten Zehntel der Mitarbeiter aufgeführt sind, sondern weniger, vielleicht nur noch ein Fünfzehntel. [Und ein Fünfzehntel ist ja weniger als ein Zehntel, auch wenn Horst Szymaniak meinen würde, es sei mehr. Szymaniak war der erste deutsche Fußballprofi in Italien. Er kickte in Catania zu einer Zeit, wo diese Stadt und ihr Fußballclub noch nicht durch Hooliganexzesse traurige Berühmtheit erlangt hatten. Originalzitat von Szymaniak, als ihm ein neuer Vertrag mit um ein Drittel höheren Bezügen angeboten wurde: „Kommt nicht in Frage, unter einem Viertel tue ich es nicht"]. Aber in der Fünfzehntelliste Ihres Unternehmens kommt natürlich Ihr eigener Name nicht mehr vor. Stattdessen sind andere Namen drin, die Ihnen meistens unbekannt sind, aber leider auch der Ihnen sehr wohl bekannte kollegiale Intimfeind, der nachweislich keinen Strich zu diesem Machwerk beigetragen hat und der nicht einen einzigen Samstag oder Sonntag für ganztägige Klausursitzungen geopfert hat. Mehr als nur frustrierend ist so was. Und das Ärgerlichste ist, dass es im ganzen Unternehmen niemand gibt, der die Verantwortung für diesen Namensaustausch zu übernehmen bereit ist. Das einzige, was Sie vielleicht in Erfahrung bringen können, ist die spröde Feststellung, dass ja nicht nur Sie allein rausgenommen worden seien, sondern dass man insgesamt gesehen die Zahl der Namen habe verringern müssen. Auf welche Weise und warum Ihr Kollege Intimfeind in die Liste reingerutscht sei, das wisse man auch nicht. Man wolle sich aber schlau machen und sich wieder melden (was garantiert nicht passieren wird). Zu ändern sei es jetzt leider nicht mehr – aber die Rausnahme dürfe nun wirklich keineswegs als Zeichen mangelnder Wertschätzung aufgefasst werden blablabla.

Es darf als gesichert gelten, dass Vorgänge wie der geschilderte jeden von uns ab und zu mit voller Wucht treffen. Wenn die Häufigkeit solcher Ereignisse und damit der Level an Demotivation allzu hoch werden, dann bleibt nur der Rückzug in die so genannte innere Emigration, der häufig durch die äußere Emigration in die Datscha realisiert wird. Und damit schließt sich der Kreis dieser Kolumne: Die Datscha oder die Datsche ist ein weiteres Relikt der DDR-Sprache (aus dem Russischen entlehnt). Bekanntlich haben die zahllosen Datschen-Rückzüge die DDR zum Einsturz gebracht. Unternehmen, die Ihre Mitarbeiter so behandeln wie oben beschrieben, könnte es schnell ähnlich ergehen.

Teil VII
Indian Summer: Noshownen und andere Ind(ian)er

In diesem Intermezzo will ich zunächst auf mit einer wahren(!) Anekdote auf die Entstehungsgeschichte der Glosse Nummer 66 „Alois im Lande der Noshownen" eingehen, die sich mit einem bisher unbekannten Indianerstamm beschäftigt.

Anlass zu dieser Glosse war folgendes Ereignis: Ich nahm an einer Konferenz in Toulouse zum Thema Wireless oder so teil und wollte während einer Mittagspause anstelle der angebotenen ziemlich fürchterlichen französischen Verköstigung (das Essen in Frankreich ist ziemlich schlecht und wird generell überschätzt) einen kurzen Trip mit der U-Bahn in die kulturell sehr bedeutende Innenstadt von Toulouse unternehmen. Das schien mir sehr schnell und effizient möglich zu sein, obwohl ich mir unbedingt den Vortrag eines meiner Mitarbeiter antun wollte, der als zweiter nach der Mittagspause dran war – jedenfalls laut Programm. Der Abstecher ins Zentrum dauerte etwas länger als geplant, was zunächst kein Problem zu sein schien, weil ich noch gerade pünktlich zur angesetzten Startzeit des Mitarbeitervortrags zurück war. Ich sah aber ziemlich verblüfft meinen Adlatus nur noch vom Podium abmarschieren, er hatte bereits gesprochen. Nach Ende der Sitzung fragte ich ihn dann, wieso er denn zu früh vorgetragen habe. Worauf er mir sagte, der als erster vorgesehene Redner habe kurzfristig abgesagt, weil er seinen Flug verpasst habe. Mit derselben Ausrede habe dieser Mensch vor ziemlich exakt zwei Wochen sein Nichterscheinen bei einer Konferenz in Cardiff „begründet". Diese verlogene Ausrede des Noshownen machte mich für ein paar wenige Augenblicke einigermaßen wütend, aber danach war ich ob des kostenfrei gelieferten Stoffs für eine weitere Alois-Potton-Glosse (und zwar für eine ziemlich gut gelungene solche) hochgradig begeistert. So ist das: Aus scheinbar trockenen Dornensträuchern können urplötzlich sehr schöne Blüten wachsen.

Um aber sogleich wieder auf weniger schöne Begleiterscheinungen der Glosse zu sprechen zu kommen, möchte ich etwas berichten zur eigentlich harmlosen, wenngleich ziemlich bizarren, Glosse 62 („die IETF"). Diese Kolumne hatte ein bemerkenswertes Fatum, was vom Autor keineswegs so geplant war.

Die Abkürzung IETF wird mit Sicherheit von ziemlich jedem Informatiker mit „Internet Engineering Task Force" assoziiert, also mit einer ebenso wichtigen wie chaotischen Einrichtung, die andauernd Drafts und Request for Comments produziert. Dass die Abkürzung auch anders dechiffriert werden kann, erfuhr Alois zu seiner Verblüffung bei einem Meeting in der indischen Botschaft in Berlin. Fragen Sie mich nicht nach dem Anlass und schon gar nicht nach dem Ergebnis dieser Veranstaltung. Heraus dabei kam nämlich nichts (was den Kenner von Kooperationsversuchen mit Indien nicht wirklich wundern wird), aber im Gedächtnis haften geblieben ist, dass es lauwarmen Tee (in beliebiger Menge) und zimmertemperiertes Kölsch(!) gab. Und eben, dass Prospekte für die nächste IETF-Veranstaltung auslagen, die in der Nähe des Hinterhofs der Hölle, nämlich im Dunstkreis von New Delhi, durchgeführt werden sollte. Dass die Abkürzung IETF auch für „International Engineering & Technology Fair" steht, war eine für mich verblüffende Erkenntnis, aber inzwischen bin ich eher zur Ansicht gelangt, dass die Amerikaner dieses Kürzel für den Internetbereich einfach nur gestohlen haben, denn die indische Variante gibt es nachweislich schon seit 1975 – und das war lange vor Einführung des Internet und seiner Engineering Task Force.

Aber sei es wie es sei: Alois kam jedenfalls auf das schmale Brett, eine Glosse über beide IETF's zu schreiben, zunächst mit dem scheinbar „richtigen" Internet-IETF im Hintergrund und am Ende dann plötzlich und hoffentlich überraschend decodiert als indische Veranstaltung. Das war natürlich nur höherer Blödsinn und damit manch anderen „Potton"-Glossen nicht unähnlich. Aber es war (vermutlich!) sehr schädlich, wie sich dann später herausstellen sollte: Mir war nämlich die Rolle des Gutachters in einer ziemlich großen und teuren Patentsache angetragen worden. Und siehe da: Die Gegenseite zückte bei der Verhandlung in Karlsruhe nicht nur Anlagen fachlichen Inhalts, sondern auch eine Kopie der IETF-Glosse. Wohl um zu zeigen, was für einen Wahnsinnigen man da als Gutachter herangezogen habe (und zu suggerieren, dass deshalb die Argumentation der Klägerin – einer großen Firma. die ich über einen Leonberger Anwalt, der als „Dummy" wirkte, zu vertreten hatte – keineswegs stimmig sein könne). Und tatsächlich: Der Prozess ging prompt für uns verloren!! Bis heute weiß ich nicht, ob die IETF-Glosse ursächlich für diese Blamage war, aber ein diesbezüglicher Verdacht wird auf Dauer bleiben.

Kapitel 61
Genderwahnsinn

Es ist noch nicht allzu lange her, da habe ich Gender für einen Flugplatz in Neu-
fundland gehalten: weit weg, nur zum Auftanken, bedeutungslos, kein Thema. Diese
Unkenntnis ist vatersbedingt. Denn dieser hatte die fixe Idee, mein Berufsziel müsse
es sein, um den Altar zu turnen. Und er hatte mir zur Förderung dieses hoffnungslosen Unterfangens ein altsprachliches Gymnasium verordnet. Dort wurde ich dann
mit Latein, Griechisch und auch mit etwas Hebräisch traktiert. Englisch galt als un-
fein und kam deshalb nicht vor. Als Folge davon kann ich heute (horribile dictu!)
mit diversen lateinischen Floskeln um mich schmeißen – und mutatis mutandis ist
mir die griechische Mythologie cum grano salis ebenso vertraut wie der trojanische
Krieg. Weshalb ich zum Beispiel weiß, dass im trojanischen Pferd keine Trojaner
versteckt waren. Und diese Kenntnis unterscheidet mich deutlich von den meisten
selbst ernannten Datenschutzmissionaren, die ja das Gegenteil verkünden: „Da sitzt
ein Trojaner drin"(??). Aber mit dem Englischen ist es halt so eine Sache: Bereits
bei Gender versagt(e) meine Grundkenntnis dieser Sprache ebenso wie bei vielen
anderen Begriffen. Z. B. war mir – obwohl ich bei der RWTH Aachen beschäftigt
bin – das englische Wort CRWTH völlig unbekannt. Wissen Sie eigentlich, lieber
Leser, was sich dahinter verbirgt? Wenn nicht, dann fragen Sie Google! Nebenbei
bemerkt: Ist es nicht schade, dass man so gut wie keine interessanten Denksportauf-
gaben mehr stellen kann? Denn jeder findet mit Google sofort die Lösung – und das
ist doch langweilig.

Aber zurück zum Gender: Die Lage ist wirklich dramatisch. Weibliche Mitglieder des Lehrkörpers an Hochschulen (insbesondere an technischen solchen) sind
ungefähr so häufig wie weiße Räbinnen. Dieses rare Auftreten des weiblichen
Geschlechts zieht sich rückwärts durch bis in die Anfangssemester und führt zu
absurden Auswüchsen wie etwa dem folgenden: Wenn ein Hörsaal, in dem eine Ma-
schinenbauvorlesung stattfindet, von einem weiblichen Wesen betreten wird, beginnt
die gesamte männliche Meute zu johlen und zu pfeifen. Bei solchem Spießrutenlau-
fen bzw. -pfeifen fragt man sich ernsthaft, wo denn in den nächsten Jahren der
professorale weibliche Nachwuchs herkommen soll. Wobei noch erschwerend hin-
zukommt, dass der Anteil von Frauen traditionell immer kleiner wird, je besser die
Position bewertet und dotiert ist.

A. Potton, *Abgründe der Informatik,*
DOI 10.1007/978-3-642-22975-6_61, © Springer-Verlag Berlin Heidelberg 2012

Was also tun, um ein annähernd gleiches Verhältnis auf möglichst allen Ebenen der Beschäftigungspyramide zu erreichen? Unsere oberste Heeresleitung hat sich dazu eine neue Strategie einfallen lassen: Sie verpflichtet uns, bei allen Ausschreibungen gezielt weibliche Kandidaten anzusprechen und Bewerbungen von weiblichen Personen sehr wohlwollend zu prüfen. Außerdem wird angedroht, alle Vorschläge zur Stellenbesetzung zu blockieren, wenn diese „männlich" sind. Dieser Ukas treibt seltsame Blüten, zumindest kostet er Zeit, wie das folgende (wirklich wahre!) Beispiel zeigt: Bei einer kürzlich erfolgten Ausschreibung hatten wir wie leider üblich einen viel zu großen Mangel an Bewerbungen von Frauen zu verzeichnen. Wo sollten sie auch herkommen, wenn es – siehe oben – keine Absolventinnen gibt? Eine der Bewerbungen wurde vom Dekanat aber in Fettdruck als von einer Frau stammend gekennzeichnet, um die Kommission zu ganz besonderer Aufmerksamkeit zu zwingen. Diese Markierung erfolgte in der Annahme, dass ein „e" am Ende des Vornamens auf eine Frau hindeute – wie eben bei Ilse, Inge und Irene (obwohl Uwe und Helge ja Gegenbeispiele für die Allgemeingültigkeit dieser These sind). Die Nichtangabe von Geburtsdatum sowie großer Teile des Lebenslaufs und der Verzicht auf ein Passfoto deutete für uns Machos in der Kommission ebenfalls mehr auf eine Kandidatin als auf einen Kandidaten hin. Die insgesamt sehr kargen Unterlagen gaben zu wenig Hoffnung Anlass und eigentlich hätte man(n) die Bewerbung recht schnell zur Seite legen können, wenn da nicht jener Gender-Ukas gewesen wäre. Also wurde sehr lange hin und her diskutiert, ob man denn nicht. . . . Bis dann jemand auf die Idee kam, die private Telefonnummer der Bewerberin (des Bewerbers?) anzurufen – und zwar um 11 Uhr morgens in der Hoffnung, dass sie (er?) einen Anrufbeantworter besäße. Und in der Tat, der AB sprang an und klärte die Sache auf das Eindeutigste zu Ungunsten der Vermutung, der Bewerber sei weiblich.

Übrigens wehren sich die wenigen weiblichen professoralen Mitglieder unserer Fakultät aufs Entschiedenste gegen jegliche unterschiedliche Behandlung der beiden Geschlechter. Na klar: unsere Professorinnen sind ja was geworden – und zwar ohne von einer Sonderbehandlung profitiert zu haben. Und sie fürchten völlig zu Recht, dass ein Schatten auf ihre Reputation fallen könnte, wenn auch nur der geringste Verdacht aufkäme, dass Geschlechtsgenossinnen von einem echten oder auch nur von einem fiktiven Bonus bzgl. Genderproporz profitiert hätten.

Wenn der Genderwahnsinn weiter Schule macht, dann muss ich, obwohl ich eigentlich schon aus den Wechseljahren heraus bin, ernsthaft darüber nachdenken, mich in Aloysia umzubenennen. Allein die pure Vorstellung einer solchen Aktion schüttelt mich schon. Und deshalb habe ich mich an einigen Schüttelreimen versucht (das ist schwerer als man denkt, probieren Sie es doch selbst einmal!). Das Ergebnis ist schüttelreimtechnisch vielleicht nicht absolut hasenrein, aber doch fast – zumindest aber war es für mich keineswegs leicht und es hat viel Zeit gekostet. Hier ist es (zur vorletzten Zeile: „der" ist der Dativ – rettet dem Dativ! – von „die Hochschule" aus der drittletzten Zeile): (siehe nächste Seite).

Aus Stellenangeboten quillt
ein düst'res Frauenquotenbild.
Damit steht's auch in Aachen schlecht.
Man sollt' euch dafür schlaachen, echt!
Es weiß schon der gemeine Kenner:
Von nun an gilt „bloß keine Männer".
Männerwahl'n bedingen Dramen.
Wir suchen deshalb dringend Damen.
Es tönt durch alle Ländergassen:
„Ihr sollt niemals vom Gender lassen".
Der Sachverstand wird stummgeschaltet,
die Hochschule wird umgestaltet.
Mich würd' es wundern, wenn der gut
bekäm' die neue Genderwut.

9/2007

Kapitel 62
Die IETF

Sie ist eine der weltweit wichtigsten Organisationen, die IETF. Ihr Einfluss kann gar nicht hoch genug eingeschätzt werden, vor allem in Asien, also in der Region, wo sowieso die Post abgeht. Jeden Einwohner des westlichen Bushvolks und auch die kaum zahlreicheren EU-ropäer kann man locker mit jeweils mehreren Indern oder Chinesen überdecken – von den Indonesiern, Japanern oder Thais einmal ganz abgesehen. Besonders aber das Bushvolk, das immer noch der irrigen Meinung anhängt, es hätte die IT-Entwicklung für sich gepachtet. Dabei befinden sich die Elefanten der IETF-Szene mittlerweile längst südöstlich des Urals – ebenso wie die wirklichen Großmogule und auch die echten Maharadschas. Bill Gates und Dietmar Hopp sind in diesem Zusammenhang nicht viel mehr als Randfiguren, zumal Letzterer inzwischen sein ganzes Vermögen dazu ver(sch)wendet, den Dorfclub Hoffenheim zum deutschen Fußballmeister machen zu wollen – und stattdessen auf technische Innovationen durchaus zu verzichten bereit zu sein scheint.

IETF verzapft eine Unzahl an eigentlich nicht wirklich verbindlichen Ergüssen, so genannte Draughts sind das. Interessanterweise produziert Google, wenn man ihm die Kombination „IETF Draught" zu fressen gibt, nur ziemlich unzusammenhängendes Zeugs, wenngleich immerhin 140.000 solcher Schwachsinnigkeiten. Es ist direkt bezeichnend, dass die Edelbrause Miller Genuine Draught etwa ebenso viele, aber deutlich konzisere Treffer liefert. Das zeigt wieder einmal den Stellenwert der IT-Branche, wenn man sich die enorme Trefferzahl für ein Gebräu ansieht, das sich in US-Amerika Bier schimpfen darf. Question: „What is the difference between making love in a small canoe and American beer"? Answer: „There is no difference at all; both are f***** near to water". Das ist ebenso richtig wie absolut unübersetzbar.

Aber zurück zu IETF. Das ist wie gesagt nicht zuletzt in Asien und speziell in Indien ein heißes Thema. Wenn es diesen so überaus zahllosen Asiaten auch noch gelänge, sich ein auch nur ansatzweise als verständlich zu bezeichnendes Englisch anzueignen, dann wäre Europa ebenso wie das Bushland total blamiert. Stattdessen haben aber die Einwohner vieler Regionen des Subkontinents Indien die manische Angewohnheit, zuerst drei Sekunden lang stille zu schweigen und anschließend eine Vielzahl von Silben im Wahnsinnstempo übereinander kollern zu lassen – mit dem

A. Potton, *Abgründe der Informatik,*
DOI 10.1007/978-3-642-22975-6_62, © Springer-Verlag Berlin Heidelberg 2012

Effekt, dass sich das wie ein schweres Rülpsen anhört und dass natürlich kein Nicht-Inder irgendetwas verstehen kann. Infolgedessen bleiben die indischen Gedanken (wenn es denn welche gibt) im Geheimen verborgen und können uns vorläufig nicht gefährlich werden. Möge dieser Zustand noch recht lange andauern!

Überraschenderweise werden die meisten (wenn nicht alle) IETF-Veranstaltungen im Kernland Indien organisiert. Immerhin seit 1975 (!) in Pragati Maidan, New Delhi (wo immer dieses Pragati Maidan auch liegen mag). Sie werden von Angehörigen aller Kasten besucht, also vom Brahmanen bis hin zum Paria. Der Umgang mit Vertretern dieser verschiedenen Kasten (im Vergleich zu Deutschland sind sogar recht viele Vertreter*innen* präsent) ist nicht selten recht diffizil. Das erkennen wir schon an unseren internationalen Studiengängen, die sich in etwa geviertelt aus Repräsentanten von Indien, Pakistan, China bzw. Rest der Welt rekrutieren. Der typische Inder in unserem Fall heißt so gut wie immer Subramanian oder so, er hat daher reiche Ahnen und eine demgemäß sehr hohe Serviceorientierung. Der geneigte Leser kann es sich wahrscheinlich nur schwer vorstellen, mit welchen Ansprüchen, wie oft und wie penetrant dieser Angehörige einer hochrangigen Kaste bei uns vorbeischleicht. Einen deutschen Studierenden, der uns mit denselben oder auch nur halb so hohen Anwandlungen belästigen würde, würden wir stante pede und hochkant aus der Sprechstunde rauswerfen. Aber wir behandeln unsere deutschen Studierenden nun auch wirklich mies, ich geb's ja zu. Deshalb kriegen wir regelmäßig grottenschlechte Bewertungsnoten als Ergebnis von Befragungen unserer Studierenden, was sich aber ins genaue Gegenteil verkehrt, sobald der Studienabschluss erfolgt ist und der Absolvent als Alumnus zu seiner ehemaligen Alma Mater zurückkehrt. Dann verkündet er mit großer und offenbar auch echter Begeisterung, wie schön und optimal es doch gewesen sei und was man alles an Durchsetzungsvermögen infolge dieser harten Schulung fürs Leben gelernt habe.

Der typische Teilnehmer an einer IETF-Veranstaltung (jedenfalls einer solchen, die in Indien durchgeführt wird) läuft mehr oder weniger ziellos durch die Veranstaltungsräume (es handelt sich ja im Regelfalle um sehr große Events, im Jahre 2005 mit nicht weniger als 110.000 Registrierungen!), bei ihm ist im Gegensatz zu Anwesenden eines Amiland-Meetings noch nicht der Laptop am Unterarm festgewachsen. In westlichen Breiten erlebt man ja schon, dass sich durch intensives SMS-Verfassen die Form und Stärke der menschlichen Finger deutlich zu verändern beginnt. Und die Region zwischen linker Ellenbogeninnenseite und zugehörigem Handrücken wird sich ab der nächsten Generation so verändert haben, dass ein Laptop wirklich exakt und plan dort anliegt, was die Gefahr des unbeabsichtigten Runterfallens deutlich reduzieren wird. Einige meiner jüngeren Kollegen besitzen bereits diesen quasi permanent am Unterarm angewachsenen Laptop, jedenfalls sind sie noch niemals ohne einen solchen gesichtet worden. Möchte mal wissen, was die eigentlich nachts . . . . (aber vielleicht fragt man da besser nicht nach). Nebenbemerkung: der Aachener sagt statt „nachts" einfach „des Nachts", was eine interessante, aber mir immer noch unerklärliche Umwandlung der (weiblichen) Nacht in ein männliches Gegenstück darstellt; merkwürdig!

Ich muss leider zugeben, dass ich die meisten meiner in dieser Kolumne zu Papier gebrachten „Weisheiten" nur vom Hörensagen, aber nicht aus eigener Anschauung kenne. Denn ich bin alt genug, um mir den Luxus erlauben zu können, auf diese zum Teil recht fürchterliche IETF-Soße verzichten zu können. Aber der Leser wird doch zugeben müssen, dass es doch eine spannende Angelegenheit ist mit dieser „International Engineering & Technology Fair" (IETF); siehe http://en.wikipedia.org/wiki/IETF_INDIA_2007.

12/2007

Kapitel 63
Google-Scholarismus

Eine mehr als ärgerliche Seuche hat sich ausgebreitet, seitdem Google seinen „Scholar" eingeführt hat. Man kann sie als „scholastica googelensis" bezeichnen und es ist eine sehr gefährliche Krankheit. Sie führt nämlich zur Linearisierung aller Menschen und damit zu scheinbar perfekter Anordnung und zu einer blitzschnellen (aber vorschnellen!) vergleichenden Bewertung verschiedener Kandidaten. Es ist ebenso überraschend wie ärgerlich, dass von dieser linearisierenden Krankheit vorzugsweise unsere theorieorientierten Kollegen befallen werden, denen doch sonst kein Baum zu unendlich, kein Modell zu checkbedürftig, kein Automat zu unsinnig bzw. zu abstrus, kein Klapparatismus zu weltabgewandt ist. Gerade diese Kerle sind gläubige Anhänger des durch Google Scholar hervorgerufenen Linearisierungsvorgangs.

Der typische Ausbruch der Krankheit ist wie folgt: Man sitzt in einer Kommission und diskutiert über eine größere Zahl von Bewerbungen für eine vakante Stelle. Natürlich sind die Bewerber/innen sehr verschieden bzgl. der unterschiedlichsten Parameter und ein Broker oder ein Trader hätte größte Schwierigkeiten, das am besten geeignete „Angebot" herauszufinden. Wesentlich leichter ist das nun für den Google-Scholaristen geworden. Er gibt einfach den Namen der Kandidatin/des Kandidaten in Google Scholar ein und erhält eine Zahl zurück. Diese Zahl ist für ihn das Maß aller Dinge (sozusagen eine „conditio sine qua non", um nochmals mit meinem großen Latinum zu kokettieren). Sein Entscheidungsprozess und seine künftige Taktik sind ebenso strikt wie banal: Er argumentiert nämlich ganz einfach so: „Höherer Wert bei Google Scholar"=„bessere Eignung". Punkt aus, finito, keine weitere Diskussion erlaubt!

Es ist wie gesagt traurig, dass ausgerechnet unsere Theoretiker, denen ansonsten alles unterhalb exponentieller Komplexität zu gering und zu unwürdig ist, diesem Linearisierungswahn erlegen sind. Ist aber vielleicht auch verständlich, denn diese Typen waren ja schon immer beliebig weltfremd.

Man könnte über diese Linearisierungsmanie großzügig hinwegsehen, aber die Krankheit breitet sich aus und beginnt langsam gefährliche Züge anzunehmen. Das kann durch diverse Indizien belegt werden, die zu großer Sorge Anlass geben:

1. Bei der Beurteilung von Dagstuhl-Seminaranträgen ging es bisher neben den wissenschaftlichen Zielen der hochkarätigen Seminare vor allem auch um das

A. Potton, *Abgründe der Informatik,*
DOI 10.1007/978-3-642-22975-6_63, © Springer-Verlag Berlin Heidelberg 2012

„Standing" der Organisatoren: Sind diese Namen attraktiv genug, um die Crème de la Crème der internationalen Community für eine Woche nach Dagstuhl zu locken, wo sich ja bekanntlich Fuchs und Hase gute Nacht sagen? Diese Problematik wurde in den vergangenen Jahren immer sehr seriös diskutiert (und wird es auch noch!), aber bei der vorigen Sitzung des wissenschaftlichen Direktoriums von Schloss Dagstuhl kam einer der dortigen Mitarbeiter – frisch befallen vom Google-Scholar-Virus – auf das schmale Brett, ein eindimensionales Ranking der Organisatoren aller Seminare anzufertigen. Dabei standen natürlich die großmächtigen Theoretiker vorne, weil sie die meisten unsinnigen Veröffentlichungen haben und sich mit List und Tücke auch gern gegenseitig zitieren (all das treibt den Scholar-Index nach oben). Es gab dann im Direktorium trotzdem noch einige Verständige (der Autor dieser Zeilen behauptet von sich, zu diesen gehört zu haben), die dem Unsinn der Seminarauswahl allein auf Basis der Google-Scholar-Werte Einhalt geboten haben. Trotzdem: Wehret den Anfängen! Es sind ganz bedenkliche Tendenzen zu erkennen.

2. Ein Mensch, der Karriere machen will, muss den Google-Scholar-Zirkus mitmachen, auch wenn es ihm überhaupt nicht in den Kram passt. Es muss mit den Wölfen geheult werden. Zu diesem Zweck muss der Mensch so viel veröffentlichen wie nur irgendwie möglich (publish or perish!) – und sei es auch der blanke Unsinn. Er muss seine Publikationszahl durch Einreichen desselben Pofels bei verschiedenen Konferenzen und durch geschickte Variation von Titel, Kurzfassung bzw. durch trickreiche Umstellung und Umformulierung von diversen Abschnitten seines Machwerks quasi ins Unermessliche steigern. Sofern der Mensch eine Reihe von Untertanen hat (wenn er also zum Beispiel Lehrstuhlinhaber ist), dann wird er sich gnadenlos auf jede Publikation seiner Sklavinnen und seiner Sklaven mit draufschreiben. Auf diese Weise kann er die Zahl seiner Veröffentlichungen ins Unermessliche steigern, bis hin zu lächerlich hohen Werten, die größer sind als eine Publikation pro Arbeitstag oder gar pro Kalendertag. Lachen Sie jetzt bitte nicht: Solches ist bei uns in der Mikrobiologie vorgekommen! Der Mensch ist außerdem gehalten, sich ggf. abweichend von der alphabetischen Ordnung als erster von mehreren Autoren zu platzieren – selbst dann, wenn sein einziger Beitrag zum Artikel die Anfertigung seiner Unterschrift war. Als Herrscher über seine Sklav(inn)en kann er ja auch diese Umstellung der Reihenfolge diktatorisch durchsetzen. Noch schlauer ist der Mensch natürlich, wenn er sich – falls er alphabetisch benachteiligt ist – den zwar kostenträchtigen, aber sehr nützlichen, Luxus einer Namensänderung leistet. Also wenn er sich z. B. von „Zubi" in „Azubi" umbenennt. Auch für solche Aktionen gibt es prominente Beispiele. Erfreulicherweise ist Martina Zitterbart dieser Manie noch nicht erlegen und ich wünsche ihr, dass sie solchen Anwandlungen auch künftig widerstehen möge.

Diese Kolumne von „Alois" (die laufende Nummer 63) ist etwas kurz geraten, um dem geneigten Leser – so es denn einen gibt – die Chance zu geben, sich selbst im Google Scholar wiederzufinden (oder auch nicht). Möge er diesem Druck oder

Dreck gegenüber resistent oder immun sein! Alois jedenfalls bereitet sich auf das Binärjubiläum (Nr. 64) vor, zumal dieses mit Sicherheit das letzte erreichbare solche Jubiläum sein wird, denn bei Nr. 128 wird es entweder die Zeitschrift oder Alois – oder beide – nicht mehr geben.

3/2008

Kapitel 64
Suchmaschinen und wie man sie überlistet

Es gibt wohl kaum jemanden, der nicht von Suchmaschinen fasziniert wäre. Kann man doch mit diesen Werkzeugen eine ungeahnte Menge von mehr oder weniger nützlichen Informationen erhalten. Ob diese immer absolut zuverlässig sind, mag zwar dahingestellt bleiben. Aber da man sich jede Auskunft im Regelfall aus zig verschiedenen Quellen besorgen kann, besteht gute Hoffnung, dass sich durch statistische Mittelung ein hoher Zuverlässigkeitsgrad herausbildet. Viele lang dauernde und nicht selten in böse Feindschaft mündende Stammtischdebatten lassen sich so vermeiden. Zum Beispiel kamen wir neulich bei einem Kolloquiumstee zufällig auf die Frage, wem denn die sprichwörtlich gewordene Formulierung „wenn hinten weit in der Türkei ..." zu verdanken sei. Schnell konvergierten wir zur (richtigen) Meinung, der Autor müsse der unvermeidliche Goethe sein, aber die meisten von uns glaubten, das Zitat stamme aus „Hermann und Dorothea". Diese Mehrheit, zu der auch ich gehörte, musste sich aber via Google überzeugen lassen, dass die Zitatstelle aus „Faust I" stammt und folgendermaßen lautet:

> Nichts Bessers weiß ich mir an Sonn- und Feiertagen
> Als ein Gespräch von Krieg und Kriegsgeschrei,
> Wenn hinten, weit, in der Türkei,
> Die Völker aufeinander schlagen.

Damit war dann alles geklärt – inklusive merkwürdiger Wortgebilde wie „Bessers" und fragwürdiger Kommasetzungen, welche für sich allein bereits eine Stammtischrunde über mehrere Stunden hinweg beschäftigen könnten.

So weit zu den Segnungen der Suchmaschinen. Aber aus ganz ähnlichen Gründen wie den genannten können diese Biester auch sehr gefährlich sein. Das wurde mir kürzlich wieder bewusst, als ich nämlich eine Bewerbung aus fernen Landen erhielt (möglicherweise zusammen mit 128 weiteren Adressaten; auch das ist so ein Fluch der elektronischen Post). Die zugehörige Nachricht begann wie üblich mit „Dear Sir/Madam" und besagte, der Absender habe eine DAAD-Förderung erhalten – oder stehe jedenfalls kurz davor. Jetzt brauche er nur noch die Bestätigung der „weltberühmten Institution" [;-)], bei der er sich soeben zu bewerben gewagt habe. Er lege zum Beweis seiner Fachkompetenz ein auf drei Seiten skizziertes Forschungsvorhaben bei. Auf diesem Gebiet möchte er unter meiner Anleitung promovieren.

A. Potton, *Abgründe der Informatik*,
DOI 10.1007/978-3-642-22975-6_64, © Springer-Verlag Berlin Heidelberg 2012

Nicht wenig geschmeichelt durch diese Lobeshymnen überreichte ich die Forschungsskizze, weil ich selbst gerade keine Lust auf eine intensivere Prüfung hatte, einem Mitarbeiter, der vor nicht allzu langer Zeit ein Seminar zu ähnlichen Fragen betreut hatte. Es dauerte nicht lange und der Mitarbeiter kam zurück mit der Botschaft, der Bewerber habe die drei Textseiten mit Ausnahme von gerade mal fünf vergleichsweise unwichtigen Zeilen wörtlich aus einer Bachelorarbeit sowie aus einem anderen Bericht abgekupfert. Zum Beweis legte er mir die betreffenden Passagen zusammen mit den zugehörigen Stellen aus der Beschreibung des Vorhabens vor. Er sagte mir noch, die Eingabe einer sehr geringen Zahl auffällig scheinender Passagen in eine Suchmaschine sei ausreichend, um copy-and-paste-verdächtige Arbeiten eindeutig als solche zu enttarnen.

Das ist nun tatsächlich für gewisse Kreise ein schöner Mist (z. B. für Hannoveraner Jura-Professoren, die mit Hilfe von Promotionsagenturen und für eine nicht unbeträchtliche Bargeldsumme höhere Weihen versprechen und auch – posthum! – für Bayreuther Rechtsverdreher; siehe Glosse Nr. 78): Suchmaschinen scheinen nämlich zu verhindern, dass man Bachelor-, Diplom- und Masterarbeiten sowie Dissertationen aus diversen Literaturquellen zusammenzimmert. Aber gemach: Hannoveraner und Bayreuther Praktiken funktionieren trotzdem, denn Suchmaschinen sind gegen hinreichend geschickte betrügerische Aktionen hilflos. Warum ist das so bzw. wie kann man ungestraft fremde Resultate als seine eigenen ausgeben?

Die Antwort (zur Nachahmung *nur bedingt empfohlen!*): Voraussetzung für den Erfolg solcher Aktionen ist, dass man sich auf Manuskripte beschränkt, die weder in deutscher noch in englischer Sprache verfasst wurden. Solche Arbeiten wären nämlich gar allzu leicht zugänglich. Auf halbwegs sicherer Seite ist man dagegen, wenn man des Portugiesischen einigermaßen mächtig ist und sich auf die Suche nach einer Dissertation begibt, die in Brasilien, Angola, Mozambique oder in Timor Leste entstanden ist. Nachdem man ein passendes Werk gefunden und übersetzt hat, wird das Ergebnis von keiner Suchmaschine mehr dem Originalautor zugeordnet werden können. Zur weiteren Absicherung kann man noch die Abfolge einzelner Kapitelchen umstellen, gezielte Weglassungen vornehmen usw. Die meisten in Frage kommenden Arbeiten sind sowieso deutlich zu umfangreich. Bei der Übernahme von Formeln muss man allerdings aufpassen, denn diese sehen in portugiesischer Sprache genauso aus wie in englischer oder in deutscher Fassung. Deshalb empfiehlt es sich, die Parameter der Formeln umzubenennen (oder gleich auf Arbeiten zu verzichten, die irgendwelche Formelwerke enthalten, denn diese sind bekanntlich sowieso nicht praxisrelevant). Weitere Probleme entstehen durch Kurvenzusammenhänge. Falls diese simulativ ermittelt wurden, kann man den wahren Erzeuger durch moderate Änderungen unkenntlich machen, denn niemand wird Simulationsergebnisse reproduzieren wollen oder können. Andere Kurven können durch Änderung der Skalierung (z. B. logarithmische statt lineare Darstellung der y-Achse) hinreichend verfremdet werden. Letztlich ist natürlich darauf zu achten, dass nicht zu viele lokale Referenzen verbleiben, z. B. auf Schriften der Universität Maputo, wenn Sie die Arbeit von einem Autor aus Mozambique geklaut haben sollten. Auf solche Zitate muss man deshalb entweder verzichten oder sie durch unverfängliche andere ersetzen.

Diese konkreten Maßnahmen sollten Sie überzeugt haben, dass und wie ein gutes Manuskript (das aber aus ersichtlichen Gründen wiederum nicht allzu gut sein darf) geeignet modifiziert und als eigenes Werk ausgegeben werden kann. Solche Praktiken funktionieren fast immer, allerdings nicht für die Glosse „Alois Potton". Der geneigte Leser möge seine eigenen Schlüsse daraus ziehen.

6/2008

Kapitel 65
TPC's mit und ohne Geräuschbelästigung

TPC: Für mich ist das nicht etwa „The Pension Consultancy", der „Teen Prayer Congress", der „Tournament Players Club" oder eine andere Dechiffrierung dieses Dreibuchstabenkürzels, die Google als eine der 100 häufigsten Erklärungen anbietet. Nein, ein TPC ist eine unverzichtbare Komponente jeder größeren Veranstaltung und heißt ausgeschrieben „Technical Program(me) Committee". Dabei steht „Technical" im Gegensatz zu „Organisational", was bedeuten soll, dass dieses Gremium sich um den inhaltlichen Ablauf der Veranstaltung kümmern soll, nicht aber um das Rahmenprogramm oder um die Kaffeepausen oder um die Finanzierung und Ausrichtung des Victory Dinners. Interessanterweise wird lange vor einer Tagung bereits ein „Victory Dinner" für die (wenigen) bei der Veranstaltung anwesenden TPC-Mitglieder angesetzt. Von einem „Disaster Lunch" habe ich dagegen noch nie etwas gehört, obwohl doch das Ergebnis (also ob die Sache nun zu einem Erfolg oder zu einer Katastrophe geraten ist) keineswegs von vornherein feststeht.

TPCs größerer Veranstaltungen haben einige stets wiederkehrende Charakteristika: Erstens sind sie umfangreich, denn jede(r), der/die was auf sich hält, will oder muss dazugehören, auch wenn er/sie wenig Zeit dafür investieren will oder kann. Zweitens sind TPC-Mitglieder typischerweise genau so eitel wie Stargäste bei Gottschalks „Wetten dass", die ihre Eitelkeit dadurch zeigen, dass sie nach der kostenlosen oder sogar bezahlten Werbung für ihr neuestes Filmchen höchstens noch drei Minuten lang bleiben. Wer länger auf der Couch verweilt, der ist weder Star noch Sternchen. In entsprechender Weise gilt solches auch für TPC's: Wer als TPC-Mitglied höchstpersönlich zur Tagung erscheint, der gilt als subaltern oder als debil. Bei der Networking 2008 in Singapur waren von deutlich über 150 TPC-Mitgliedern und sonstigen Offiziellen gerade mal drei anwesend – und auch die nicht über die gesamte Zeit. Meiner Beobachtung zufolge schwankt die Zahl der teilnehmenden Offiziellen (also TPC-Angehörige + sonstige Delegierte) zwischen 1,95 und 3,47 % der Gesamtzahl der üblichen Verdächtigen. Dabei sollte die Exaktheit dieser Prozentzahlen nicht allzu viel Verwunderung auslösen, denn das ist ganz einfach die Übertragung der gängigen Praxis, wonach auf zweifelhaftem Wege gewonnene Ergebnisse (z. B. aus Simulationen stammende solche) mit mindestens acht Nachkommastellen angegeben werden, auch wenn durch die vereinfachenden – und nicht selten völlig unrealistischen – Modellannahmen, die bei

A. Potton, *Abgründe der Informatik*,
DOI 10.1007/978-3-642-22975-6_65, © Springer-Verlag Berlin Heidelberg 2012

der Herleitung dieser „Resultate" Pate standen, die Größenordnung des Fehlers bei mindestens 25 Vor-Komma-Prozentpunkten liegen dürfte. Offenbar soll durch die vom Rechner kostenfrei gelieferte und dann kommentarlos weitergegebene große Zahl an Nachkommastellen eine besonders hohe, allerdings trügerische, Seriosität der Ergebnisse vorgegaukelt werden. Auf der erwähnten Networking-Konferenz des Jahres 2008 versuchte einer der Referenten mit einem Messergebnis „bis zu 6,91 MB" (waren es Megabits oder Megabytes, who knows?) zu glänzen. Ich machte in der anschließenden Diskussionsrunde die – ironisch gemeinte – Bemerkung, dass ich „bis zu 6,91 MB" doch stark in Zweifel zöge, denn es seien wohl „bestenfalls 6,89 MB" möglich. Wie beinahe zu erwarten war, stellte sich dabei allerdings heraus, dass der (asiatische) Vortragende dieser vermeintlichen Ironie gegenüber völlig unempfänglich war.

Übrigens gibt es auch einen ganz ähnlichen Effekt, nämlich eine merkwürdige Unsicherheit bzgl. einer exakten Zahl. So fand ich neulich in einem Reiseführer folgenden Hinweis: „The Chulalongkorn university has approximately 27.236 students" (was natürlich in der Tat nur eine ungefähre Schätzung ist, denn eine/einer von diesen 27.236 Glücklichen könnte ja seit Erscheinen des Reiseführers überfahren oder exmatrikuliert worden sein).

Zurück zum typischen TPC-Mitglied und seiner Reserviertheit bzgl. Teilnahme an der von ihm/ihr doch maßgeblich mitgestalteten Veranstaltung. Hauptgrund für sein/ihr Fehlen ist natürlich(?!) vorgeschützte oder reale zeitliche Überlastung. Ein zweiter und zunehmend wichtiger werdender Grund kann aber auch als „lästige Störung" umschrieben werden und ist inzwischen auf praktisch allen Konferenzen zu beobachten: Es ist beinahe schon Tradition, dass die parallelen Sitzungen nur von einer einstelligen oder bestenfalls knapp zweistelligen Zahl von Leuten besucht werden, die man nicht mehr im eigentlichen Sinne als Zuhörer, sondern eher als Stuhlwärmer bezeichnen sollte. Mindestens zwei Drittel der Anwesenden haben nämlich nichts Besseres zu tun als auf ihrem Laptop Emails zu lesen oder zu beantworten bzw. aktuelle Nachrichten oder Börsenkurse zu verfolgen. Die vom Vortragenden abgesonderten Schallwellen gehen daher unbemerkt von einem Großteil der wenigen Teilnehmer ins Nirwana. Genau betrachtet ist daher der Vortrag nur wenig mehr als eine Geräuschbelästigung für den Stuhlwärmer bei seinen Laptop-Aktivitäten. Es wäre vielleicht anzuraten, die anlässlich einer Tagung gehaltenen Referate auf die Folien zu beschränken und die Vortragenden ebenso wie den Sitzungsleiter zur Verwendung der Gebärdensprache zu ermutigen. Andernfalls braucht man wegen dieser störenden Geräuschkulisse auf die Teilnahme des TPC-Mitglieds nicht mehr zu hoffen.

Wie schon Wilhelm Busch zu sagen pflegte (wobei ich mir erlaube, den … zig unterschiedlichen Versionen des Originalzitats eine weitere hinzuzufügen):

Der Vortrag wird als mies empfunden,
weil meist er mit Geräusch verbunden.

9/2008

Kapitel 66
Alois im Lande der Noshownen

Für diese Kolumne muss ich etwas weiter ausholen und zwar bis hin zu Karl May. Ein gar seltsamer Schriftsteller ist/war das: Zuerst verschlingt man seine zahlreichen Pamphlete geradezu, aber dann wird er im Laufe der Zeit so gut wie unlesbar. Es ist mir mittlerweile unverständlich, wieso mich seine missionarischen Ausführungen über die Vorzüge des Christentums und über die Schlechtigkeit der Sioux-Indianer in Kindheit und Jugend dermaßen begeistern konnten. Heute finde ich Karl Mays Werke einfach nur noch widerwärtig. Das ist ein wirklich merkwürdiges Phänomen, mit dem ich aber keineswegs allein stehe.

Beim Schlagwort Sioux bin ich aber schon fast beim Thema. In der Schwarzweiß-Sicht von Karl May sind die Angehörigen dieses Stammes (vor allem aber die Ogallalah und die Kiowa) ausnahmslos und immer böse, wohingegen die Mescalero-Apatschen und in Sonderheit deren Häuptling Winnetou permanent edel und moralisch hochstehend sind. Der als Sioux geborene Indianer hat Pech gehabt: Er ist böse und muss als Fluch dieser bösen Tat (für die er nicht einmal etwas konnte!) fortwährend Böses gebären. Freier Wille für den Sioux: leider Fehlanzeige! Da kann er schon lieber gleich sündigen, was ggf. vielleicht wiederum als Vorteil anzusehen ist. Aber solche Gedanken führen uns dann doch zu sehr ins Philosophische oder gar ins Defätistische, also lassen wir das lieber.

Zu den zahlreichen Rothäuten in Winnetous Umfeld gehören auch die Schoschonen. Das allmächtige Wikipedia weiß von ihnen zu berichten, dass sie ehrenhaft sind (und dies natürlich stets und überall – denn ebenso wie den Siouxindianern wird ihnen von Karl May durchgängig dasselbe Verhaltensmuster zusammen mit ihrer Stammeszugehörigkeit in die Wiege gelegt). Laut Wikipedia gilt, dass trotz der einen oder anderen Auseinandersetzung Old Shatterhand und Winnetou sich auf die Schoschonen verlassen können. In Karl Mays Werken werden nicht weniger als zehn Schoschonen namentlich erwähnt – von Tokvi-tey und Moh-aw (beide im „Sohn des Bärenjägers") über To-ok-uh und Paq-muh (in „Old Surehand I") bis hin zu Avaht-niah und Wagare-tey (in „Winnetou IV", was früher mal „Winnetous Er-ben" hieß). Man beachte und bewundere den gewaltigen Ideenreichtum von Karl May, der bekanntlich nie in Amiland war und sich alles nur zusammenphantasiert hat, in Bezug auf die Erfindung abstruser Namen! Ein anderer Schoschonenhäupt-ling schimpft sich Avaht-uitsch, was angeblich für „Großes Messer" steht und schon

A. Potton, *Abgründe der Informatik,*
DOI 10.1007/978-3-642-22975-6_66, © Springer-Verlag Berlin Heidelberg 2012

beinahe lautmalerisch klingt. Bezeichnenderweise ist selbst Winnetou in Amiland völlig unbekannt!

Nun sind die Schoschonen wahrscheinlich schon seit vielen Jahrzehnten ausgestorben oder fristen ihr Leben in nicht besonders attraktiven Reservaten. An ihre Stelle ist aber seit etwa einem Jahrzehnt ein neuer Stamm getreten, der sich weltweit stark vermehrt, mit besonders starker Ausprägung in Korea, in Mainland China und in Taiwan. Aber auch in Europa sind Angehörige dieses neuen Stammes keine Seltenheit mehr. Die neuen Indianer werden „Noshownen" genannt und kommen gehäuft bei Tagungen vor. Eigentlich tritt der Noshowne dadurch auf, dass er nicht auftritt, was ein wunderbares Paradoxon im Sinne von Russells Antinom ist. Für Nichtlogiker: das ist die Sache mit der Menge aller Mengen, die sich nicht als Element enthalten. Oder, um ein einfacheres Beispiel zu geben: „Der Truppenbarbier, der alle Soldaten rasieren muss, die sich nicht selbst rasieren: Muss dieser Barbier sich selbst rasieren oder nicht??".

Der Noshowne ist ein Schmarotzer, der eine Tagungspublikation braucht, aber Zeit und/oder Kosten für die Teilnahme an der Tagung sowie für die mündliche Präsentation scheut. Sein Business Case ist sehr einfach: Er weiß, dass er sich bei der Konferenz anmelden und den Tagungsbeitrag bezahlen muss, weil sonst sein Manuskript nicht in den Proceedings abgedruckt wird. Deshalb überweist er widerwillig und zähneknirschend die Tagungsgebühr. Auf die persönliche Anwesenheit verzichtet er aber lieber, denn: Flugkosten, Aufenthaltskosten, Jetlag, mehrere Konferenz- und Flugtage, wo man ein oder gar mehrere weitere Papiere hätte schreiben können, wenn man denn zu Hause geblieben wäre statt sich diesen öden Tagungsort anzutun, ... Nimmt man das alles zusammen, dann ist die Nichtteilnahme eine verführerische Alternative vor allem bei weiter Anreise – denkt sich jedenfalls der Noshowne und erliegt dieser Versuchung.

Bleibt natürlich noch die unangenehme Pflicht der Absage und einer halbwegs glaubhaft wirkenden Begründung, sofern der Noshowne nicht einfach kommentarlos fernbleibt. Manche Noshownen sind da kreativer als andere. Besonders unclever war hier ein gar nicht mal unbekannter (sozusagen im Fokus stehender) Berliner, dem im September 2008 innerhalb von knapp zehn Tagen zweimal die Ausrede „Flugzeug verpasst" einfiel. Dabei gilt der typische Berliner doch allgemein als recht aufgeweckt und als flughafentauglich! Ich meine nur: Selbst wenn die Ausrede mit dem verpassten Flieger gestimmt haben sollte, dann könnte eventuell grobe Fahrlässigkeit (wegen mehrfach zu knapp kalkulierter Anreisezeit zum Flughafen) oder unwahre Angaben (aufgrund der Häufung derselben Ausrede) unterstellt werden. Daher wäre ein wenig Nachdenken über Ausredenvariationen (z. B. „Teilnahme an einer VOX-Kochshow") durchaus angebracht gewesen. Aber so schlau sind viele Noshownen – sogar Berliner – nun doch noch nicht.

Der leider allzu früh verstorbene Robert Gernhardt hätte den Noshownen möglicherweise einen seiner herrlichen Indianer-Zweizeiler gewidmet in Analogie zu den folgenden Mustern:

Paulus schrieb an die Apatschen:
Ihr sollt nicht nach der Predigt klatschen.

Oder:

Paulus schrieb an die Komantschen:
Erst kommt die Taufe, dann das Plantschen.

Oder gemäß der oben erwähnten Russellschen Antinomie:

Paulus schrieb den Irokesen:
Euch schreib ich nicht, lernt erst mal lesen.

Mein Nachahmungsversuch (Robert, bitte verzeih' mir!) lautet:

Paulus schrieb an die Noshownen:
Ihr sollt Euch bitte nicht mehr klonen.

12/2008

Kapitel 67
Mischen und Wischen

So gut wie kein Unternehmen kann ohne es auskommen, das regelmäßig stattfindende Strategiemeeting nämlich. Es scheint ein Naturgesetz zu sein, dass ab und zu die generelle Richtung überprüft und neu bestimmt werden muss. Das gilt erst recht in unternehmerisch schwierigen Zeiten, wo das Überleben der Institution stark gefährdet zu sein scheint. Das Alte muss verwischt und die Karten müssen neu gemischt werden. „Mischen und Wischen" („Mission and Vision") nennt man den entsprechenden Vorgang in Umkehrung der eigentlich logischer scheinenden Wisch-Misch-Reihenfolge. Das heißt: Es sind sowohl missionarische als auch visionäre Ergüsse zur Perestroika (deutsch: Umgestaltung) gefordert. Ob sich solcherlei Bestrebungen dann aber in den Unternehmensalltag umsetzen lassen, steht auf einem völlig anderen Blatt.

Weil aber kein normaler Mitarbeiter freiwillig auf diese Mischtop-Wischmop-Idee verfallen würde, muss selbiges von der obersten Heeresleitung angeordnet werden, die einen leidgeprüften Teil der Belegschaft zu diesem Zweck für ein paar Tage in einer Klosterruine oder in einem anonymen Seminargebäude kaserniert. Um die Sache überhaupt zum Laufen zu bringen, denn ohne externe Antreiber könnte sich überhaupt kein vorzeigbares Resultat entwickeln, bedient sich die Firma der Eloquenz eines smarten Unternehmensberaters, der die Rolle des (teuren) Moderators einnimmt. Übrigens: Moderator kommt von „moderare", also von „mäßigen", was allerdings eine für ein Strategiemeeting durchaus zweifelhafte und wenig passende Interpretation ist.

Dem Berater assistiert eine überschlanke ziemlich langweilig aussehende („so wie's der Kenner mag", sagt Ludwig Thoma in der Novelle „Altaich") in einen mausgrauen knitterfreien Hosenanzug gewandete Person, die etwa dieselbe Funktion hat wie das Helferlein von Daniel Düsentrieb: „Es" (nämlich das Helferlein, denn „er" oder „sie" kann man zu so einem Neutrum keinesfalls sagen) ist ein Faktotum für alle die scheinbar nebensächlichen, aber unverzichtbaren Vorgänge wie Zettel austeilen und einsammeln, Ergebnisberichte mit Stecknadeln an die Flipchart pinnen und so weiter. Berater und Helferlein sehen immer adrett aus. Beinahe wie Du und Ich, nur eben viel steriler. Sie haben interessante Namen, die im Gedächtnis bleiben (sollen), zum Beispiel Stockard Channing. Richtig: die spielte das „bad girl" Betty Rizzo im Kultfilm Grease und outperformte Olivia Newton-John – meiner unmaßgeblichen Meinung nach – in deren Rolle als „good girl" Sandra Dee ziemlich gnadenlos. Im

A. Potton, *Abgründe der Informatik,*
DOI 10.1007/978-3-642-22975-6_67, © Springer-Verlag Berlin Heidelberg 2012

Seminar selbst bestehen Meister und Helferlein aber darauf, ausschließlich mit ihrem Vornamen angesprochen zu werden oder mit einer verkürzten Version desselben, d. h. mit Stocki oder so ähnlich.

Bemerkenswert in diesem Zusammenhang ist vielleicht noch, dass Stocki und Olivia in Grease High-School-Absolventinnen sind, aber während der Dreharbeiten bereits 34 bzw. 29 Jahre alt waren. Weil das unbeanstandet durchging, liegt die Vermutung nahe, dass schon damals nicht alles Gold war mit dem amerikanischen Ausbildungssystem. Aber das nur nebenbei.

Da der Berater zwar über alles Bescheid weiß, aber von nichts Ahnung hat, schon gar nicht von den internen Abläufen und Schwierigkeiten des krisengeschüttelten und um eine neue Strategie ringenden Unternehmens, muss er alle benötigten Informationen aus den zur Seminarteilnahme zwangsverdonnerten Firmenangehörigen herauskitzeln. Das geht leichter als man zunächst vermuten würde, wenn man sich der Zaubertechnik namens Metaplan bedient. Hierzu werden vom Helferlein zahlreiche Filzstifte sowie eine Reihe von verschiedenfarbigen und -formigen Kärtchen ausgeteilt, auf die der Seminarteilnehmer zunächst alles zur Sachlage aufschreiben muss, was ihm spontan so einfällt. Zum Beispiel werden fast immer Beiträge zu einer SWOT-Analyse gewünscht (SWOT = Seltsame Wortklaubereien ohne Tiefgang). Aus den auf die Metaplanzettel gekritzelten Äußerungen kann der Berater dann Rückschlüsse auf den Zustand der Firma ziehen. Diese Erkenntnisse ergeben sich Zug um Zug dadurch, dass Helferlein die diversen Zettel an der Pinnwand in wolkenartigen Clustern zusammenstellt, wobei es auch bereit ist, ein neues Cluster anzulegen oder zwei bisher getrennte Wolken zu einem Obercluster zu vereinigen ... und so weiter und so fort. Danach kann man bei Bedarf vielleicht auch noch ein paar Rollenspiele betreiben oder ähnliche Kindereien. Mit solchen neckischen Spielchen lassen sich locker und leicht mehrere Stunden scheinbar arbeitsintensiv und zielführend verbringen. Und das Wichtigste ist: Das Resultat ist immer ein geschäftsmäßig aussehendes und bei jeder Firmenleitung absolut vorzeigbares Ergebnis.

Es ist manchmal schwer, Mission und Vision auseinander zu halten. Im Sinne der reinen Lehre müsste die Mission sagen, „warum wir eigentlich da sind und wo wir stehen". Die Vision sollte dagegen darüber Auskunft geben, „wo wir hin wollen". Interessanterweise ist es fast immer leichter, sich über die Zukunft auszulassen – also eine Vision zu formulieren – als über die Gegenwart. Für die in ferner Zukunft versprochenen, aber letztlich nicht erreichten oder nicht erreichbaren Ziele kann man nämlich zum Zeitpunkt der Zielformulierung nur in den seltensten Fällen zur Rechenschaft gezogen werden. So wie es eben viel einfacher ist, die Zukunftsvision „Wir wollen in zehn Jahren auf dem Mond sein" loszutreten als die biedere Wirklichkeit zu akzeptieren, die da lautet: „Wir haben gar keine Raketen".

Egal was bei solchen Mischen- und Wischen-Spielereien auch herauskommen mag. Drei Dinge stehen fest:

1. „Ein brauchbares Mission-Statement darf so gut wie alles enthalten, aber nicht mehr als 25 Wörter. Sonst kann man es sich nicht merken" (Gil Hickman: Leading Organisations).
2. „Wer Visionen hat, sollte zum Arzt gehen" (Helmut Schmidt).
3. „Wenn man einem Missionar begegnet, sollte man besser nicht Montezuma heißen" (Otto Spaniol).

Kapitel 68
Aküfi, die Zweite

Diese Kolumne wird mit ein paar ziemlich an den Haaren herbeigezogenen Bemerkungen beginnen (um auf die für eine halbwegs gut gefüllte Seite benötigte Zeichenzahl zu kommen) und dann zum Thema AKÜFI wechseln. AKÜFI = Abkürzungsfimmel, so hieß die erste von inzwischen 68(!) Alois-Potton-Glossen. Nur die wenigsten Leser(innen) werden sich noch an eine so lange zurückliegende Zeit erinnern. Denn seit AKÜFI 1 sind ja mehr als 17 Jahre vergangen, weil die Glosse viermal jährlich erscheint und einige wenige Ausgaben ohne die übliche Kolumne blieben. Nach Erscheinen dieser seltenen Ohne-Alois-Potton-Hefte gab es regelmäßig einen Aufschrei einer größeren Lesergemeinde, was ein positives Indiz für die Kolumne war. Als Resonanz auf die Mit-Alois-Potton-Hefte gab es nichts oder wenig Vergleichbares. Es war eher so als würde man einen Topf Wasser im Sommer bei Timbuktu über einer Wanderdüne verschütten: Genauso rückstandsfrei und spurlos schienen die Kolumnen zu verdampfen. Wenn wenigstens mal jemand einen Leserbrief dazu schriebe ... Aber lassen wir das und Sie mich nach diesem Vorgeplänkel auf Umwegen zum Thema AKÜFI 2 kommen.

Viele Meinungen haben sich betonfest in den meisten Gehirnen eingegraben – und nicht alle Vermutungen werden durch Tatsachen belegt. Zum Beispiel gilt das Englische gemeinhin als vergleichsweise ähnlich elegant oder unelegant wie die deutsche Sprache. Ein bekanntes (von Mark Twain geklautes) Gegenbeispiel dazu ist das sich gewaltig getösehaft anhörende Wort toothbrush („Tuusbrasch") im Vergleich zur zahnlosen deutschen Fassung, also „Zahnbürste". (Man beachte die Finesse mit der „zahnlosen Zahnbürste"). Aber um mich nicht nur auf Mark-Twain-Geklautes zu beschränken, kann ich mit einer eigenen Produktion aufwarten: Das Französische wird ja gemeinhin für die (vielleicht abgesehen von Italienischen) flüssigste und verführerischste Sprache gehalten. Aber auch da gibt es Gegenbeispiele, z. B. die Version „l'allbommmm" für „das (Musik)-Album". Ich höre dieses Wort sehr häufig auf dem Weg zur Arbeit, wenn ich meinen belgischen Lieblingsoldiesender RTBF Classic 21 einschalte. Übrigens ist Aachen ziemlich sicher die einzige größere Stadt, wo man neben Classic 21 die drei Kultsender A-B-C über Normal-UKW empfangen kann: A = AFN (American Forces Network), B = BFBS (Britisch Forces Broadcasting Service), C = CFN (Canadian Forces Network). Man sieht daran, dass nicht alles schlecht sein muss, was das Militär so mit sich bringt. Und man würde sich sogar

A. Potton, *Abgründe der Informatik*,
DOI 10.1007/978-3-642-22975-6_68, © Springer-Verlag Berlin Heidelberg 2012

noch über mehr Besatzer dieser Art freuen, etwa über einen Sender DFN (Danish Forces Network). Auf RFN oder SFN könnte ich allerdings gern verzichten.

Wo wir aber schon bei Abkürzungen wie AFN, CFN oder so sind, drängt es mich doch, mein Unverständnis bzgl. einiger solcher Kürzel und ihrer Verwendung zum Ausdruck zu bringen. Dabei beziehe ich mich auf Heft 1/09 der Zeitschrift PIK, wohl wissend, dass ich dieselben Effekte wohl an ziemlich jedem Heft einer so genannten Fachzeitschrift festmachen könnte. Ich gebe aber gern zu, dass gerade Heft 1/09 sich für meine Zwecke sehr gut anbietet, denn die meisten der dort abgedruckten Artikel sind aus dem Rechenzentrumsumfeld und daher erwartungsgemäß in einer gar seltsamen Gestelztheit geschrieben.

In einem der besagten Artikel des Hefts wird zum Beispiel der Begriff des IV-Lenkungsausschusses eingeführt und mit „IVL" abgekürzt. In voller Länge wird besagter IV-Lenkungsausschuss mindestens sechsmal zitiert, die Abkürzung taucht dagegen nur ein einziges Mal auf – in einer Skizze – und dort wäre mehr als reichlich Platz gewesen, um sie voll auszuschreiben. Die Einführung der Abkürzung war also nur der Prahlerei („Leute, seht mal, was wir für Fachleute sind!") oder der gezielten Verwirrung des Lesers geschuldet, denn eine Abkürzung „rechnet" sich ja erst dann, wenn durch ihren wiederholten Gebrauch insgesamt weniger Zeichen benötigt werden als ohne das entsprechende Kürzel. Soweit zum Thema „Effizienz", was ja eine Hauptugend des Informatikers sein sollte. Gegen diese eigentlich evidente Regel wird aber permanent verstoßen. Es hat fast den Anschein als ob die Leute im Rechenzentrum wie auch einige freie Journalisten für ihre Machwerke gemäß der Anzahl der erzeugten Zeichen entlohnt werden. Im Übrigen folgen nicht nur diese Autoren dieser Anti-Effizienzthese, denn kürzlich sah ich einen Cartoon, wo ein kleiner Junge verwirrt fragte: „How come that ‚abbreviation' is such a long word?".

Das Abkürzungsunwesen scheint immer weiter um sich zu greifen und immer schlimmer zu werden, wie sich an beliebig vielen Beispielen belegen lässt, von denen ich aber aus Platzgründen nur zwei zitieren möchte:

1. Auf der KiVS 2009 in Kassel gab es ein Referat eines hoffnungsvollen Nachwuchsmitarbeiters zum Thema **„Pluggable Authorization and Distributed Enforcement with pam_xamacl"**. Nun mag man mich ja der Unkenntnis zeihen und diese für unverzeihlich halten, aber **„pam_xamacl"** klingt eher wie der Name eines Maya-Tempels auf Yucatàn als dass es irgendeinen nahe liegenden informatischen Bezug hätte.

2. Als Vorschlag für ein Best Paper anlässlich der Junge-Informatik-Tage 2009 der Gesellschaft für Informatik wurde ein Manuskript eingereicht mit dem Titel „Ein Rahmenwerk für Genetische Algorithmen zur Lösung erweiterter Vehicle Routing Problems (VRPSPDMUTW +)". Wobei abgesehen von der grausamen Konstruktion „Lösung erweiterter Problems" die Erläuterung des Monsters VRPSPDMUTW + im gesamten Beitrag fehlte – bzw. erst im zweiten Teil unter Anwendung von viel Sherlock-Holmes-Detailarbeit herauszufinden war.

Warum verwendet unser Informatiknachwuchs solche Ungetüme? Und warum lassen die respektiven Betreuer so einen monströsen Quatsch zu? Die Kaste der Informatiker und der Informationstechniker wird in der Öffentlichkeit gern als eine Horde von introvertierten Fachidioten *betr*-achtet und demzufolge *ver*-achtet. Ganz im Gegensatz zum Beispiel zu den Medizinern, aber auch von den Mathematikern! Ich kann mir nicht helfen, aber irgendwie sind wir selbst für dieses Image verantwortlich, wenn wir solche kryptisch-bekloppten Abkürzungen und Veröffentlichungstitel zulassen.

6/2009

Kapitel 69
Wie killt man einen E-Techniker?

Es ist normalerweise sehr angenehm, in einer Universitätsstadt zu leben. Manchmal ist es aber auch bedenklich. So fuhr ich heute einem abwrackprämientauglichen VW Polo hinterher, in dessen Heckfenster der junge Fahrer den Stolz auf sein mit Mühe geschafftes Abitur mit dem Aufkleber „ABIana Jones 2008" kundtat. Den Namen der Schule verschwieg er allerdings – und das war wohl auch besser so. Man muss sich das einmal vorstellen: Eine ganze Klasse von normalerweise doch recht intelligenten Leuten quält sich um ein Motto für das Abitur. Und heraus kommt dann: „ABIana Jones 2008". Ja, isses denn möööschlisch! Ich verfolgte den Polo dann noch ein Stück weit bis er zu den Gefilden der E-Technik abbog und da wurde ich schlagartig milde und rief ihm im Geiste zu: „Du bist zwar ein armer Idiot, aber Du studierst E-Technik. Und das erklärt natürlich alles". Denn der Informatiker ist ja der natürliche Feind des E-Technikers (oder des Informationstechnikers, wie sich diese Kerle heute zu schimpfen wagen). Dies natürlich vor allem an technischen Universitäten und technischen Hochschulen, aber anderswo kommt die Rasse des homo electricus ja auch selten vor.

Waren Sie als Informatiker schon einmal in einem Großprojekt zusammen mit der E-Technik? So ein Mammutvorhaben ist finanziell gesehen quasi ein riesiger Elefant, den der Informatikwolf und der E-Technikwolf gemeinsam erlegt haben (denn die beiden Wolfstypen sind ja nun einmal keineswegs dumm, schon gar nicht an technischen Universitäten!) und den sie nun fressen sollen. Wäre ja auch ganz einfach, wenn sagen wir mal der Informatikwolf die linke Elefantenhälfte fräße und sich der E-Technikwolf an der rechten Seite gütlich täte. Aber so einfach ist das nicht: Obwohl es mehr als genug zu fressen gibt, sind beide extrem futterneidisch aufeinander und gönnen dem anderen rein gar nichts. Das gilt in Sonderheit für den E-Technikwolf, der den Informatikwolf als spinnerten Theoretiker verachtet und meint, dieser habe die linke Hälfte des Elefanten eigentlich nicht verdient, weil er zur Erlegung des Elefanten kaum etwas beigetragen habe. Also müsse er den Elefanten quasi allein fressen, auch wenn er sich dabei wie Schaeffler an Continental verschluckt. Folglich beißt er den Informatikwolf, aber so doof sind die Informatikwölfe inzwischen auch nicht mehr: Sie beißen zurück! Und es entwickelt sich ein beinharter Kampf ohne die Regeln der Genfer Konvention, wobei beide sich gewaltig gegenseitig beschädigen. Und der Elefant liegt am Boden und wundert sich, dass er nicht gefressen wird. Total normal ist das – jedenfalls an technischen Universitäten.

A. Potton, *Abgründe der Informatik,*
DOI 10.1007/978-3-642-22975-6_69, © Springer-Verlag Berlin Heidelberg 2012

Nun meint der E-Technikwolf natürlich, er sei dem Informatikwolf gewaltig überlegen, weil er ja Informatiker von normalen Universitäten kennt, wo der Informatiker eher ein brav opferwilliges Schaf oder ein Lamm Gottes („agnus dei") ist. Da hat er sich aber an TU's und TH's ungemein verrechnet. Das gilt bereits für den normalen Informatikwolf, vor allem aber für den sich Alois Potton nennenden Wolf. Dieser hat nämlich mehrere Strategien, wie man einen E-Techniker killt (Alois braucht täglich jetzt zwei dieser Rasse zum Frühstück, andernfalls ist müsste er verhungern. Und er freut sich bereits um 10 Uhr morgens auf die tägliche angestammte und vom Arzt auf Krankenschein verschriebene Ration). Über zwei Strategien wird Alois mit Wonne berichten, andere und noch gemeinere Methoden behält er vorläufig für sich, denn man muss ja den Feind nicht über alles aufklären.

Strategie 1: Verbünden Sie sich mit dem Maschbau! Der Maschbauer ist nämlich wie der Informatiker ein natürlicher Feind des Homo Electricus und vernichtet ihn, wo er nur kann. Und jetzt geht es nach dem Motto „Der Feind meines Feindes ist mein Freund", vorwärts hurra! „Allons enfants de la patrie … iehe, le jour de gloire est arrivé!" Und schon beginnen Sie den E-Techniker ebenso wie Napoleon die Preußen zu bekämpfen, bevor der große Korse leider auf die Schnapsidee verfiel, wie ein Lemming nach Fernost bis Wladiwostok marschieren zu wollen. Wie schön wäre es hier, wenn wir wie anno 1798 im Linksrheinischen in einem der Départements Roer oder Mont Tonnèrre oder Sarre leben dürften, seufz!

140 Jahre später hatte ein offensichtlich geisteskranker Deutsch-Österreicher, der so doof war, dass sein Name hier nicht erwähnt zu werden verdient, dessen Name aber weder für einen Cognac noch für einen Enzianschnaps taugt, dieselbe idiotische Idee, leider leider! Und das deutsche Volk folgte ihm bedingungslos wie eben auch die Franzosen dem Napoleon dunnemals, diese Idioten!

Zurück zur Entente zwischen Informatik und Maschbau: Unser neuer Rektor ist Maschbauer – und das Leben beginnt großartig zu werden.

Strategie 2 (noch hundsgemeiner): Machen Sie ihn intellektuell fertig! Hintergrund: der typische E-Techniker ist eigentlich kulturell ein wenig schwach auf der Brust. Ich weiß, es gibt Ausnahmen von dieser Regel sowohl in Berlin als auch in Darmstadt, Hannover und München und auch anderswo – und die betroffenen Kollegen werden schon wissen, wen ich meine. Also: Steingemetzte und Gewoliszte und Gefiedlerte und Vereberspächerte und noch ein paar andere: Ihr seid natürlich nicht gemeint, weil ihr mit uns auf Augenhöhe steht! Aber dennoch: Der typische E-Techniker hat in der Schule natürlich nur Bits gefrickelt, Lötkolben gedreht und zum Ausgleich dafür eben Geschichte, Musik und Kunst etc. abgewählt. Der Informatiker hingegen hatte mit dem Lötkolben nichts am Hut, er hasste den Rechner, dachte nur abstrakt turingmaschinenmäßig über ihn nach und leistete sich ein großes Latinum oder gar Graecum – wenn nicht sogar ein kleines Hebraicum, was sich aber posthum als gewaltiger Vorteil herausstellte. Denn jetzt wird der Informatiker mit dem homo electricus über Literatur diskutieren können und wollen, also über Jean-Paul Sartre oder James Joyce oder so. Und er wird in diesen Smalltalk muntere lateinische Sprüche einfließen lassen wie: „Ceterum censeo electricus esse delendum" wobei ich wie bei „Das Leben des Brian" bereits nicht mehr weiß, ob es hier

„electricus" oder „electricum" heißen muss. Aber egal: Der E-Techniker versteht das sowieso nicht! Und Sie setzen munter noch einen drauf und parlieren von geistigen Zugängen zu Medienumbrüchen und faseln ähnlich schlau aussehenden Blödsinn in die Landschaft. Dieses macht den homo electricus geradezu wahnsinnig, was Sie durch ein weiteres genüssliches „ceterum censeo" bis zur Weißglut steigern können. Einzige Gefahr: Wenn man das übertreibt, riskiert man, echt eins physikalisch in die Fresse zu kriegen – und der typische E-Techniker ist zwar limitiert, aber körperlich ungeheuer stark. Das kann also eigentlich nur sehr mutigen und sich für stark haltenden Informatikwölfen (wie Alois einer zu sein glaubt) empfohlen werden.

Wie gesagt: Man lasse sich vom Hausarzt zwei gesunde E-Techniker als Broteinheiten zum Frühstück verschreiben (täglich bitte!) und die Sache wird wundervoll.

9/2009

Kapitel 70
Mittelmäßige Hirsche

Viele Jahrzehnte lang war das Leben eines deutschen Wissenschaftsbeamten ganz gemütlich: War man einmal berufen oder bestallt, dann war man eben wohlbestallt, sofern man sich nicht um auswärtige Rufe bemühte, die einem ein Geringes an zusätzlichem monatlichem Salär eingebracht hätten. Soll heißen: Man konnte tun oder lassen, was man wollte. In der ehemaligen DDR führte das dazu, dass sich nicht wenige Kollegen in die innere Emigration begaben, nur noch ihre Datscha bewirtschafteten und auf diese Weise das Kunstgebilde „DDR" nachhaltig zum Einsturz brachten. Ähnliches Verhalten ist aber heutzutage nicht mehr möglich, denn das neue Zauberwort heißt „Evaluation": Die Leistungen und das sich darauf gründende Monatsgehalt sind laufend aufs Neue zu bewerten bzw. anzupassen. Die Kriterien dafür betreffen drei Bereiche, nämlich Forschung, Lehre und Verwaltung. Von diesen ist der letztgenannte zwar vielleicht am zeitintensivsten, er zählt aber nicht besonders viel, weil solche Aktivitäten als selbstverständlich vorausgesetzt werden und weil, wer sich nicht vor diesen lästigen Aufgaben zu drücken versteht, zu Recht abgestraft werden darf.

Engagement in der Lehre wird in allen Festreden nachdrücklich eingefordert. Eine echte Überprüfung ist aber – von Trivialitäten wie zum Beispiel den im Hörsaal verbrachten Stunden einmal abgesehen – kaum möglich. Denn dazu müsste man die Studierenden befragen. Und die werden in aller Regel das bevorzugen, was besonders einfach ist, d. h. wo die Durchfallquoten am niedrigsten sind. Und außerdem werden die Benotungen stark dadurch beeinflusst, wie gut der Studierende gefrühstückt hat und ob er vom Prof mit Handschlag begrüßt wurde oder nicht.

Bleibt als wichtigster und so gut wie allein ausschlaggebender Aspekt der Bewertung also die Forschungsleistung. Wie soll man diese vergleichend beurteilen? An dieser Frage haben sich schon viele echte oder selbst ernannte Experten versucht. Klar ist (oder scheint zu sein), dass das Ansehen eines Wissenschaftlers von Zahl und Güte seiner Veröffentlichungen bestimmt wird. Wobei weder Zahl noch Güte allein entscheiden dürfen, sondern eine Kombination dieser beiden Parameter. Nun kann man die reine Zahl ja noch einigermaßen gut bestimmen, was aber bereits hier große Diskussionen über die Veröffentlichungsorgane und -formen veranlasst: Hart referierende Zeitschriften, tourismusbefrachtete Konferenzen, graue Literatur, Monographien, . . . Das alles zu sammeln und miteinander in Beziehung zu setzen,

A. Potton, *Abgründe der Informatik*,
DOI 10.1007/978-3-642-22975-6_70, © Springer-Verlag Berlin Heidelberg 2012

ist gar nicht einfach und sogar oft ein Ding der Unmöglichkeit, vor allem unter Berücksichtigung der sehr unterschiedlichen Kulturen einzelner Fachdisziplinen.

Noch komplizierter ist die Einschätzung der Güte einzelner Schriften. Und hier kommt eine neue Sache ins Spiel, die diesen Parameter frappierend einfach zu messen gestattet und die Streitfrage bzgl. der Qualität der Publikationsorgane gar nicht erst aufkommen lässt. Das neue Zaubermittel heißt „Hirsch-Index" und ist dem Physiker (sic!) Jorge E. Hirsch zu verdanken. Seine Formel basiert auf der Häufigkeit der Fremdzitierungen. Der Hirschindex hat den Wert x, wenn die x populärsten Werke eines Autors jeweils mindestens x-mal in anderen Publikationen zitiert wurden und seine restlichen Arbeiten eben weniger als x-mal. Da x eine ganze Zahl ist (und nicht etwa durch die Zahl der am Artikel beteiligten Autoren dividiert wird), kommen Physiker hierbei besonders gut weg, denn dort hat eine Veröffentlichung selten weniger als 163 Autor(inn)en; schon gar nicht, wenn sie beim CERN entstanden ist, wo neben den zahlreichen Teamleitern auch alle Mitarbeiter und Hilfskräfte bis hin zu denjenigen Personen aufgeführt werden, die den Rotwein besorgten, um die langen Nächte unter der ziemlich langweiligen Stadt Genf aushaltbar zu machen. Dass der Hirschindex also von einem Physiker erfunden wurde und nicht von einem einzelkämpferischen Mathematiker, darf deshalb nicht verwundern.

Positiv anzurechnen ist dem Hirschindex der Versuch, die Wichtigkeit einer Publikation mit der Zahl der Fremdzitate zu korrelieren. Ein Problem dabei ist, dass sich Zitationskartelle bilden nach dem Motto: „Zitierst Du mich, zitier' ich Dich!". Aber das ist ein vergleichsweise marginaler Effekt. Bedenklicher ist, dass der Index herausragende Leistungen von Wenig-Schreibern nicht oder zu wenig würdigt. Das ist in den meisten Fällen unschön, kann aber manchmal auch begrüßenswert sein. So ist etwa von einem gewissen A. Hitler nur eine einzige Veröffentlichung bekannt, deren Lektüre damals so gut wie jedem Volksgenossen zwangsverordnet wurde. Und auch vom unseligen Kaiser Wilhelm Zwo ist nichts Nennenswertes überliefert außer seinem Aufruf zum ersten Weltkrieg (ohne den wiederum das Hitlermachwerk nicht denkbar wäre). In beiden Fällen ist der entsprechende Hirschindex also „1" und das ist ein ebenso minimaler wie korrekter Wert.

Problematischer sind aber diejenigen Fälle, wo ein brillanter Geist nur ein einziges Werk schuf, das die Welt im positiven Sinne veränderte. Solches wird vom Hirschindex nicht gewürdigt, weil der Index ja nicht höher als die Gesamtzahl der Publikationen sein kann. Man könnte nun argumentieren, dass jede herausragende Schrift viele Folgearbeiten desselben Autors nach sich ziehen müsse, die selbst bei deutlich geringerer Qualität publizier- und zitierfähig sind. So wie im Filmgeschäft, wo ein Publikumsrenner wie „Fluch der Karibik" viele Nachfolger erzeugt, die man nur noch zum Kotzen finden kann (wobei das hier trotz Publikumserfolg auch auf das Erstlingswerk zutrifft).

Wesentlich schlimmer aber ist, dass der Hirschindex die Mittelmäßigkeit nachhaltig fördert, denn durch seichte, aber populäre Arbeiten kann man seinen Hirschindex in ungeahnte Höhen steigern. Nicht umsonst haben Biologen die höchsten Hirschwerte – sie kennen sich halt mit Hirschen und anderen Tieren besonders gut aus! Einen hohen Hirschindex erzeugt man nämlich am einfachsten durch das Abfassen von flüssig geschriebenen Kompendien eher tutoriellen Charakters, z. B. über „A Survey

on Sensor Networks", „Wireless Mesh Networks", „Wireless Sensor Networks" oder
„Cognitive Radio Networks" (alle Titel aus dem Bestand eines hirschtechnisch haus-
hoch gerankten Kollegen). Diese generalistischen Pamphlete werden dann von vielen
anderen Autoren zitiert, die etwas zur betreffenden Thematik schreiben wollen. Denn
jeder „echte" Artikel muss ja eine hinreichend große Referenzliste haben – und die
erstellt man im Nullkommanix durch Hinweis auf die genannten Überblicksarbei-
ten. Beinahe alle Informatiker(inn)en mit ungewöhnlich hohen Hirschwerten sind
als smarte Tutorienschreiber auffällig geworden – wobei man nicht verkennen sollte,
dass manche dieser Autoren auch ein paar bessere Arbeiten verfasst haben.

Wenn man ein Beispiel für den Zusammenhang zwischen hohem Hirschindex
und Mittelmäßigkeit anführen will, kann man natürlich keinen real existierenden
Informatiker nennen, ohne seine Todfeindschaft zu riskieren. Lassen Sie mich daher
zu diesem Zweck in einer anderen Branche wildern, nämlich im Automobilwesen.
Dort gibt es den ebenso selbst ernannten wie unsäglichen Autopapst Ferdinand Du-
denhöffer. Dieser „Fachmann" (ehemals von der Fachhochschule Gelsenkirchen und
jetzt bei der Universität Duisburg-Essen; sic transit gloria universitatis!) äußert sich
gefragt oder ungefragt zu allen möglichen automobilen Themen. Und Presse, Funk
und Fernsehen haben nichts Besseres im Sinn als ihn laufend zu interviewen. Folgerichtig ist die Anzahl seiner „Veröffentlichungen" wie auch seiner Fremdzitate
geradezu abenteuerlich hoch – und das gilt folgerichtig natürlich auch für seinen
Hirschindex.

9/2009

Teil VIII
Novemberstürme: Mittelmäßige Hirsche

Die Peripetie von Alois Potton (also laut Wikipedia „der Umschwung der Handlung, wodurch die Katastrophe oder die Lösung des Problems eingeleitet wird") hing mit der bereits in früheren Glossen gewürdigten Exzellenzclusterinitiative zusammen und kulminierte in der überaus bissigen Kolumne 69 („Wie killt man einen E-Techniker"?), der das hausinterne Verhältnis von Alois zur Elektrotechnik (wo er übrigens einen Zweitsitz innehatte) für geraume Zeit ziemlich ruinierte sowie in der damit zusammenhängenden Glosse 70 („Mittelmäßige Hirsche"), die wiederum bei der Deutschen Forschungsgemeinschaft (DFG) sehr beliebt ist. Nr. 69 ist nie in gedruckter Form erschienen, wurde aber über das Internet verbreitet, wohl wissend, dass sie damit unausrottbar würde – auch wenn man den Versuch einer solchen Ausrottung unternommen hätte. Nachdem die Sache bis hin zu einer offiziellen Zensur so viele Wellen geschlagen hat, ist es an der Zeit, die Hintergründe aufzuklären.

Es war gelungen, an der RWTH eines der ganz wenigen deutschen Exzellenzcluster im Bereich Informatik/Informationstechnik zu etablieren. Und Alois, der sich in besonderem Maß in die Vorbereitung reingehängt hatte, sollte dort auch den Sprecher spielen. Daraufhin wurde das Cluster aber auf Betreiben der Elektrotechnik um einen weiteren Themenbereich „ergänzt", mit dem zusammen das thematische Übergewicht in den Bereich der Informationstechnik wanderte, welche deshalb ziemlich ultimativ die Position des Sprechers einforderte und auch erhielt, denn die Informatiker waren noch nie wirkliche Kämpfer! Die Fördermittel dagegen sollten weiterhin hälftig (jedenfalls so ungefähr) beiden Fraktionen zugeordnet werden. Das funktionierte auch so leidlich, bis Alois, der nun als Stellvertreter im Cluster fungierte (aber ohne wirkliche „Funktion"), einen Anruf des Sprechers erhielt, der zum wiederholten Male eine Neuverteilung der Mittel zugunsten der Elektrotechnik einforderte mit dem Argument, „die Informatiker brächten ja nichts". Dass diese Meinung innerhalb der Elektrotechnik nichts Ungewöhnliches war, wunderte mich keineswegs, weil sie während der beiden von Alois geleiteten Graduiertenkollegs ähnlich häufig vorgebracht wurde, aber ich erlaubte mir dann doch die Gegenfrage, ob das „nichts bringen" auch auf mich zuträfe. Die verblüffend schonungslose Antwort war, dieses sei in der Tat so, denn ich hätte ja einen grausam schlechten Hirschindex – und dieser gefährde die Weiterbewilligung des Clusters.

Bums, das hatte gesessen! Dieses Statement traf mich ziemlich ins Mark, vor allem deshalb, weil es zutreffend war. Ich hatte es nämlich über Jahre, wenn nicht Jahrzehnte, verabsäumt, meinen Namen auf den Veröffentlichungen meiner „Schülerinnen und Schüler" als Autor hinzuzufügen – so wie es nicht wenige meiner Kollegen zu tun pflegen. Das half zwar den Schülerinnen und Schülern bei ihren Karriereabsichten, denn sie konnten ja einen höheren oder gar exklusiven Anteil an den Veröffentlichungen nachweisen. Jetzt fiel dieser Verzicht auf Mit-Autorenschaft aber in Form eines grauenhaft niedrigen Hirschindexwerts als Bumerang auf mich zurück. Ich hatte mit diesem (nicht ohne Grund von einem Physiker erstellen) Hirschindex ebenso wie mit dem Google-Scholar-Zinnober (siehe Nummer 63) schon immer so meine Schwierigkeiten.

Aber jetzt schien es mir doch an der Zeit zu sein, endlich einmal diesen Quatsch zu persiflieren. Gesagt getan: der erwähnte Telefonanruf lieferte den Anlass für ein brutales und möglicherweise rotverdächtiges Foul gegen die Elektrotechnik an und für sich. Und nach einigen Tagen wurde dies durch eine Glosse zum Thema „Hirschindex" ergänzt, die nach Meinung des Autors zu den mit am besten gelungenen von den bisherigen 80 Kolumnen gehört.

Kapitel 71
Slimming

In Thailand (möglicherweise auch in anderen Ländern, weil auf dem mir vorliegenden Exemplar „Thai Edition" steht) gibt es eine monatlich erscheinende und auf Hochglanzpapier gedruckte Illustrierte namens „Slimming", was ja soviel heißt wie „dünner werden". Denselben Vorgang könnte man auch als „Abnehmen" bezeichnen oder im Saarland merkwürdigerweise als „Abholen" („Ei, ich hann im ledschde Johr sechs Kilo abgeholl"). Jede Ausgabe dieser Zeitschrift porträtiert Hunderte von ziemlich gleich aussehenden Mädchen der Altersklasse 19–21 Jahre und der Gewichtsklasse 38–42 Kilo (mit wenigen sehr gewichtigen Ausnahmen, die offenbar zur Abschreckung gezeigt werden), also mit jeweils zwei Kilogramm Lebendgewicht pro Jahr. Ob sich diese Proportionalität lebenslang fortsetzt? Wie würden unter dieser Annahme die im aktuellen Heft abgelichteten Mädchen im Alter von – sagen wir mal – 60 Jahren aussehen?

Es ist mir nicht klar, was Ursache und was Wirkung ist, aber jedenfalls hat die Existenz dieser Zeitschrift zur Folge, dass Hunderttausende oder Millionen von thailändischen Mädchen exakt so aussehen wollen und tatsächlich auch oft so aussehen wie ihre Illustriertenvorbilder. Das wirkt besonders beeindruckend oder erschütternd, wenn man morgens um ca. halb neun Uhr in der Bangkoker Silom Street die Myriaden in einheitliches Mausgrau gewandeten Girls sieht, die aus Hochbahn oder U-Bahn strömen und ihrer Arbeit entgegeneilen. Ameisenartig und alle so gut wie identisch. Was sie auf ihren Arbeitsstellen eigentlich tun, bleibt rätselhaft. Es erscheint ausgeschlossen, dass intensives Nachdenken zu den von ihnen verlangten Tätigkeitsmerkmalen gehört. Die Existenz einer als Vorzeige-Ideal geltenden Zeitschrift trägt offenbar dazu bei, alle Ansätze zur persönlichen Kreativität im Keim zu ersticken.

Solche Gleichmacherei ist auch andernorts (also nicht nur in Thailand) sehr beliebt geworden. Prominentes Beispiel sind die Bachelorstudiengänge, wo ja die angeblich unverzichtbaren Studieninhalte mit aller Macht in die Studierendenköpfe eingetrichtert werden, ohne dass den Rezipient(inn)en auch nur die geringste Zeit zu eigenständigem Nachdenken bleibt. In Thailand zum Beispiel müssen die armen Studierenden nicht weniger als 30 Vollzeit(!)-Stunden pro Woche an Lehrveranstaltungen über sich ergehen lassen. Mit der Konsequenz, dass sie keine einzige selbstständige Aktion mehr durchführen können, sondern vom Betreuer erwarten,

A. Potton, *Abgründe der Informatik*,
DOI 10.1007/978-3-642-22975-6_71, © Springer-Verlag Berlin Heidelberg 2012

dass er ihnen alle Schritte der von ihnen zu lösenden Aufgabe aufs Exakteste vorgibt. Das ist eine große Sünde gegen die Lebensweisheit:

Tell me—and I will forget.
Show me—and I will remember.
Involve me—and I will understand.

Und diese Sünde wirkt sich natürlich sowohl auf die erzielbaren als auch auf die bereits erzielten Resultate aus. Offenbar halten die Bachelorprotagonisten es mit einer zweiten Weisheit, nämlich:

The more you learn, the more you know.
The more you know, the more you forget.
The more you forget, the less you know.
So ... why learn?

Womit selbstredend das eingepaukte und nicht das verstandene Lernen gemeint ist. Fakt ist, dass beinahe alle Studierenden, die unter dem Bachelorismus zu leiden haben, infolge der Verschulung des Studiums eines eigenen originellen Gedankens ebenso mächtig sind wie der handelsübliche Pfälzer des Genitivs, nämlich überhaupt nicht.

Allzu viel Gleichmacherei ist also offensichtlich von großem Übel. Aber auch das ist wohl kein allgemein gültiges Paradigma. Ich würde mir zum Beispiel wünschen, dass Benutzeroberflächen vereinfacht, einander angeglichen und selbst erklärend wären. Das scheint aber ein Ding der Unmöglichkeit zu sein, denn alle zwei oder drei Monate gibt es für jedes technische Produkt wieder eine neue, vor der man wieder so hilflos steht wie der berühmte Ochs vor dem ebenso berühmten Berg.

Auch Bedienungsanleitungen wünschte man sich gern in einheitlicherer und besser verständlicherer Form. Obwohl: Es würde einem dann doch viel an Lebensqualität fehlen, wie das folgende Beispiel für die Bedienung einer Weihnachtskerze zeigt (aus http://www.ta7.de/txt/humor/hum00071.htm):

Herzlichst Gluckwünsch zu gemutlicher Weihnachtskerze Kauf.

Mit sensazionell Modell GWK 9091 Sie bekomen nicht teutonische Gemutlichkeit für trautes Heim nur, auch Erfolg als moderner Mensch bei anderes Geschleckt nach Weihnachtsganz aufgegessen und länger, weil Batterie viel Zeit gut lange.

Zu erreischen Gluckseligkeit unter finstrem Tann, ganz einfach Handbedienung von GWK 9091:

1. *Auspack und freu.*
2. *Slippel A kaum abbiegen und verklappen in Gegenstippel B für Illumination von GWK 9091.*
3. *Mit Klamer C in Sacco oder Jacke von Lebenspartner einfräsen und lächeln für Erfolg mit GWK 9091.*
4. *Für eigens Weihnachtsfeierung GWK 9091 setzen auf Tisch.*
5. *Für kaput oder Batterie mehr zu Gemutlichkeit beschweren an: wir, Bismarckstrasse 4.*

Für neue Batterie alt Batterie zurück für Sauberwelt in deutscher Wald. Viel Spass mit GWR 9091, Python.

Ende der Gebrauchsanweisung. Aber immerhin: Der Name Bismarck wurde hier völlig korrekt, also mit „ck" geschrieben. Das schaffen selbst manche deutsche Bewerber um ein DAAD-Stipendium nicht, wie ich kürzlich wieder feststellen musste. Auch dann nicht, wenn sie seit Jahr und Tag in einer gleichnamigen Straße wohnen.

Weil das Ihnen vorliegende Heft im Dezember 2009 erscheint: „Auspack Heft und freu. Unter finstrem Tann. Frohe Weihnachten!"

12/2009

Kapitel 72
Etepetene Esel

Also ich war wieder einmal in Thailand. Natürlich ist mir klar, dass mich der eine oder der andere Moralapostel dafür tadeln wird. Aber ich kann als Entschuldigung immerhin ins Feld führen, dass wir dort einen gemeinsamen Studiengang mit einer der lokal besten Unis haben, an dem ich mich gern beteilige. Nun taugt das noch nicht unbedingt als Alibi, denn wir haben auch gemeinsame Studiengänge mit dem Oman sowie mit Abu Dhabi und dort enthalte ich mich der Teilnahme, denn dann könnte ich mich ja gleich in Alcatraz einmieten und hätte einen noch schöneren Ausblick aufs Meer. Der mögliche Tadel des Moralapostels ist mir total schnurz und piepe.

In Thailand ist es für mich immer wieder spannend, am Zeitschriftenkiosk das neueste Exemplar meiner Lieblingspostille „Slimming" anzusehen. Das aktuelle Heft machte auf der Titelseite neben den üblichen Hungerharken im Text auf ein paar Highlights aufmerksam (in englischer Sprache, der Rest des Hefts besteht neben Fotos von Unterernährten nur aus thailändischen Schriftzeichen), wovon mich eines zum Nachdenken veranlasste. Es lautete: „Does too much work make you fat?". Wenn diese These stimmt, kann es durchaus sein, dass ich zeitlebens zu hart gearbeitet habe. Schlimm, schlimm! Aber mehr noch: Kann es denn überhaupt möglich sein, dass etwas Immaterielles wie „Arbeit" eine Gewichtszunahme veranlasst? Wäre es – bei Gültigkeit dieser These – nicht die endgültige Lösung für die Ernährungsprobleme der Welt, alle Menschen zu harter Sklavenarbeit zu zwingen? Fragen über Fragen. Leider hilft mir der Inhalt des Hefts für eine Antwort nicht weiter, denn ich kann es ja nicht lesen.

Aber zurück zum Studiengang in Thailand und damit allmählich zum mysteriösen Titel der Kolumne. Die deutschen Professoren sollen im Studiengang nur während seiner Aufbauphase und insbesondere beim Anheuern von voll angestellten Dozenten helfen. Neulich war wieder mal eine Stelle ausgeschrieben und einer der Bewerber überzeugte fachlich sehr. Allerdings musste er auf die Frage, ob er sich schon einmal an einem Industrieprojekt versucht habe, total passen. Sein Chef habe so etwas noch nie gemacht. DFG-Projekte, das ja: Aber Industrie oder EU, das sei ihm nun doch zu flach gewesen. Wir haben dem Kandidaten dann trotzdem eine Beschäftigungsofferte gemacht, weil er für die Verweigerungshaltung seines Chefs nicht verantwortlich war. Promoviert hatte der Kandidat übrigens mit Prädikat an einem der beiden Münchner

A. Potton, *Abgründe der Informatik*,
DOI 10.1007/978-3-642-22975-6_72, © Springer-Verlag Berlin Heidelberg 2012

Exzellenzleuchttürme. Ich sage aber nicht, an welchem. Nur so viel: die LMU war es nicht.

Es sollte sich dann aber relativ schnell herausstellen, dass das Angebot an diesen theorielastigen etepetetenen Esel ein schwerer Fehler war, denn (und darauf wird in Glosse 76 posthum hingewiesen) der Esel hatte natürlich nichts Besseres zu tun als das Schiff zu verlassen sobald die ersten praxisrelevanten Tätigkeiten von ihm eingefordert wurden.

Je länger ich über diesen Vorfall nachdachte, desto blümeranter wurde mir. Da verweigern also manche Leutchen jeden Blick aufs Praktische und beschweren sich dann noch, wenn ihr Jahresbudget nicht mal für eine Reise von München nach Passau und zurück reicht. Bemerkung am Rande: Vielleicht war ja ein ähnlicher Effekt auch mit verantwortlich dafür, dass an der wirklich großartig verlaufenen IFIP Networking 2009 in Aachen mit Ausnahme der beiden Lokalmatadoren Lukas und Alois gerade einmal 5 von inzwischen 40 Mitgliedern des KiVS-Leitungsgremiums teilnahmen. Was zur Konsequenz hatte, dass die Sonder-KiVS 2010 abgesagt wurde, bevor sie überhaupt angesagt worden war. Denn mit fünf oder weniger Teilnehmern ist ein Break-Even schwer zu erreichen.

In einer sehr unruhigen Nacht fiel mir dann die folgende Absurdität ein, womit ich endlich zum Titel der aktuellen Kolumne komme:

Etepetetene Esel Er geht selten fremd, der besemmelte Esel. „Fremd" dem Feld, welches er nebelgerecht pflegt. Seht her: Er erstellt/bewegt stets Elemente des Eselgeheges nebst des entsprechenden Eselgeleges. Zerschmetterer der Welt wegen seltener Thesen, eher seltener wegen Techtelmechteln nebst Geschlechtsverkehr.

Der Esel kennt eben den Gender. Bestehende Genderregel: Besetze jede Stelle erst, wenn Gender gecheckt. Festes Bestreben des Genders: Vermehre den Level der Elfen entgegen jedem echten Erkennen. Gerecht? Nee! Genderregeln erwecken vehemente Schmerzen. Letzten Endes Ekel erregender Frevel, denn: Hetze gegen jeden ehrenwerten Menschen. Bemerkenswert elendes Regelwerk. Befremdende Exzesse.

Der Esel entbehrt Exzerpten fern der DeEffGeh. Menge der Denkebenen sehr begrenzt. Entgegen gesetztes Leben kennt er wegen elender Thesen eben never. Mehrere Exempel: BeEmmWeh nebst DeTeWe, Mercedes etc. – selbst BeEmmEffTeh – fehlen!

Schwerer Denkfehler. Ekel erregt der Kerl. Lebt stets neben der Welt, welche den eng denkenden Seppel nevertheless verehrt. Wehe wehe, wenn der echte Experte des Lebenswerks des Esels gedenkt!

Ende des echt selbsterstellten Textes!

3/2010

Kapitel 73
Zu Unrecht Verachtete

Diese Kolumne ist eine Hommage an diverse Bevölkerungsgruppen, die eine sehr wichtige Funktion haben und dennoch von der Öffentlichkeit und von der öffentlichen Meinung missachtet oder sogar völlig ignoriert werden.

1. Die Verfasser von abgelehnten Manuskripten Eine Konferenz oder auch eine Zeitschrift gilt nur dann als herausragend, wenn der Anteil der akzeptierten im Vergleich zu den insgesamt zur Veröffentlichung eingereichten Manuskripten hundsgemein niedrig ist. Das gilt in besonders prominenter Weise für den Bereich der theoretischen Informatik (und wohl auch anderer grundlagenorientierter Disziplinen), wo einstellige oder knapp zweistellige Annahme-Prozentpunkte an der Tagesordnung sind und wo Annahmequoten von 30 % bereits zu beweisen scheinen, dass der wissenschaftliche Wert der betreffenden Veranstaltung höchstens marginal sein kann. FOCS und STACS gehören in diese Kaste von elitären Konferenzreihen und die eher theoretisch arbeitenden Kollegen berichten dann strahlend, dass dort ein eigenes, aber wieder einmal nur 9 % oder meinetwegen 12 % der insgesamt eingereichten Manuskripte Gnade in den Augen der Gutachter gefunden haben. Diese niedrige Annahmequote scheint zu beweisen, dass der Inhalt der angenommenen Beiträge umso wertvoller sei. Was ich allerdings nach einer Sichtung einzelner solcher Manuskripte nicht unbedingt bestätigen kann: Es handelt sich bei dieser Teilmenge oft um sinnfreies und absolut anwendungsfernes Gelabere, das aber mathematisch brillant zusammengefaselt ist (weshalb es der Gutachter nicht verstanden und sich daher nicht getraut hat, diesen Schmonzes abzulehnen).

Aber selbst wenn wir einen niedrigen Annahmewert von sagen wir mal 10 % als korrektes Indiz für Hochkarätigkeit akzeptieren: Ist dieser Wert nicht ausschließlich der Tatsache geschuldet, dass sich ca. 90 % der Interessenten vergeblich um eine Annahme bemüht haben – ahnend oder befürchtend, dass ihre Anstrengungen nicht durch die anonymen Gutachter gewürdigt werden? Hat jemals jemand dieser großen Masse von Idealisten dafür gedankt, dass sie durch ihre vergebliche Bemühung die Annahmequote auf 10 % oder so zu senken mitgeholfen haben? Ich glaube, dass eine solche Würdigung (bis zum Zeitpunkt dieser aktuellen Kolumne) noch nicht erfolgt ist – und das ist wirklich schade. Man sollte vielleicht eine Konferenz oder eine Zeitschriftennummer mit dem Titel „best rejected manuscripts" organisieren. Diese hätte dann zwar immer noch eine Ablehnungsquote von ca. 90 % und wäre damit

A. Potton, *Abgründe der Informatik*,
DOI 10.1007/978-3-642-22975-6_73, © Springer-Verlag Berlin Heidelberg 2012

beinahe denselben Ungerechtigkeiten unterworfen wie zuvor beschrieben, aber es wäre immerhin ein Schritt in die richtige Richtung. Bei der Gestaltung eines vor diversen Jahren erschienenen Zeitschriftenhefts hatte ich, weil es an regulär eingereichten Beiträgen mangelte (diese Situation hat sich ja glücklicherweise inzwischen entspannt), die Idee, die bei einer kurz zuvor durchgeführten KiVS-Tagung abgelehnten Beiträge zu durchforsten und einige der dafür verantwortlich zeichnenden Autoren zum Wiedereinreichen zu ermutigen. Ich möchte aus nahe liegenden Gründen nicht verraten, um welche KiVS und um welches Zeitschriftenheft es damals ging, aber ich bin der festen Überzeugung, dass der Inhalt des so entstandenen Hefts deutlich besser als der Durchschnitt war. Wer es trotzdem genauer wissen will: Den damaligen KiVS-Veranstaltungsort ver-„schweig"-t des Sängers Höflichkeit und es darf natürlich nicht der Umkehrschluss gezogen werden, dass die betreffende KiVS sich irgendwie durch besonders schlechte Referate ausgezeichnet hätte.

2. Die EU-Parias Auf derselben Linie wie die hoffnungslosen Manuskriptverfasser – aber vielleicht noch eine Spur bedauernswerter – sind die Verdammten, die sich an den allfälligen Calls der EU beteiligen (müssen). Auch dort nähert sich mit jeder neuen Ausschreibung die Bewilligungsquote sehr stark dem einstelligen Prozentbereich. Und wenn man nicht zur mafiösen Lobby derjenigen gehört, die den Ausschreibungstext formulieren, dann sind die Erfolgsaussichten verschwindend klein. Zumal diese Chancen kaum oder gar nicht durch inhaltliche Aspekte bestimmt werden, sondern durch ein geschicktes Händchen für den Aufbau EU-weiter Netzwerke unter besonderer Einbeziehung von Partnern aus so genannten benachteiligten EU-Regionen. Aber: Netzwerkaufbau hin oder her, die Chancen sind so niedrig, dass man sich an einer zweistelligen Zahl von Anträgen beteiligen muss, um einigermaßen realistische Aussichten auf mindestens einen Treffer bei dieser Lotterie zu haben. Und selbst im Erfolgsfall ist großer Missmut so gut wie unvermeidlich, denn es wird mit an Sicherheit grenzender Wahrscheinlichkeit ausgerechnet das Projekt durchkommen, das man selbst am wenigsten gemocht hat und wo man sich am Antrag nur widerwillig beteiligte. Und gerade dieses soll nun mit einer Horde von Partnern, denen es bzgl. der Willigkeit oder vielmehr Unwilligkeit genauso geht, erfolgreich abgewickelt werden? Kein Wunder, dass diese „Abwicklung" dann ähnlich verlaufen wird wie das in zahlreichen anderen Vorgängen – z. B. bei der deutschen Wiedervereinigung – erfolgte.

Eines der berühmten Parkinsonschen Gesetze besagt: Entscheidungsgremien werden weniger effektiv, wenn sie mehr als fünf bis acht Mitglieder haben („Deliberative bodies become decreasingly effective after they pass five to eight members"). Leider haben aber EU-Projekte meist 17 bis 20 Partner – mit steigender Tendenz bei jeder neuen Ausschreibung. Über Ineffektivität oder Lähmung braucht man sich also ab einer hinreichend großen Zahl von missmutigen oder unwilligen Mittätern nicht zu wundern. Die erzwungene übergroße Zahl von Partnern ist vielmehr ein schlüssiges Argument für den unvermeidlichen Misserfolg eines EU-Projekts.

Kapitel 74
Kult, Kollegs und Katastrophen

Die Welt ist ein Jammertal. Ein bezeichnendes Beispiel dafür sind die Kultprogramme der ARD, die unter dem Namen Weltspiegel sonntags ab 19 Uhr 20 ausgestrahlt werden und einem durch ihre Schwarzmalerei das Wochenende vergällen sowie Depressionen für die kommende Woche fördern. Dort kommen in ziemlich regelmäßigen Abständen – man muss die Sendezeit ja mit irgendetwas Negativem füllen – Beiträge zur Fischerei. Es spielt dabei überhaupt keine Rolle, ob die Angehörigen dieses Berufsstands auf der vor der schottischen Westküste gelegenen Insel Arran, im Mekongdelta oder in Senegal beheimatet sind: Das Gezeter ist in allen Fällen gleich. Gezeigt wird ein marodes Boot, das eigentlich schon längst durch ein neues hätte ersetzt werden müssen, wofür natürlich kein Geld da ist. Die interviewten Fischer erklären unisono, dass die Quantität des Fangs trotz mehrmaligen Rausfahrens pro Nacht immer mehr zurückgehe. Und auch die Qualität werde immer schlechter. In früheren Jahren habe man fast alles, was heute noch verkauft werden müsse, als Beifang und damit als Ausschuss über Bord geworfen. Die Gründe für diese katastrophale Entwicklung sind laut Weltspiegel vielfältig und reichen von globaler Überfischung (woran der dieses beklagende Fischer allerdings mitverantwortlich ist) über den unverantwortlichen neuen Staudamm in China und die damit einhergehende Senkung des Pegelstands bis hin zur Klimaveränderung und und und. Außerdem verfalle der Marktpreis immer mehr. Schlussfolgerung ist dann in schöner Regelmäßigkeit die resignierende Feststellung: „Von den Erträgen kann ich nicht mehr leben". Und das ist dann doch irgendwie merkwürdig, denn der betreffende Fischer (es ist in jedem solchen Weltspiegelfilmchen natürlich ein anderer) sieht nicht unbedingt so aus als wenn er gerade am Verhungern wäre.

Inzwischen beginnt sich auch die Informatik – durch langjährige Weltspiegelinfiltrierung nachhaltig geschädigt und zermürbt – in die Heerschar dieser Jammerlappen einzureihen. Dieses gilt in ganz besonderem Maße für Deutschland, wo ja das Jammern zur bevorzugten Grundhaltung geworden ist. Man kann diese Beobachtung an verschiedenen untrüglichen Anzeichen festmachen, wovon ich hier nur auf einziges eingehen möchte: Seit nunmehr 20 Jahren gibt es die segensreiche Institution der DFG-geförderten Graduiertenkollegs. Dass diese Maßnahme ein wirklich hervorragender Beitrag zur Förderung des wissenschaftlichen Nachwuchses ist, kann Alois als Sprecher zweier aufeinander folgender Kollegs wie kaum jemand sonst

A. Potton, *Abgründe der Informatik*,
DOI 10.1007/978-3-642-22975-6_74, © Springer-Verlag Berlin Heidelberg 2012

beurteilen, zumal es ihm gelungen ist, im Leibniz-Zentrum Schloss Dagstuhl eine inzwischen jedes Jahr im Juni stattfindende funftägige Veranstaltung zu etablieren, wo sich alle oder jedenfalls die meisten deutschen Informatikkollegs treffen und wechselseitigen wissenschaftlichen Austausch pflegen. Nach einem vergleichsweise kleinen Anfang mit „nur" fünf beteiligten Kollegs (die inzwischen alle das Zeitliche gesegnet haben, weil die Laufzeit eines Kollegs aus gutem Grund auf maximal 9 + 1 Jahre beschränkt ist), sind mittlerweile bereits 14 Kollegs beteiligt – und ungefähr zehn weitere würden ebenfalls gern mitmachen, wenn noch Platz für sie wäre.

Die Forschungsfragestellungen der aktuell in Deutschland existierenden und sich in Dagstuhl treffenden Kollegs sind ein verlässlicher Indikator für die aktuellen Strömungen und Befindlichkeiten der Informatikszene – so wie auch die Themenpalette der im DFG-Normalverfahren geförderten oder beantragten Projekte ein solcher Indikator ist.

Und was ist da bei den Graduiertenkollegs festzustellen (Stand Juni 2010)? Mindestens die Hälfte aller Kollegs beschäftigt sich ausschließlich oder mindestens partiell mit Katastrophenszenarien und mit bisher nur bedingt zielführenden Versuchen zur Etablierung eines Krisenmanagements. Nicht immer sind diese Bestrebungen aus dem Titel des Kollegs erkennbar, aber die Katastrophengeilheit kommt beinahe überall in gleich mehreren Promotionsthemen vor, die listigerweise zu denjenigen gehören, die öffentlich besonders groß herausgestellt werden. Ein solch durchsichtiger und irgendwie abgeschmackter Versuch zur Herstellung einer großen Publikumswirksamkeit ist verständlich, wenngleich nicht unbedingt zu billigen, denn Bilder von „Nine-Eleven" oder von den Folgen des Wirbelsturms „Catrina" erregen nun einmal Aufmerksamkeit auch bei den schlichtesten Gemütern. Apokalypse zieht immer! Da ist es schon beinahe verzeihlich, wenn die vom Promotionskandidaten angebotenen Lösungsansätze ziemlich bescheiden sind. Nun gut: Es handelt sich bei den Dagstuhlreferaten um Berichte aus dem Früh- oder bestenfalls Mittelstadium einer angebrochenen Dissertation. Da kann man halt noch nicht so schrecklich viel Handfestes erwarten außer dem Versprechen, dass im Zeitalter der Sensor- und ad-hoc-Netze eine rasche und zuverlässige Kommunikation sicher gestellt werden muss oder müsste. Ob dieses aber im Ernstfall auch „live" gelingen würde, darüber gibt es zurzeit meines Wissens noch keine gesicherten Erkenntnisse, geschweige denn einen „Beweis durch Beispiel".

Die bisherigen Forschungsleistungen scheinen eher der Interpretation der Lottozahlen am Sonntag nach dem Ziehungssamstag oder der Diskussion der Dreierwette nach dem Zieleinlauf des Pferderennens vergleichbar zu sein: Im Nachhinein ist man immer schlauer. *Vorher*(!) hätte man es wissen sollen!

9/2010

Kapitel 75
Das informatische Justizklavier

Dies ist die erste Kolumne, die Alois als Rentner schreibt. So schnell verfliegt die Zeit! Dabei war Alois auf diesen Status keineswegs scharf, im Gegenteil. Die Bezeichnung „Rentner" ist irgendwie isomorph zu „Alteisen" oder so. Das ist ganz schrecklich, aber leider biologisch nicht zu ändern.

Ganz deutlich besser gefällt Alois stattdessen ein Titel, die ihm vor wenigen Wochen durch einen Kollegen aus dem KuVS-Leitungsgremium verliehen wurde. In der damaligen Email wurde er nämlich als Flegel bezeichnet – und das hat ihn wirklich total begeistert. „Flegel", das hat so etwas Freches und Jugendliches, es gibt einem einen gewaltigen Adrenalinschub. Das war also echt wundervoll. Aber Alois verfiel dann doch auf den Gedanken, was denn – rein theoretisch – wohl herauskäme, wenn man diese Bezeichnung als Beleidigung auffassen würde. Wie gesagt, rein theoretisch, nur so als Gedankenexperiment, wie das etwa aus der Physik bekannt ist. Ich erinnere mich da sehr schwach aus längst vergangenen Studienzeiten an ein solches Experiment der Thermodynamik, mit dem man durch bloßes Nachdenken (und ohne jeglichen konkreten Versuchsaufbau!) beweisen konnte, dass es keine verlustfreie Umwandlung von Energie in eine andere Energieform geben kann.

Seit langer Zeit verfolgt Alois die zugegebenermaßen spinnerte Idee, ob man nicht auch in der Informatik ähnliche Gedankenexperimente durchführen könnte, zum Beispiel im Bereich der Juristerei. Schließlich gibt es unter den zahllosen „Informatik und XXX"-Gebieten auch eines, das sich „Informatik im Rechtswesen" schimpft. Was treiben diese Kerle eigentlich? Irgendwie scheinen sie nicht richtig voranzukommen, von richtigen Durchbrüchen etwa bei der Verhinderung oder Bestrafung von Internetkriminalität hört man sehr wenig. Höchstens die hilflose Bankrotterklärung, dass ein solches Ziel – nämlich Computerkriminelle zu verfolgen und ggf. angemessen zu bestrafen – wegen des bekanntlich weltumspannenden Internets faktisch nicht erreichbar sei. Zu unterschiedlich seien die Rechtssysteme in den ca. 200 insgesamt existierenden Staaten – und wie wolle man, selbst wenn eine Verurteilung erzielt werden könne, diese zum Beispiel in Paraguay vollstrecken.

Das ist eine wirklich sehr unbefriedigende Situation – und das mit der Nichtverfolgbarkeit von Kriminellen aus Paraguay oder meinetwegen aus Vanuatu sieht Alois durchaus ein. Aber er fragt sich trotzdem rein hypothetisch, ob es nicht inzwischen möglich sein müsste, mit informatischen Hilfsmitteln und mit einer cleveren Algorithmik ein Urteil zu „berechnen", das man zwar nicht sofort vollstrecken kann, weil

A. Potton, *Abgründe der Informatik*,
DOI 10.1007/978-3-642-22975-6_75, © Springer-Verlag Berlin Heidelberg 2012

der betreffende Gauner sich leider auf Vanuatu dem Zugriff der deutschen Gerichtsbarkeit entzogen hat. Aber wenigstens hätte man dann doch eine Maßnahme parat, falls der betreffende Delinquent zufällig mal eine Reise nach Deutschland unternähme. Es wäre also wunderbar, wenn es ein Verfahren gäbe, mit dem man in Sekundenbruchteilen das korrekte Strafmaß in Prozessangelegenheiten berechnen könnte. So wie es der geniale österreichische Satiriker Alexander Roda Roda (1872–1945) schon vor mehr als 100 Jahren als Vision eines Justizklaviers beschrieben hat.

Die betreffende Anekdote von Roda Roda geht ungefähr so: Ein maghrebinischer Potentat erhält Besuch von einem Fremden, der ihm eine revolutionäre Erfindung verkaufen will, mit der man zum Beispiel alle Staatsanwälte, Richter und ähnliche Rechtsverdreher in Rente schicken könne. (Am Rande sei vermerkt, dass dieses, wenn es gelänge, in der Tat insbesondere das gewaltige Defizit im US-Budget mit sofortiger Wirkung auf Null setzen würde, weil die USA in ganz besonders schrecklichem Ausmaß von Rechtsanwälten „verseucht" sind). Der Erfinder erklärt also, er habe ein Justizklavier entwickelt, das genauso funktioniere wie ein normales Klavier und mit dem man ein Strafmaß sofort berechnen könne. Auf den schwarzen Tasten stehen die *Be*lastungsgründe, so da sind: Einbruch, Wortbruch, Mord und so weiter. Auf den weißen Tasten hingegen finden sich die *Ent*lastungsgründe, also zum Beispiel: minderjährig, Alibi, wahnsinnig, …. Man brauche also nur ein wenig auf diesen Tasten herumzuklimpern und das Klavier würde dann unverzüglich das korrekte und nicht anfechtbare Urteil ausspucken. Das wäre zwar vielleicht ein wenig zu langweilig, weil allzu deterministisch, aber man könne ja eine zufällige Abweichung vom Normalwert hinzufügen, was die Sache etwas spannender und realitätsnäher mache. In der Anekdote von Roda Roda, wo der Potentat natürlich von dieser Erfindung total begeistert ist, kommt der Ankauf des Klaviers nur deshalb nicht zustande, weil der Erfinder vergessen hatte, noch zwei Fußpedale wie bei echten Klavieren anzufügen mit den Bezeichnungen „piano" (für Verbrecher, die dem Regierungslager nahestehen) bzw. „forte" (für Anhänger der Opposition).

Diese Anekdote von Roda Roda fasziniert mich schon seit vielen Jahren und man sollte heute doch endlich „informatisch" so weit sein, ein solches Klavier zu bauen. Die positiven Auswirkungen wären geradezu gewaltig – und das nicht nur für den Staatshaushalt. Allerdings: Wenn ich genauer darüber nachdenke, dann habe ich so meine Zweifel, ob das informatische Justizklavier die Situation im Rechtswesen nachhaltig verbessern würde. Und in dieser Skepsis werde ich unterstützt durch einen kleinen Ausschnitt aus dem leider viel zu wenig bekannten Buch „Three Men on the Bummel" von Jerome K. Jerome. Der geneigte Leser wird höchstwahrscheinlich allenfalls das Werk „Three Men in a Boat" desselben Autors gelesen haben. Jerome K. Jerome legt jedenfalls einer der im Buch vorkommenden Personen das folgende Zitat in den Mund, dessen Richtigkeit ich auch aus eigener leidvoller Erfahrung uneingeschränkt und mit vollstem Nachdruck bestätigen kann: „If a man stopped me on the street and demanded of me my watch, I should refuse to give it to him. If he threatened to take it by force, I feel I should, though not a fighting man, do my best to protect it. If, on the other hand, he should assert his intention of trying to obtain it by means of an action in any court of law, I should take it out of my pocket and hand it to him, and think I had got off cheaply". Da kann man nur sagen: Das ist wahr, wirklich wahr!

Kapitel 76
Zugegebene Irrtümer

Wenn RTL oder ein anderer unserer unsäglichen kommerziellen Fernsehsender eine moralisierend-weinerliche Sensationsmeldung von sich gibt, zum Beispiel über einen durch verantwortungslose Wilderer verletzten und auf nur noch drei Beine und einen halben Elfenbeinzahn reduzierten Elefanten, dann heißt es am Ende einer solchen Schmonzette mit schöner Regelmäßigkeit: „Wir halten Sie natürlich weiter auf dem Laufenden". Es versteht sich von selbst, dass ein solches Versprechen die Schallwelle nicht wert ist, mit der es gesprochen wird. Denn dreibeinige Gegenstände erregen nur kurzfristig Aufmerksamkeit, das gilt für kranke Elefanten genauso wie etwa die liebevolle Ankündigung der Stewardess bei Pakistan International Airways, die da lautet: „Wir kochen jetzt Tee auf dem Dreibein". Die RTL-Ankündigung „wir halten Sie auf dem Laufenden" zeigt aber noch etwas anderes, nämlich dass RTL das Futur 1 nicht kennt, sondern nur in der Gegenwart verhaftet ist.

Im Gegensatz zu RTL sind Alois aber als Absolvent eines humanistischen Gymnasiums sowohl Futur 1 als auch Futur 2 geläufig und – ein weiterer Kontrapunkt zu RTL – er bleibt am Ball. Soll heißen, dass er bereit ist, auf ein paar Fehleinschätzungen früherer Beiträge einzugehen: Da wäre zunächst einmal die Kolumne, die hieß: „Die Flatrate und andere Flachheiten". Da war und ist zwar vieles richtig (das heißt Alois steht weiterhin hinter seinen diesbezüglichen Flegeleien), z. B. die Sache mit den F(l)achhochschulen und mit dem uns von der Politik aus Sparwut verordneten Spaghetti-Bolognese-Hackfleischprozess namens „Bologna". Auch bezüglich Monatskarte und Ehe hat die Flatrate leider nach wie vor ihre durch zu einfachen Gebrauch das Produkt entwertende Funktion. Aber beim Telefon und insbesondere bei der Internetnutzung ist die Flatrate tatsächlich etwas Feines, was Alois seinerzeit noch nicht so gesehen hat (obwohl es auch damals schon möglich gewesen wäre, aber Alois ist halt ein wenig altmodisch und nicht sofort bei jedem ipod oder ipad dabei). Beim Internet aber ist Alois bekennender Anhänger des Internetradios geworden, dessen vielstündige tägliche Nutzung ohne Flatrate einen ja in der Tat arm wie eine Kirchenmaus machen würde. Was sich Alois allerdings bis dato nicht einmal ansatzweise erschließt, ist das Geschäftsmodell der meisten dieser unzähligen Radiosender, die Tag für Tag 24 Stunden bester Musik ohne jegliche Werbung in den Äther bzw. genauer gesagt ins Netz pusten. Wie das möglich ist und sich vielleicht sogar irgendwie rechnet, bleibt unverständlich – vor allem, weil die meisten guten Sender in den USA beheimatet sind. Das muss einmal zur Ehrenrettung der von

A. Potton, *Abgründe der Informatik*,
DOI 10.1007/978-3-642-22975-6_76, © Springer-Verlag Berlin Heidelberg 2012

Alois sonst oft despektierlich behandelten Vereinigen Staaten gesagt werden. Und das ist rätselhaft, weil der US-Bürger normalerweise nicht im Verdacht steht, gute Leistung kostenfrei abzugeben.

Ein zweiter Fall, wo Alois sich nachgewiesenermaßen geirrt hat, bezieht sich auf die vor gar nicht allzu langer Zeit erschienene Kolumne „etepetene Esel". Dort wurde berichtet, dass unsere Thai German Graduate School unter maßgeblicher Mitwirkung von Alois einem der Papierform nach hervorragend ausgewiesenen Theoretiker aus dem neben der LMU zweiten Münchner Exzellenzleuchtturm (der sich sogar noch „technisch" zu nennen wagt) eine Dozentur angeboten hatte, die dieser weltfremde Mensch auch annahm, von wo er aber nach kürzester Zeit wieder die Flatter machte. Die zahlreichen und (wie in Thailand üblich) trotz oder wegen ihrer höflichen Formulierung ausgesprochen penetranten Nachfragen bzgl. irgendwelcher Initiativen zu Geld bringenden Kooperationen mit der Industrie gingen ihm beinahe erwartungsgemäß zu stark auf die Nerven.

Weniger irrtumsbehaftet sind die Meinungen von Alois zur KiVS-Serie, die sich ja inzwischen in Orten mit höchstens sechs Buchstaben tummelt: Bern, Kassel, Kiel – und beinahe hätte sich auch Aachen mit einer Sonder-KiVS in diese Reihe von keineswegs Metropolencharakter habenden Orte mit einer Sonder-KiVS eingereiht, die aber wegen des zu erwartenden Missverhältnisses zwischen Aufwand und (finanziellem) Ertrag gerade noch rechtzeitig abgeblasen wurde.

Für Nachwuchswissenschaftler sollten Manuskripteinreichung und Vortrag für die nächsterreichbare KiVS eigentlich Meilensteine für die anvisierte Karriere sein – so wie die Weltmeisterschaft für einen guten Fußballspieler. Dabei fällt mir beim Stichwort „Nachwuchs" noch eine Episode aus der längst verblichenen Vorabendsendung „Glücksrad" von SAT1 ein (richtig, das war die Sendung mit Sonya Kraus, die damals so gut wie kein Wort sprechen durfte, was sich ja inzwischen geändert hat; ob die neue Sprechfähigkeit aber ein Vorteil für den Zuschauer ist, darf bezweifelt werden). Das Glücksrad zeigte den bereits weitgehend entzifferten Begriff „Nachw – chsmannschaft", den aber der überaus aufgeregte Kandidat dennoch nicht lösen konnte, sondern in seiner Verzweiflung zu einem Buchstabenkauf griff, nämlich „Ich kaufe ein ‚i'!".

Aber zurück zur KiVS: Unseren Jungspunden scheint die KiVS-Motivation aus welchen Gründen auch immer gründlich abhanden gekommen zu sein, anders sind ja die rückläufigen Teilnehmerzahlen nicht zu erklären. Ob die KiVS'11 in Kiel eine Umkehr dieses seit etwa einem Jahrzehnt oder länger zu beobachtenden Schrumpfungsprozesses bewirken kann, das ist zum Zeitpunkt der Abfassung dieser Kolumne noch nicht bekannt. (Nachträglicher Kommentar; Sie tat es nicht!).

Noch einmal zum Vergleich der Weltmeisterschaft für den Fußballer mit der zweijährlich stattfindenden KiVS für den Nachwuchsstar der Informations- und Kommunikationstechnik: Wie sagte schon eine der Darstellerinnen in einem der insgesamt dreizehn Schulmädchenreports, deren erster Mitte Oktober 2010 sein vierzigjähriges Jubiläum feiern durfte, in einem durchaus anderen – aber doch vielleicht analogen – Zusammenhang: „Der Pelé hat zwar auch täglich trainiert, aber nur alle vier Jahre ist Weltmeisterschaft".

Kapitel 77
Bangkok Post und Data Bases

In diesem Beitrag muss ich einmal das Hohe Lied der Bangkok Post singen. Das ist eine Tageszeitung wie ich sie mir auch in Deutschland wünschen würde. Nicht nur wegen ihrer Rätselseite, die einen im Urlaub stundenlang beschäftigt hält und den oder das Oxford Dictionary zum Glühen bringt. Schön ist auch die tägliche Leserbriefseite (die PIK-Leser zeigen sich ja diesbezüglich leider völlig abstinent), aus der man die thailändische Befindlichkeit erahnen kann, obwohl die meisten der unter Pseudonym veröffentlichten Briefe offensichtlich gefälscht sind; aber die momentane Stimmungslage in der Regierung kann man daraus sehr wohl ableiten.

Wunderbar sind auch die eher familiären Kolumnen wie etwa die von Kathy Mitchell & Marcy Sugar, die von zwei alterslosen dem Foto nach etwas übergewichtigen reiferen Damen verantwortet wird und Ratschläge zu Problemen mit Beziehungskisten gibt. Die hier gestellten Fragen sind so aufbereitet, dass sie von Kathy und Marcy leicht beantwortet werden können. Mindestens jeder zweite geschilderte Fall ist mit dem dringenden Hinweis versehen, es müsse unbedingt ein „counseling" vorgenommen werden. Daran erkennt man sofort, dass die Kolumne von der US-Rechtsanwaltsmafia finanziert ist (Hillary Clinton lässt grüßen), denn sie ist natürlich wie viele andere Beiträge der Bangkok Post aus den USA eingekauft.

Die Verbreitung der ebenso bizarren wie puritanischen Regeln des Anstandstigers Miss Manners wurde vor einiger Zeit eingestellt, was beweist, dass auch die konservativste Thailänderin kein besonderes Interesse mehr an der Ausrichtung von Löffeln und Gabeln beim Dinner bzw. an der Zusammenstellung einer gesellschaftspolitisch korrekten Einladungsliste hat.

Und dann gibt es auch regelmäßig eine Vielzahl von sehr gleichartigen Fotos diverser Zusammenkünfte der thailändischen High Society mit sieben bis zwölf stocksteif in Positur gestellten Damen oder Herren, wobei die Unterschrift immer lautet: „XXX ... recently hosted (oder donated oder presented) a ... on the occasion of ...". Und dann folgt eine Liste von für uns völlig uninteressanten, aber dafür umso längeren Namen und Titeln (denn thailändische Namen sind aus unerfindlichen Gründen furchtbar lang, was bezüglich Informationstheorie oder Entropie widersinnig ist). Das Wort „recently" bedeutet im Klartext, dass die Zeitung eine Menge solcher Fotogalerien sammelt und sie dann bei Bedarf (d. h. wenn sonst nicht viel passiert ist) nach Gusto als Füllmaterial einstreut.

A. Potton, *Abgründe der Informatik*,
DOI 10.1007/978-3-642-22975-6_77, © Springer-Verlag Berlin Heidelberg 2012

Aber es gibt auch „seriösere" Beilagen in der Bangkok Post wie etwa „Classified" (also Stellenangebote), die ich aber immer gleich wegschmeiße, oder „Business", deren Name bereits Programm ist. Diese Sparte ist aber nicht so voluminös wie die ins Unermessliche ausufernden Wirtschaftsnachrichten des DW-Fernsehens (DW = Deutsche Welle). Mindestens 45 % (und gefühlte 70 %) ihrer Sendezeit vergeigt ja die Deutsche Welle für den Wirtschaftsteil, obwohl dem Vernehmen nach nur ca. 4 % der Deutschen Besitzer von Aktien sind – ich gehöre übrigens zu der schweigenden 96-Prozent-Mehrheit. Auch deswegen ist die Deutsche Welle bei deutschen Expats im Ausland als reines Krämerseelen-Programm gnadenlos verhasst, wie ich von vielen Expats weiß.

Viel informativer (nomen est omen!) sind die Beilagen der Bangkok Post, die „Education" oder „Database" heißen. Erstere zeigt, dass nicht nur bei uns der Kenntnisstand von Schülern und Studierenden dringend der Verbesserung bedarf (und zwar nicht allein des Genitivs wegen, der ja bereits in Kaiserslautern – geschweige denn in Kusel – eine Terra Incognita ist).

In der Rubrik „Database" wiederum findet man eigentlich nichts von dem, was in unseren Vorlesungen über Datenbanken so alles angepriesen wird – und was bei Lichte besehen heutzutage total out ist. Dafür aber unglaublich viel zum Thema „neueste Entwicklungen auf dem Gebiet der Informations- und Kommunikationstechnik" zusammen mit Markttrends, bei denen einem die Ohren nur so schlackern. Das Ganze ohne Formeln oder „Greek Letters", aber dafür mit desto überzeugenderen Schaubildern und dergleichen aufbereitet. Tröstlich an dem Ganzen ist nur, dass der thailändische Zeitungsleser diese Informationen wegen totaler Unkenntnis der englischen Sprache nicht verstehen kann.

Es gab kürzlich eine Initiative, das Englische in Thailand zur zweiten Amtssprache zu machen, die aber umgehend abgeschmettert wurde. Deutschland sollte die Gegner der Verbreitung der englischen Sprache in Thailand oder anderswo nachhaltig unterstützen – mit dem scheinheiligen Argument, man müsse die Thaikultur erhalten und dürfe sie nicht durch englische Einflüsse verfremden. Keineswegs aber darf dabei der wahre Grund genannt werden, nämlich die unzureichenden Englischkenntnisse der Thailänder und auf diese Weise die deutsche Konkurrenzfähigkeit noch für eine gewisse Zeit aufrechtzuerhalten.

5/2011

Kapitel 78
Der Promotionsgutachtengenerator

Das erste Halbjahr 2011 war geprägt von einem *gutten Berg* an Skandälchen, die das Ansehen der Wissenschaft nachhaltig in Misskredit gebracht haben. Wie inzwischen jedem bekannt ist, ging es dabei um eine scheinbar ausgezeichnete, in Wirklichkeit aber nur frech und mit großem Unverstand aus fremden Quellen zusammengeschnippelte und zunächst auch freudig akzeptierte Promotionsschrift und das zugehörige Erstgutachten. In der aktuellen Glosse soll es weniger um die angeblich dissertationswürdige Schrift gehen, denn allzu opak und kraus ist mir denn doch ihr diffuser Inhalt, wenn man bei der Krummheit der schwülstigen Formulierungen überhaupt von „Inhalt" reden kann. Vielmehr will ich mich der Frage widmen, wie man mit einiger Leichtigkeit Gutachten zu solchen Machwerken erstellen kann – und zwar seriöse solche.

Wenn es um die Jurisprudenz in Bayreuth geht, wenn man (überraschenderweise nicht bayrisch, sondern eher schwäbisch) Häberle heißt und wenn man zudem ein rechtes Be-Häberle ist, dann ist die Sache geradezu trivial: Man schreibt das Inhaltsverzeichnis des zu begutachtenden Buchstabenhaufens ab und ergänzt es um ein paar aus den Anfangs- und Schlusszeilen der diversen Kapitelchen zusammengestoppelten Phrasen, wobei man sich auch kleinerer Teile der allgemeinen Einleitung der Schrift sowie aus der so genannten Conclusion schamlos bedienen darf. Vielleicht erwähnt man auch noch positiv – obwohl das ja mit der zu beurteilenden Schrift wenig oder nichts zu tun hat -, dass der Vater des zu promovierenden Delinquenten ein ausgezeichneter Dirigent sei (so jedenfalls wird aus dem skandalösen häberleschen Gutachten kolportiert). Det Janze selbstredend ohne jegliche Wertung des Inhalts, das heißt ohne irgendeine schlüssige Begründung, warum der Benotungsvorschlag ausgerechnet auf die Bestnote „summa cum laude" hinauslaufen muss, wo doch in anderen Fällen die Juristerei bereits die Note „voll befriedigend" mit „kongenial" gleichsetzt. Erklärbar ist so etwas nur durch übergroße Ehrfurcht vor dem Adel oder – wahrscheinlicher – durch ein gerüttelt Maß von Cash in die Täsch, wie der Kölner sagt.

Das ist also der Vorgang – hoffentlich nicht die gängige Praxis – in den so genannten weichen Disziplinen. In den naturwissenschaftlichen Fächern ist das (leider?) nicht so einfach, denn hier gibt es meiner Kenntnis nach keinerlei Cash en die Täsch und außerdem geht es um Zahlen, Kurvenzusammenhänge und harte Fakten. Der

A. Potton, *Abgründe der Informatik,*
DOI 10.1007/978-3-642-22975-6_78, © Springer-Verlag Berlin Heidelberg 2012

Bereich Software Engineering sei dabei einmal ausgenommen, aber das ist ein anderes Thema. Wie also kommt man in vernünftigen Zeiträumen (und vielleicht sogar in unverschämt kurzer Zeit) zur ebenso schlüssigen wie unanfechtbaren Beurteilung eines Werks von typischerweise mehreren hundert Seiten? Im Software Engineering haben die betreffenden Kreationen sogar locker mal 500–800 Seiten an Umfang. Aber die Benotung dort kann ähnlich einfach wie im beschriebenen Jurisprudenzbeispiel vorgenommen werden, weil Zahlen und Kurven fehlen – mit Ausnahme der auch dort unvermeidlichen, aber nicht wirklich für die Beurteilung hilfreichen Seitenzahlen.

Ich möchte daher im Folgenden eine wesentliche Hilfestellung leisten und eine Anleitung zur halbautomatischen Erzeugung von Promotionsgutachten geben, die mit einer ersten sehr einfachen Regel beginnt: Wenn Sie eine Anfrage zur Erstellung eines Gutachtens erreicht und Sie diese nicht abwimmeln können, dann gilt: Zunächst einmal liegen lassen, für mindestens vier Wochen! Sollten Sie nämlich zu schnell reagieren, wird man Ihnen unterstellen, dass Sie sich entweder nicht genug Zeit genommen haben – d. h. das Werk nicht gründlich genau studiert haben (wogegen natürlich auch eine noch so lange Liegedauer nicht wirklich schützt, aber Sie geraten dann nicht so leicht in entsprechenden Verdacht) oder aber, dass Sie offenbar zu viel Zeit und daher ein allzu bequemes Leben hätten. Sie werden sich also erst nach einer geziemenden Wartezeit (auch ein gutes Steak muss ja erst mal eine Zeit lang abhängen) widerwillig der Aufgabe widmen.

Um das Gutachten zeitsparend zu schreiben, brauchen Sie eine selbst erstellte Vorlage, also ein Template, das neben einer geeigneten Formatierung bereits wesentliche Blöcke der Stellungnahme beinhaltet. So zum Beispiel einen Platzhalter für Titel der Arbeit, Name des Kandidaten und so weiter bis hin zu den Standardkomponenten eines Gutachtens und zur abschließenden Floskel bezüglich der Annahme der Arbeit und des Notenvorschlags. Im Template ist auch schon ein Gemeckere betreffs der – meist als lausig zu bezeichnenden – Qualität der sprachlichen Formulierungen wegen der Missachtung der Grammatik wie auch der Kommaregeln vorformuliert, was man streichen kann, wenn wider Erwarten die Sprachqualität vom Feinsten sein sollte. Entsprechende Bausteine liegen auch schon bereit für eine Beurteilung des Literaturverzeichnisses, des übergroßen Umfangs an grauer Literatur und dergleichen. Ein Vermerk zu Zahl und Qualität der mit der Promotion zusammenhängenden bisherigen Konferenzbeiträge (IEEE!) des Dissertanden ist ebenfalls schon vorgegeben. Es sind nur noch die zugehörigen positiven oder negativen Sätze des Template auszuwählen, je nachdem. Sie beklagen außerdem in den Kurvendiagrammen das typische Fehlen von Konfidenzintervallen oder loben ihre Existenz (wenn sie denn mal eingetragen sein sollten) oder halten sie für zu groß bzw. zu klein oder der Intuition zuwiderlaufend, je nachdem, wie Sie gerade gelaunt sind. Auf diesen Teil des Gutachtens müssen Sie beim Software Engineering leider verzichten, weil es dort ja keine Konfidenzintervalle gibt. Andererseits: Was gibt es bei SE überhaupt außer puddingartigem Geschwafel, das man unmöglich an die Wand nageln kann? Aber – wie bereits gesagt – das ist ein anderes Thema, und Unsereins kommt zum Glück selten in die Verlegenheit, beim Software Engineering mit einem Gutachten aushelfen zu dürfen.

Man wird auch getrost schreiben dürfen, dass die ersten drei Kapitel der Arbeit zwar sehr gut gemacht und für die Thematik wichtig seien, dass sie aber doch eher State-of-the-Art sind und für die Wertung der Arbeit als Dissertationsschrift eigentlich außen vor bleiben können (woran man sich dann selbstverständlich auch hält, d. h. die genannten Kapitel werden höchstens noch ganz rudimentär erwähnt). Außerdem wird man den umfangreichen Teil über Implementierungen und Prototype mit dem Hinweis darauf ignorieren dürfen, dass dieses zwar eine ungewöhnlich umfangreiche, aber eigentlich doch eher handwerklich zu nennende Leistung sei und bezüglich wissenschaftlicher Erkenntnisfortschritte keinen besonderen Ansprüchen genüge. Deshalb beschränke man sich aus Platzgründen im Folgenden auf den weiter unten genannten kleinen Teil (den „Knackpunkt") der Schrift.

So viel zur völlig automatisierbaren Hälfte des Gutachtens – und für Leute wie Häberle ist das bereits mehr als ausreichend. Für ein echt luxuriöses Gutachten ist aber leider noch eine zweite – kaum automatisierbare – Hälfte erforderlich. Vor den Erfolg haben die Götter eben den Schweiß gesetzt. Sie sollten nämlich noch nachweisen, dass Sie das Manuskript aufs Gründlichste und außerordentlich kritisch studiert haben. Zu diesem Zweck müssen Sie sich in einen Abschnitt des vor- oder des drittletzten Kapitels verbeißen – oder aber in den Teil, den der Autor in seiner Kurzfassung als seinen wichtigsten Eigenbeitrag gekennzeichnet hat. Also zum Beispiel in Abschn. 4.2.3 des Manuskripts, der meinetwegen ganze fünf Druckseiten umfasst. Diesen Teil der Arbeit müssen Sie nun wirklich aufs Genaueste lesen und völlig zerrupfen, ohne ihn aber total zu vernichten. Das klingt kompliziert, aber glauben Sie mir, es ist durchaus machbar – sogar ohne allzu große Mühe. Sie haben nämlich den Vorteil, dass Ihr Gutachten kaum infrage gestellt werden kann, sofern Sie sich nicht zu allzu abenteuerlichen und offensichtlich absurden Fehleinschätzungen hinreißen lassen. Auf jeden Fall können Sie die logische Abfolge der Darstellung anzweifeln und postulieren, dass eine andere Reihung der Unterabschnitte oder eine zweckmäßigere Benennung der Variablen oder oder oder … die Lesbarkeit des Werks für Nichtspezialisten ganz entscheidend verbessern würde (was Sie aber dem Autor wegen seiner Jugend und der zwangsläufig noch unzureichenden Erfahrung generös nicht zum Nachteil gereichen lassen, sofern Sie sich ausnahmsweise zu einer außergewöhnlich guten Bewertung durchringen wollen). Und beliebig viele ähnlich „kritische" Kommentare sind mit Leichtigkeit zu erzeugen.

Das wär's auch schon als Anleitung für ein halbautomatisch und quasi perfekt zu erstellendes Gutachten – übrigens nicht nur für Promotionen, sondern auch für diverse andere Zwecke! Die weiteren Zeilen der vorliegenden Kolumne beschreiben „nur noch" eine freiwillige Zusatzmaßnahme, auf die man aber streng genommen verzichten kann, nämlich die Feinarbeit: Das Gutachten wirkt nämlich noch viel besser und seriöser, wenn man die zunächst schnell hingehackten Formulierungen „veredelt", d. h. von überflüssigen Adjektiva, Adverbien und sonstigem Beiwerk entlastet. Die meisten „also", „nun", „ansonsten", „aber" und dergleichen sind zu streichen. Außerdem entblöden Sie sich nicht des Einbaus manches überflüssigen Genetivs – oder meinetwegen frönen Sie dem Dativ, wenn Sie den Genetiv nicht oder nicht mehr beherrschen („rettet dem Dativ!"). Notfalls genügt auch schon ein schlichter Akkusativ als Veredelung, wobei sogar ein solcher in Informatikerkreisen nicht mehr wirklich angesagt – weil effizienzmäßig entbehrlich – ist. Die englische Sprache hat uns das erfolgreich vorgemacht. Es reicht also der hundsgewöhnliche Nominativ, wie die folgende in Eschweiler gebräuchliche Redewendung überzeugend beweist: „Der Vadder haut der Jung an der Kopp". Und wenn man schon auf den überkandidelten Akkusativ zurückgreifen will, dann kann es – ebenfalls in Eschweiler – zu folgendem Dialog kommen: „Wään ess der Mopped do en die Eck?". Antwort: „Miisch!".

8/2011

Kapitel 79
Green IT, die Erste

Heutzutage muss alles grün sein: Nicht nur die Parteienlandschaft, sondern auch die Informations- und Kommunikationstechnik sowie ganz allgemein alle Bestandteile des täglichen Lebens. Ausgelöst wurde dieser neue Hype natürlich durch die bedrohlichen Nachrichten zur globalen Erderwärmung und durch die dadurch ausgelösten bzw. sich abzeichnenden Katastrophen.

Diese Grünwelle führt zu manchmal ganz abenteuerlichen und völlig bizarren Einsparungsvorschlägen, von denen ich ein besonders beklopptes Exemplar bei der Mahidol-Universität sah. Wo diese Uni liegt? Na klar, in Bangkok. Dort ist in einem brandneuen ständig hell beleuchteten großartigen Prunkbau im Aufzug ein sehr schön gestaltetes Schild angebracht mit der Inschrift: „Please use the escalator instead of the elevator in order to save energy. Thank you for your cooperation. The IT faculty". So weit so nett. In der Tat ein rührender Beitrag zur Energieeinsparung! Allerdings wird seine Wirkung doch etwas relativiert, wenn man diesem Effekt gegenüberstellt, dass ganztägig kleine Tramwägelchen in nicht weniger als drei Linien (rot, grün und blau) kostenfrei über den Campus pendeln, der zwar groß ist, aber so riesig nun wieder auch nicht. Diese Wägelchen können je ca. 25 Personen transportieren, sind aber fast immer quasi leer. Auf die Frage, wie denn die elektrische Gesamtbilanz zwischen Einsparung durch Treppensteigen und Verbrauch aussehe, antworten die Mahidol-Verantwortlichen mit Unverständnis, d. h. es gibt überhaupt keine Antwort, weil offensichtlich nie jemand über eine solche Gesamtbilanz nachgedacht hat.

Das Ganze wird noch bizarrer dadurch, dass die Mahidol University aufgrund einer durch die Regierung verordneten Dezentralisierungsmaßnahme zwei verschiedene Campi (für Rheinländer) bzw. Campusse (für Pfälzer) oder Campora (für Rheinland-Pfälzer) hat, die ca. 30 km voneinander entfernt sind und zwischen denen die Dozenten und Verwalter, aber nicht selten auch die Studierenden, hin- und herpendeln müssen. Hierfür leistet sich Mahidol nicht weniger als 140(!) Minibusse zusammen mit den zugehörigen Fahrern (immerhin eine beschäftigungspolitisch sinnvolle Maßnahme!), denn jede der 20 Fakultäten besitzt sieben solcher Kleinbusse, was bei den verkehrstechnisch bedingten Umlaufzeiten in einer Stadt wie Bangkok nicht einmal übertrieben viel ist. Aber der Gesamtverbrauch dieser Busse dürfte mindestens beim Hunderttausendfachen dessen liegen, was man durch Treppensteigen zur Entlastung eines Fahrstuhls erreichen kann (wobei nicht einmal

A. Potton, *Abgründe der Informatik*,
DOI 10.1007/978-3-642-22975-6_79, © Springer-Verlag Berlin Heidelberg 2012

die durch Fahrstuhlvermeidung abgenutzten Schuhsohlen und Treppenstufenbeläge korrekt eingerechnet werden müssen).

Auch im IT-Bereich gibt es zahllose Ansätze zur Reduktion der Kohlendioxydbelastung. Ich komme darauf später noch zurück. Und diese scheinen auch bitter nötig zu sein, denn Google allein produziert dem Vernehmen nach so viel CO2 wie die gesamte Luftverkehrsindustrie – bzw. wird bald soweit sein. Ganz zu schweigen von unseren still vor sich hin murmelnden Supercomputern, die aus schwer nachvollziehbaren Gründen immer neue Spitzenplätze auf der Dongarra-Liste erzielen wollen. Die Haushalte der zugegebenermaßen nicht allzu großen Gemeinwesen Jülich und Garching verbrauchen zusammen genommen viel weniger Strom als die in ihnen angesiedelten Superhobel.

Zu deutlich besseren CO2-Bilanzen könnten auch die Biologen oder Pharmazeuten beitragen, wenn sie endlich sinnvolle Forschungsprojekte aufsetzen würden, z. B. zur Entwicklung von Tabletten, die das Furzen der Kühe reduzieren oder verhindern. Denn Kühe sind, so „grün" sie auch scheinen mögen, die allerschlimmsten Umweltverpester. Also lautet das Motto: „Esst mehr Schweine statt Kühe und schlachtet die letztgenannten", auch wenn die Muslime das nicht gern hören werden. Dafür werden uns aber die Hindus für eine solche Initiative sehr dankbar sein. Denn wenn es keine Kühe mehr gibt, kann der Hindu die Verehrung der nicht mehr existenten heiligen Kühe stressfrei organisieren.

Oder: Man könnte oder müsste doch zusätzlich zur Entwicklung verbrauchs- und emissionsärmerer Autos auch erzieherisch wirken und den Couch Potato dazu ermutigen, sich seine Zigarettenpackung zu Fuß statt mit dem Auto von der 500 m entfernten Tankstelle zu besorgen oder – besser – das Rauchen gleich ganz aufzugeben.

Wenn man einmal familienpolitisch unkorrekt zu sein wagt, dann ließen sich geradezu gewaltige Einsparungen durch Reduktion oder gar Verzicht auf die sonntäglichen Kaffee-und-Kuchen-Trips zu Oma und Opa erreichen. In Wahrheit sind diese Besuche ja meist nur der Angst vor möglicher Enterbung geschuldet.

Und last but not least scheint mir auch im Logistikbereich noch einiges an Verbesserungspotenzial zu liegen. Denn wenn wie vor einiger Zeit eine Bombe vom Jemen nach USA über die Bummelflugroute Sana'a – Doha – Dubai – Köln/Bonn – Nottingham und weiter in Richtung Chicago verschickt werden muss, dann ist das energietechnisch irgendwie suboptimal – es sei denn, dass unterwegs noch Osama Bin Laden, Hassan al-Asiri, Konrad Adenauer und Robin Hood zusteigen sollen. Aber das wäre nun doch wegen des inzwischen erfolgten Ablebens aller Genannten (mit Ausnahme höchstens von Hassan al-Asiri, bei dem ich mir diesbezüglich nicht hundertprozentig sicher bin) allzu unwahrscheinlich.

Man sieht, dass das Thema „Green" unendlich viele Facetten hat – und zu den eigentlichen IT-Fragestellungen bin ich überhaupt noch nicht gekommen. Das bedeutet also, dass diese Problematik in der nächsten Alois-Potton-Kolumne eine fortzusetzende sein wird. Also: bis denne und bis die Tage!

11/2011

Kapitel 80
Green IT, die Zweite

Nachdem die vorige Kolumne einen Schwerpunkt auf den sozialpolitischen Touch des Green-Hypes gelegt hatte (also auf die Frage, wieweit sich „grün" durch Einsparungen bei Zigarettenholfahrten oder durch Vermeidung von Oma-Opa-Kaffeetrinkbesuchen verbessern lässt), soll die Sache nun eher technologisch betrachtet werden so wie es sich für „Green IT" ja auch geziemt.

Einer der größten Energie fressenden Brocken sind die Mobilfunknetze (wer hätte das gedacht?). Da kann man nur sagen: „Die ich rief, die Geister, werd' ich nun nicht los" (Goethe: Der Zauberlehrling). Auch durch Verringerung der Sendeleistung lässt sich da nicht beliebig viel erreichen, weil ja die gesamte Topographie ausgeleuchtet werden muss, denn der Anwender hat sich nun einmal an das Mobiltelefon gewöhnt und kann es nicht mehr missen – auch nicht in den Hochalpen oder im Wattenmeer. Manchmal fragt man sich allerdings, wie es wohl früher gewesen sein mag – also ohne Mobiltelefone und Handygebimmel allerorten. Auf jeden Fall war damals – vor noch gar nicht allzu langer Zeit – die Privatsphäre besser respektiert als heutzutage, wo man quasi permanent immer und überall erreichbar sein muss. Man musste sich nicht so vorwurfsvolle Fragen anhören wie: „Wo warst Du eigentlich? Ich habe dreimal versucht, Dich anzurufen, aber Du bist nie ans Telefon gegangen". Gefolgt von ziemlich hässlichen Verdächtigungen. Ich habe schon ein manchmal darüber nachgedacht, ob es nicht besser wäre, sich urplötzlich zu wandeln und für jemand auszugeben, der vielleicht aus energietechnischen Gründen kein Mobiltelefon mehr anrührt geschweige denn benutzt. So wie es auch ein paar Leute geben soll, die kein Fernsehgerät besitzen und auch keins besitzen wollen. Aber das wäre nun doch allzu „strange" und würde noch mehr an Verdächtigungen hervorrufen.

Zusätzlich zu den für die normale Telefonie genutzten Mobilfunkstationen entstehen aber noch um ein Vielfaches höhere andere energetische Aufwände, nämlich zum Beispiel für die ad-hoc- und die Sensor-Netze, deren erster durch den Golfkrieg veranlasster Hype aber schon wieder am Abflauen zu sein scheint. Mangels sinnvoller echter Anwendungen spekuliert man hier darauf, alle Sandsäcke bei Oderfluten sowie alle Füchse im Wald mit Sensoren auszurüsten. Die Sandsäcke, um frühzeitig zu erkennen, ob die Deiche noch halten. Die Füchse dagegen, um festzustellen, wann diese einen Hasen verfolgt und ggf. gefressen haben. Ob das nun unbedingt

A. Potton, *Abgründe der Informatik*,
DOI 10.1007/978-3-642-22975-6_80, © Springer-Verlag Berlin Heidelberg 2012

sinnvolle Anwendungen sind, wäre noch zu hinterfragen. Sicher ist nur, dass Füchse in der Regel eher nachtaktiv sind, weshalb der am Fuchsschwanz angebrachte Sensor nicht solartechnisch aufgeladen werden kann, sondern mit einer konventionellen Batterie betrieben werden muss. Und diese Batterietypen haben nun einmal eine verflucht kurze Lebensdauer (wie zum Glück der Fuchs auch) und dass sie nach Ableben des Fuchses zur weiteren ökologischen Verpestung des Waldes ihr Scherflein beitragen.

Unter den ungezählten Vorschlägen, wie man durch Informationstechnik deutliche Einsparungen an Energie erzielen kann, wird einer besonders oft propagiert, nämlich das Ausschalten des Senders bzw. des Empfängers, wenn nichts zu tun ist – und das entsprechende Wiedereinschalten im umgekehrten Fall. Das Ganze natürlich perfekt adaptiv gesteuert, damit auch nur ja genug Energie zur optimalen Berechnung der Schaltzeiten verbraten wird. Ich hatte mal einen Radio (wie der Schweizer sagt), bei dem ich dasselbe versucht habe, um Batteriekapazität zu sparen. Die logische Folge dieses Versuchs war, dass der Ein-Aus-Schalter kaputt ging. Und dessen Reparatur kostete mehr als alle Batterien zusammen im Dauerbetrieb gekostet hätten. Klar: Ich hatte natürlich nicht die gesamte energetische Bilanz ins Kalkül gezogen. Gleiches scheint mir gegeben zu sein bei den zahllosen die Landschaft schwer verschandelnden Windkraftanlagen, die meines Erachtens während ihrer Lebensdauer die Kosten ihrer Herstellung nicht einmal annähernd einspielen. Ich habe jedenfalls den Eindruck, dass sie meistens bewegungslos dröge herumstehen und nur bei orkanartigem Sturm Strom produzieren, den man aber gerade dann nicht braucht, denn wer braucht schon Energie im Orkan? Oder sie produzieren zur Unzeit so viel Strom, dass man ihn überhaupt nicht mehr ableiten – geschweige denn verbrauchen – kann, weshalb sich die Stromwerke dann nacheinander per Dominoeffekt abschalten und logischerweise die Energieversorgung von Portugal bis zur Ukraine zusammenbricht.

Manchmal scheint mir der enorme Energieverbrauch aber auch eine Folge unzureichenden Algorithmikverständnisses zu sein (diesen Genitiv werde ich jetzt aber für Pfälzer nicht eigens decodieren). Das gilt in Sonderheit für die in Deutschland und anderswo installierten Superhobel. Wenn nämlich wieder einmal ein neuer solcher beschafft wird, der dem Vernehmen nach zwanzigmal schneller ist als der alte, dann wird der ihn benutzende Physiker vor Begeisterung brüllen, weil er jetzt glaubt, die Schrittweite h seines Verfahrens zur numerischen Lösung von Differentialgleichungen scheinbar ungestraft von $h = 0,01$ auf $h' = 0,001$ verkleinern und dadurch in der halben Zeit zehnfach genauere Ergebnisse erzielen zu können. Dabei allerdings nicht bedenkend, dass die Komplexität des Verfahrens von der Ordnung $O(h^3)$ ist, weshalb sich die gesamte Berechnungszeit nicht etwa verringert, sondern um den Faktor $10^3/20 = 50$ erhöht. Und schon schreit natürlich unser Physiker wieder nach einem noch neueren und noch schnelleren Hobel, den er dann noch unsinniger betreiben kann.

Ja ja: Die Versuche zur Energieeinsparung treiben oft recht merkwürdige Blüten. Allerdings (in freiwilliger Abweichung vom Thema dieser Kolumne) nur selten so schöne wie die folgende Fehlermeldung, die mich kürzlich ereilte und die ich Ihnen nicht vorenthalten möchte:

Die folgende Fehlernachricht wurde zurückgegeben:
„Error in method main.java.lang.NullPointerException".

Wie sagt da der Kölner schwer beeindruckt ob dieser perfekten User-Interface-Gestaltung: Dätt hätt jett!

2/2012

Teil IX
Götterdämmerung: Was hat uns Alois Potton gebracht?

Kapitel 81
Ein sehr persönlich gefärbtes Fazit

In Monty Pythons Kultfilm „Das Leben des Brian" stellt der Anführer der Volksfront für die Befreiung Judäas die rhetorische Frage „Was haben uns die Römer gebracht?" und liefert die ihm logisch scheinende Antwort gleich mit, nämlich: „Nichts!". Eine durchaus analoge Frage könnte man stellen, wenn man „die Römer" durch „Alois Potton" ersetzt. Und es wäre zu prüfen, ob auch dann die Antwort „nichts" lauten sollte. Das wäre aber vielleicht doch etwas zu kurz gesprungen, denn ebenso wie im „Leben des Brian" könnte ja möglicherweise doch auf positive Wirkungen hingewiesen werden. Zwar nicht auf vergleichbar drastische solche wie „Aquädukt", „Kanalisation", „Sicherheit" und „vor allem natürlich der Wein" bei Monty Python, aber vielleicht doch auf bescheidenere Dinge.

Lassen Sie mich also zum Ende der „Gesammelten Geheimnisse und Gemeinheiten" den Versuch einer Bilanzziehung wagen. Dabei muss man natürlich – wie aus dem Deutschaufsatz gelernt – zunächst mit den negativen Fakten beginnen, um diese dann schlussendlich durch die ggf. subjektiv zu überhöhenden positiven Auswirkungen in Summa hoffentlich zu übertrumpfen. Beginnen wir also mit der Minusliste:

Die schonungslose und gewollt undiplomatische Verbreitung aller möglichen Gemeinheiten auch gegenüber lebenden Personen hat unweigerlich zu zahlreichen Feindschaften geführt. In den ersten Jahren war das ein noch begrenzter Effekt, weil viele nicht wussten, wer sich hinter Alois Potton verbirgt. Inzwischen ist der Autor aber durchaus bekannt und hat sich im vorliegenden Buch ja auch geoutet. Die unvermeidliche Konsequenz ist: Die Berater und die schnieken gegelten Seminarleiter mögen mich nicht, die Frauenbeauftragte oder vielmehr die Gleichstellungsbeauftrage beäugt mich mit berechtigtem Misstrauen, die Sicherheitsmissionare und –paranoiker betrachten mich in sehr unfreundlicher Weise, die „Year 2000"-profiteure und –scharlatane (Y2K; Weitukäh; Nr. 32) hassten und hassen mich wie die Pest und kommen bereits nicht mehr zu gemeinsamen Herausgebersitzungen des GI-Informatik-Spektrums. Und allen voran: die E-Techniker strafen mich mit Verachtung wegen der zugegebenermaßen bösartigen Glosse 69 mit dem Titel „Wie killt man einen E-Techniker?".

Außerdem gibt es eine erstaunlich große Schar von Kolleg(inn)en, die mich wegen dieser Glossenserie offenbar regelrecht fürchten. Ein Kollege erzählte mir, dass er nach seinem Ruf an die RWTH Aachen den ziemlich besorgten Kommentar erhielt:

A. Potton, *Abgründe der Informatik,*
DOI 10.1007/978-3-642-22975-6_81, © Springer-Verlag Berlin Heidelberg 2012

„Aber da ist doch der Spaniol". Er hat den Ruf trotzdem angenommen und ist auch immer noch bei uns. Eine andere Kohorte von Kolleg(inn)en fürchtet mich zwar nicht, hält mich aber für spinnert, total bekloppt oder wahnsinnig. „Der hadd se nemmeh all em Kressbaam", wie man im Saarland sagt. Und das mag sogar stimmen bzw. ist ein Traumziel. Ich möchte zur Spitzengruppe der bekloppptesten deutschen Informatiker gehören und in dieser leider noch nicht olympischen Disziplin evtl. sogar den Titel erringen.

Bedenklicher dagegen ist vielleicht, dass die Kolumne ziemlich viel Zeit in Anspruch genommen hat (na sieh'mal einer an!) und dass deswegen möglicherweise einige wissenschaftliche Erkenntnisse vorläufig unerkannt geblieben sind und die zugehörigen Publikationen nicht veröffentlicht werden konnten. Vielleicht ist das ja der Grund dafür, dass das „P = NP"-Problem immer noch ungelöst ist (kleiner Scherz am Rande ;-). Auf jeden Fall hat aber Alois Potton nichts zur Verbesserung meines jämmerlichen Hirsch-Indexwerts beigetragen und in der „Google Scholar"-Liste stehe ich ebenfalls ziemlich weit hinten. Dieses braucht mich aber nicht mehr stark zu beunruhigen, denn beruflich kann mir ja nicht mehr allzu viel passieren, „die Birne ist geschält, der Käse ist gegessen". Und den Doktortitel kann man mir auch nicht mehr aberkennen, nicht zuletzt deshalb, weil ich dabei wirklich nicht plagiiert habe.

Die Negativliste ist also gar länglich und die dort aufgelisteten Punkte sind wirklich nicht ohne. Trotzdem – und das mag vielleicht überraschen – fällt meine eigene Bilanz insgesamt gesehen positiv aus: Ich wollte unter keinen Umständen zur grauen Masse der Einheitsinformatiker gehören und kein Angehöriger des „**N**orthern **E**lectric **R**esearch & **D**evelopment"-Departments, also ein NERD, sein. Durch Alois Potton ist das auch meines Erachtens nachhaltig gelungen. Wenn man schon zur Lösung des „P = NP"-Problems unfähig ist, dann müssen eben andere Dinge herhalten.

Eine übergeordnete Frage betrifft den eventuellen Beitrag von „Alois Potton" für die deutsche Informatik. Rückblickend muss und darf ich hier (ist das zu viel Eigenlob?) zunächst einmal feststellen, dass die Kolumne in ihrer Gesamtheit der 80 Ausgaben ein ziemlich genaues Spiegelbild der Entwicklung der Informations- und der Kommunikationstechnik in den vergangenen zwei Jahrzehnten ist. Wenn Außerirdische in vielen Jahrtausenden die Erde besuchen und ein Exemplar des Buchs finden würden und es zu lesen in der Lage wären, dann könnten sie daraus die Befindlichkeiten der deutschen Informatikszene in den beiden Jahrzehnten vor und nach dem 2000-Millenium erkennen.

Es erfüllt mich mit einigem Stolz, dass die Beiträge ziemlich allesamt auch heute noch sehr gut lesbar sind (was mir von unabhängiger Seite bestätigt wird). Selbst die frühen Glossen haben wenig Patina angelegt, wenn überhaupt. Es gibt auch nach meiner Meinung keinen einzigen Beitrag, der aufgrund von Fachidiotie oder wegen eines absolut obsolet gewordenen Themas total uninteressant geworden ist. In einer so schnelllebigen Disziplin wie der Informatik mit ihrer abenteuerlich kurzen Halbwertszeit bzgl. der Relevanz von Ergebnissen und von Produkten grenzt dieser Umstand schon beinahe an ein Wunder. Und allein deshalb hat sich der Springer-Verlag, insbesondere in Person von Hermann Engesser, zur Herausgabe der gesammelten 80 Glossen in Buchform entschlossen. **Merci vielmals!**

Printed by Publishers' Graphics LLC USA

2012